21世纪全国高职高专土建立体化系列规划教材

混凝土工程清单编制

主　编　顾　娟
副主编　杨劲珍　胡红霞　金幼君
参　编　刘剑英　盛　平　汪　伟
主　审　危道军

北京大学出版社
PEKING UNIVERSITY PRESS

内 容 简 介

本书介绍混凝土工程清单编制的具体方法和最新动态，结合大量工程案例和职业活动训练，并参阅国家部委最新联合颁布的《建设工程工程量清单计价规范(GB 50500—2008)》，系统地阐述了需要完成混凝土工程清单编制这一职业活动应具备的主要知识，包括建筑面积计算、混凝土及模板工程的识图、构造、施工技术及清单编制方法等内容。

本书采用全新体例编写，根据完成实际工程项目中混凝土工程量清单编制所需要的工作流程来组织书中的内容，除附有大量工程案例外，还增加了观察思考、知识链接及特别提示等模块。此外，每章还附有章节导读及复习思考题供读者练习。通过对本书的学习，读者可以掌握混凝土工程清单编制的基本理论和操作技能，具备自行编制工程量清单的能力。

本书可作为高职高专院校建筑工程类相关专业的教材和指导书，也可作为土建施工类及工程管理类各专业职业资格考试的培训教材，以及供备考从业和执业资格考试人员参考。

图书在版编目(CIP)数据

混凝土工程清单编制/顾娟主编. —北京：北京大学出版社，2012.5
(21世纪全国高职高专土建立体化系列规划教材)
ISBN 978-7-301-20384-2

Ⅰ. ①混… Ⅱ. ①顾… Ⅲ. ①混凝土工程—工程造价—高等职业教育—教材 Ⅳ. ①TU755

中国版本图书馆CIP数据核字(2012)第039273号

书　　　名：混凝土工程清单编制
著作责任者：顾　娟　主编
策 划 编 辑：王红樱　赖　青
责 任 编 辑：刘健军
标 准 书 号：ISBN 978-7-301-20384-2/TU.0226
出　版　者：北京大学出版社
地　　　址：北京市海淀区成府路205号　100871
网　　　址：http://www.pup.cn　http://www.pup6.cn
电　　　话：邮购部62752015　发行部62750672　编辑部62750667
电 子 邮 箱：pup_6@163.com
排　版　者：河北滦县鑫华书刊印刷厂
印　刷　者：河北滦县鑫华书刊印刷厂
发　行　者：北京大学出版社
经　销　者：新华书店
787毫米×1092毫米　16开本　14.5印张　329千字
2012年5月第1版　2012年5月第1次印刷
定　　　价：28.00元

北大版·高职高专土建系列规划教材
专家编审指导委员会专业分委会

北大版·高职高专土建系列规划教材

专家编审指导委员会

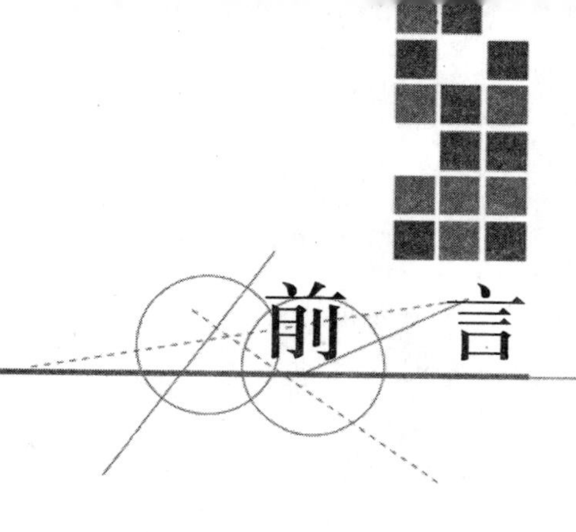

本书为北京大学出版社“21世纪全国高职高专土建立体化系列规划教材”之一。为适应21世纪职业技术教育发展需要，培养建筑行业具备工程量清单编制专业技术的管理应用型人才，我们结合当前清单编制的前沿问题编写了本书。

本书内容共分为7个项目，主要包括混凝土工程清单编制的基本知识、现浇混凝土基础工程、现浇混凝土主体工程、预制混凝土工程、现浇混凝土模板工程、预制混凝土模板工程、混凝土及模板工程图形算量预算软件的应用等内容。

本书内容可按照56～80学时安排，推荐学时分配：项目1(4～8学时)，项目2(10～14学时)，项目3(18～22学时)，项目4(4～8学时)，项目5(10～14学时)，项目6(4～6学时)，项目7(6～8学时)。教师可根据不同的使用专业灵活安排学时，课堂重点讲解每章主要知识模块，章节中的知识链接、应用案例和习题等模块可安排学生课后阅读和练习。

本书突破了已有相关教材的知识框架，注重理论与实践相结合，采用全新体例编写。内容丰富，案例详实，并附有多种类型的习题供读者选用。

本书既可作为高职高专院校建筑工程类相关专业的教材和指导书，也可以作为土建施工类及工程管理类等专业执业资格考试的培训教材。

本书由湖北城市建设职业技术学院顾娟担任主编，湖北城市建设职业技术学院杨劲珍、胡红霞、金幼君担任副主编，全书由顾娟负责统稿。本书具体章节编写分工：顾娟编写项目1，顾娟和盛平共同编写项目2，杨劲珍、胡红霞、顾娟和汪伟共同编写项目3、项目4中4.1～4.3节、项目5和项目6中6.1节，金幼君编写项目7和项目6中的6.2节，刘剑英编写项目4中的4.4节。危道军教授对本书进行了审读，并提出了很多宝贵意见，湖北华疆城市建筑设计院为本书的编写提供了大量的工程实例，田海玉老师对本书的编写工作也提供了很大的帮助，在此一并表示感谢!

本书在编写过程中，参考和引用了大量文献资料，在此谨向原书作者表示衷心感谢。由于编者水平有限，本书难免存在不足和疏漏之处，敬请各位读者批评指正。

编　者

2012年1月

目　录

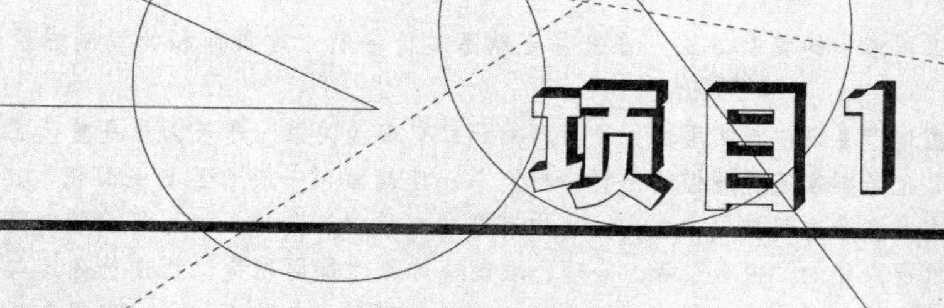

项目1

混凝土工程清单编制的基本知识

教学目标

掌握建筑面积的概念，理解建筑面积计算的作用，熟练掌握建筑面积的计算方法及计算要点，能够依据施工图纸独立编制建筑面积；理解混凝土及模板工程工程量清单的编制原理，了解清单的构成，熟练掌握清单的填写方法。

教学要求

知识要点	能力要求	相关知识	所占分值（100分）	自评分数
建筑面积的基本概念	(1) 掌握建筑面积的概念 (2) 理解建筑面积计算的作用	建筑面积的概念及计算作用	10	
建筑面积的编制方法	(1) 掌握建筑面积计算规范 (2) 熟练掌握建筑面积的计算方法及要点	应计算建筑面积的内容及方法、不应计算建筑面积的内容	30	
工程量清单的基本概念	掌握工程量清单编制的概念及意义；了解清单计价与定额计价的区别	清单的概念、适用范围、清单编制的指导思想及原则、编制依据	15	
混凝土工程清单填写格式	掌握清单填写的格式	分部分项工程量清单与计价表、措施项目清单与计价表(二)的填写格式	15	
混凝土工程清单的编制方法	熟练掌握混凝土工程清单编制的方法	清单编制中项目编码、项目名称、项目特征、计量单位和工程量计算规则的编制原则	30	

章节导读

要掌握混凝土工程清单的编制方法，首先需要熟悉造价编制中建筑面积的编制方法及清单的编制原则。

建筑面积，是房地产名词，与实用面积及实用率计算有直接关系。建筑面积是建设工程领域一个重要的技术经济指标，也是国家宏观调控的重要指标之一。建筑面积一般大于使用面积，其计算中，最具争议的是公共面积内有多少项目被包括在内，当中可能包括楼梯、走廊、停车场、管理处、电梯及其公众大堂、天井、单位窗户外的“窗台”等。合理、准确地计算建筑面积是工程造价确定与控制过程中的一项重要工作。这里要通过系统地学习来解决各种不同构造房屋的建筑面积，以实现衡量技术经济效果的重要作用。

工程量清单(Bill of Quantity，BOQ)是在19世纪30年代产生的，西方国家把计算工程量、提供工程量清单专业化为业主估价师的职责，所有的投标都要以业主提供的工程量清单为基础，从而使得最后的投标结果具有可比性。

1.1 建筑面积的概述

【引例1】

如图1.1所示，何为该建筑物的建筑面积？计算其建筑面积的作用是什么？

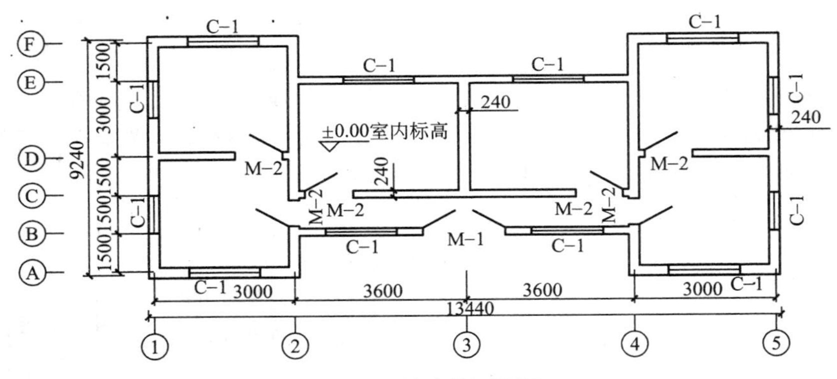

图1.1　某建筑平面图

【观察思考】

建筑面积并不能代表建筑物某一部分的工程量，但是作为招投标双方却首先要掌握的就是建筑物的建筑面积，双方试图通过建筑面积来掌握建筑物的哪些信息呢？

1.1.1 建筑面积的概念

建筑面积：建筑物外墙勒脚以上各层结构外围水平面积之和。

所谓结构外围是指不包括外墙装饰抹灰层的厚度，因而建筑面积应按图纸尺寸计算，而不能在现场量取。

建筑面积包括使用面积、辅助面积和结构面积。使用面积是指建筑物各层平面布置中可直接为生产、生活、办公、学习和娱乐使用的净面积总和。辅助面积是指建筑物各层平面布置中辅助生产或生活所占净面积的总和，如阳台、走廊、厨房、卫生间的面积。结构面积是指建筑物各层平面布置中的墙、柱等结构所占面积的总和。

很多人在购房时，对各种说法的面积概念不清楚，对于各种面积概念之间的关系也分不清楚。有关房屋面积的概念主要包括房屋建筑面积、共有建筑面积、产权面积、使用面积等。

(1) 建筑面积：在房屋销售时，也称销售面积。

(2) 使用面积：指房屋户内全部可供使用的空间面积，按房屋的内墙面水平投影计算。内墙面装修厚度计入使用面积。

(3) 共有建筑面积：指各产权主共同占有或共同使用的建筑面积。

(4) 产权面积：指产权主依法拥有房屋所有权的房屋建筑面积。房屋产权面积由房地产行政主管部门登记确权认定。

1.1.2 建筑面积的作用

(1) 建筑面积能直接反映建设项目的规模大小，因此，可作为控制建设项目投资的重要指标。

(2) 建筑面积是进行设计评价的重要指标。平面系数 K＝使用面积/建筑面积，K 值大，则设计的使用效益和经济效益越高。

(3) 建筑面积是一项重要的技术经济指标。单方造价＝总造价/总建筑面积（元/m^2）。

(4) 建筑面积是一个重要的工程量指标。例如：综合脚手架、垂直运输工程量是以建筑面积表示的，楼地面整体面层和找平层的工程量是以使用面积或辅助面积表示的。

因国家地区不同，建筑面积的定义和量度标准未必一致。在中国内地，与建筑面积有关的法规有《商品房销售面积计算及公用建筑面积分摊规则》及现行的国家标准 GB/T 50353—2005《建筑工程建筑面积计算规范》。而在中国香港，建筑面积定义则未有公认量度标准，一般理解是售楼实用面积加上公众共有的公共面积。

1.2 建筑面积编制方法

【引例 2】

某建筑物如图 1.1 所示，其中①/②轴及④/⑤轴为 3 层，②/④轴为 2 层，每层层高 3.6m，试计算其建筑面积。

【观察思考】

建筑施工平面图表示建筑物平面尺寸、外围形状等，如何根据图纸准确计算出建筑面积？并且能依据算出的建筑面积计算出单方造价、分析出混凝土、钢筋的单位面积含量？

本编制方法根据《建筑工程建筑面积计算规范》(GB/T 50353—2005)的要求，适用于新建、扩建、改建的工业与民用建筑工程的面积计算，如遇有下述未尽事宜，应符合国家现行的有关标准规范的规定。

特别提示

建筑面积＝套内建筑面积＋应分摊的公共建筑面积

套内建筑面积＝套内房屋的使用面积＋套内墙体面积＋套内阳台建筑面积

套内房屋使用面积：为套内房屋使用空间的面积，包括套内卧室、起居室、过厅、过道、厨房、卫生间、厕所、贮藏室、壁柜等空间面积的总和；套内楼梯按自然层数的面积总和计入使用面积；不包括在结构面积内的套内烟囱、通风道、管道井均计入使用面积；内墙面装饰厚度计入使用面积。

套内墙体面积：套内自有墙体按水平投影面积全部计入套内墙体面积，各套之间的分隔墙按水平投影面积的一半计入套内墙体面积。

套内阳台建筑面积：封闭的阳台按水平投影全部计算建筑面积，未封闭的阳台按水平投影的一半计算建筑面积。

1.2.1 计算建筑面积的规定

（1）单层建筑物的建筑面积，应按建筑物外墙勒脚以上结构外围水平面积计算，并应符合下列规定：

① 单层建筑物高度在 2.20m 及以上者应计算全面积；高度不足 2.20m 者应计算 1/2 面积。

② 利用坡屋顶内空间时，净高超过 2.10m 的部位应计算全面积；净高在 1.20～2.10m 的部位应计算 1/2 面积；净高不足 1.20m 的部位不计算面积。

注：单层建筑物高度是指室内地面标高至屋面板板面结构标高之间的垂直距离。与有以屋面板找坡的平屋顶单层建筑物，其高度指室内地面标高至屋面板最低处板面结构标高之间的垂直距离。

（2）单层建筑物内设有局部楼层者如图 1.2 所示，首层建筑面积已包括在单层建筑物内，二层及以上楼层，有围护结构的应按其围护结构外围水平面积计算，无围护结构的应按其结构底板水平面积计算。层高在 2.20m 及以上者应计算全面积；层高不足 2.20m 者应计算 1/2 面积。单层建筑物计算时，应按不同的高度确定其面积。

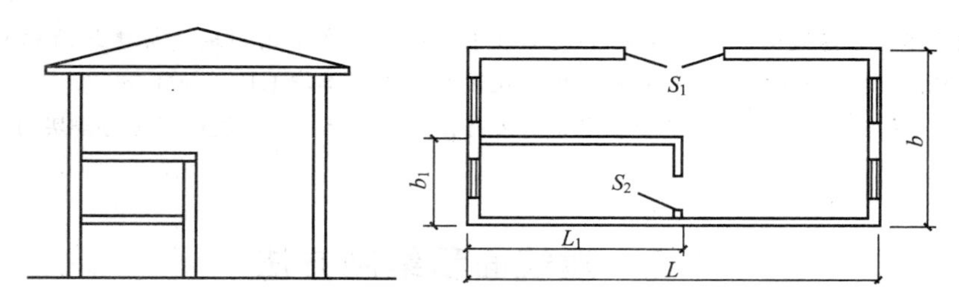

图 1.2 单层建筑屋内设部分楼层

建筑面积 $S=L\times b+L_1\times b_1$

（3）多层建筑物建筑面积应按不同的层高分别计算，如图 1.3 所示，其首层按其外墙勒脚以上结构外围水平面积计算，二层及以上楼层按其外墙结构外围水平面积计算。层高在 2.20m 及以上者应计算全面积；层高不足 2.20m 者应计算 1/2 面积。

注：建筑物的层高是指上下两层楼面结构标高之间的垂直距离。建筑物最底层的层高，有基础底板的指基础底板上表面结构标高至上层楼面的结构标高之间的垂直距离；没有基础底板的指地面标高至上层楼面的结构标高之间的垂直距离。最上一层的层高是指楼面结构标高至屋面板板面结构标高之间的垂直距离，与有以屋面板找坡的屋面，层高指结构标高至屋面板最低处板面结构标高之间的垂直距离。

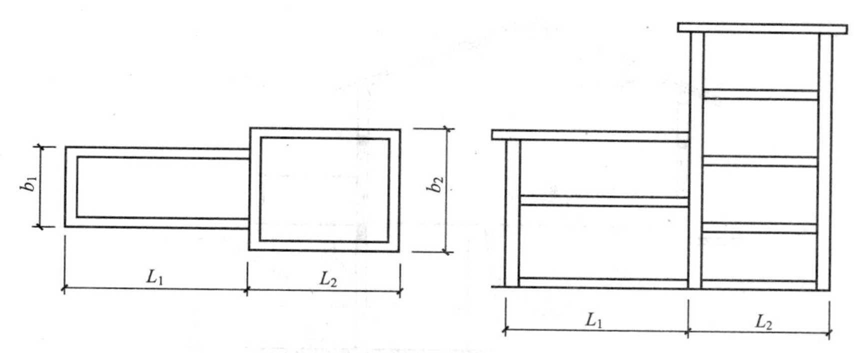

图 1.3　多层建筑不同层高示意图

建筑面积 $S=L_1\times b_1+L_2\times b_2\times 4$

(4) 多层建筑坡屋顶内和场馆看台下，当设计加以利用时，净高超过 2.10m 的部位应计算全面积；净高在 1.20～2.10m 的部位应计算 1/2 面积；当设计不利用或室内净高不足 1.20m 时不应计算面积。

(5) 地下室、半地下室(车间、仓库、商店、车站、车库等)，包括相应的有永久性顶盖的出入口，应按其外墙上口(不包括采光井、防潮层及其保护墙)外边线所围成水平面积计算，如图 1.4 所示。层高在 2.20m 及以上者应计算全面积；层高不足 2.20m 者应计算 1/2 面积。

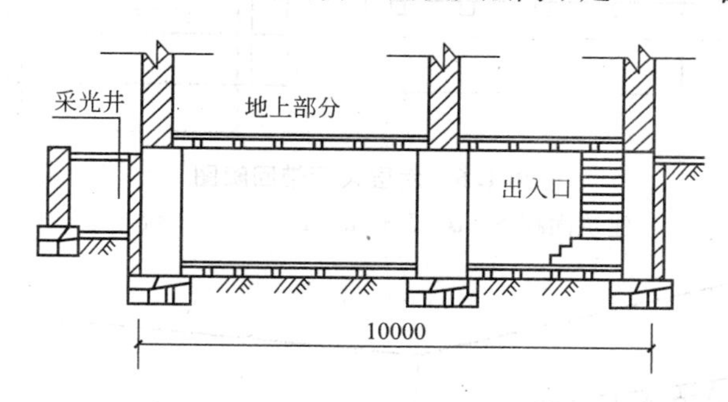

图 1.4　带采光井的地下室示意图

(6) 坡地的建筑物吊脚架空层(图 1.5)和深基础架空层，设计加以利用并有围护结构的，层高在 2.20m 及以上者应计算全面积；层高不足 2.20m 者应计算 1/2 面积。设计加以利用、无围护结构的建筑物吊脚架空层，应按其利用部位水平面积的 1/2 计算面积。设计不利用的坡地的建筑物吊脚架空层、深基础架空层、多层建筑物坡屋顶内、场观看台下的空间不应计算面积。

(7) 建筑物的门厅、大厅按一层建筑面积计算。门厅、大厅内设有回廊如图 1.6、图 1.7 所示，应按其结构底板的水平面积计算。层高在 2.20m 及以上者应计算全面积；层高不足 2.20m 者应计算 1/2 面积。

(8) 建筑物间有围护结构的架空走廊，按其围护结构外围水平面积计算建筑面积。层高在 2.20m 及以上者应计算全面积；层高不足 2.20m 者应计算 1/2 面积。有永久性顶盖无围护结构的应按其结构底板水平面积的 1/2 计算，如图 1.8 所示。

(9) 立体书库、立体仓库、立体车库如图 1.9 所示，没有结构层的应按一层计算，有结构层的应按其结构层面积分别计算。层高在 2.20m 及以上者应计算全面积；层高不足 2.20m 者应计算 1/2 面积。

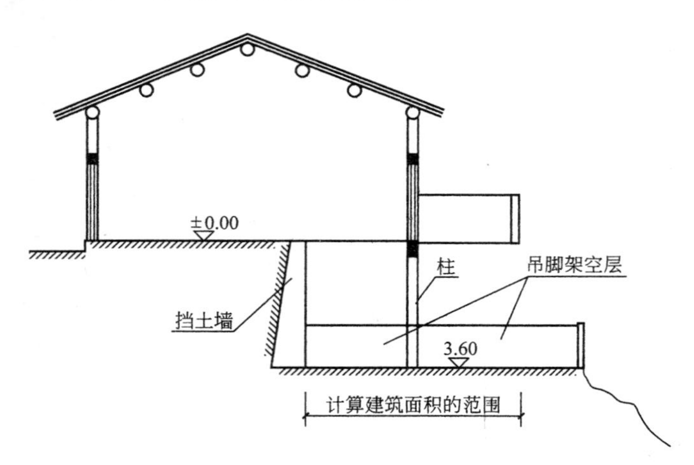

图 1.5　坡地架空层示意图

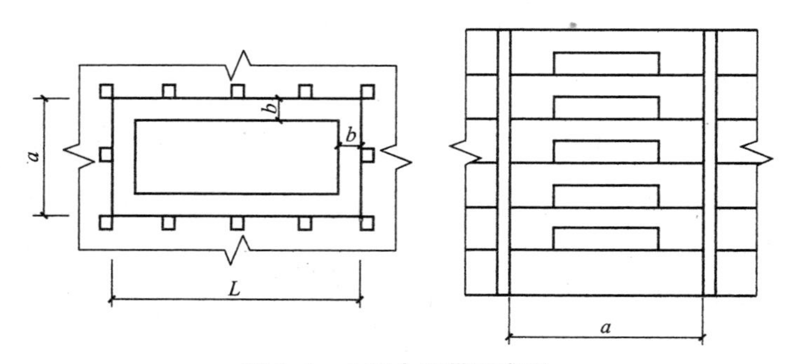

图 1.6　六层大厅带回廊图

建筑面积 $S=a\times L+(a+L-2b)\times 2\times b\times 5$

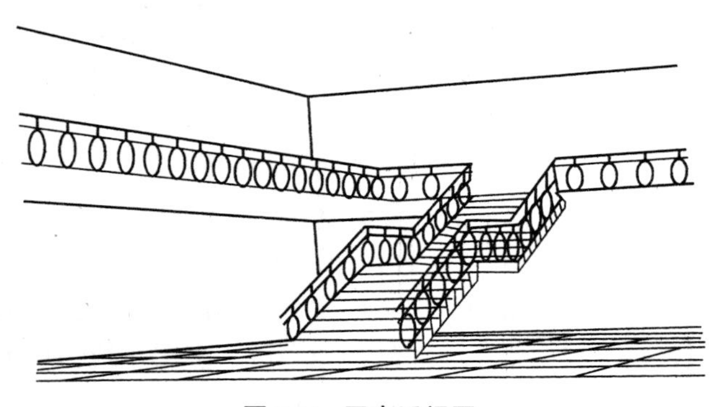

图 1.7　回廊透视图

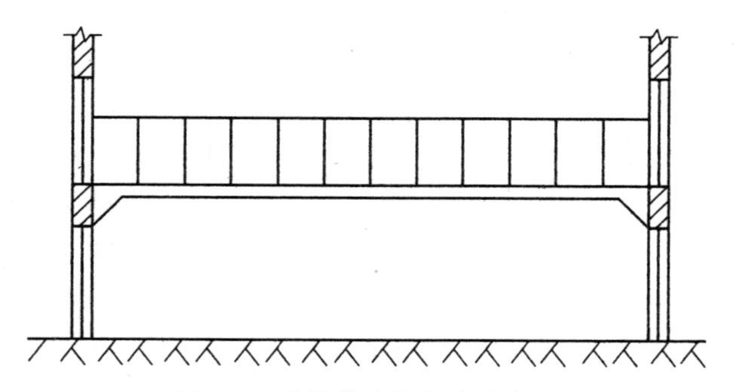

图 1.8　建筑物之间架空走廊图

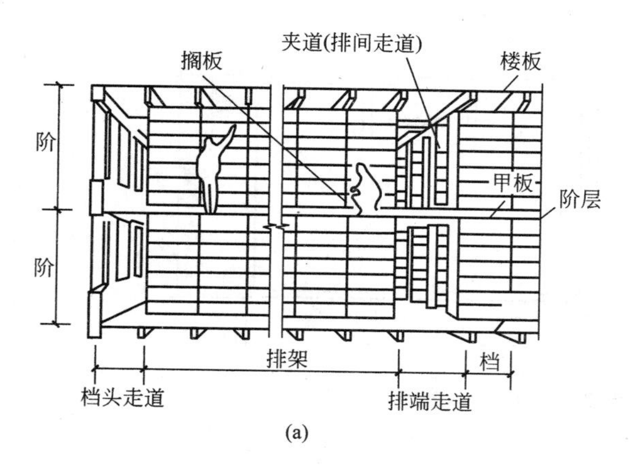

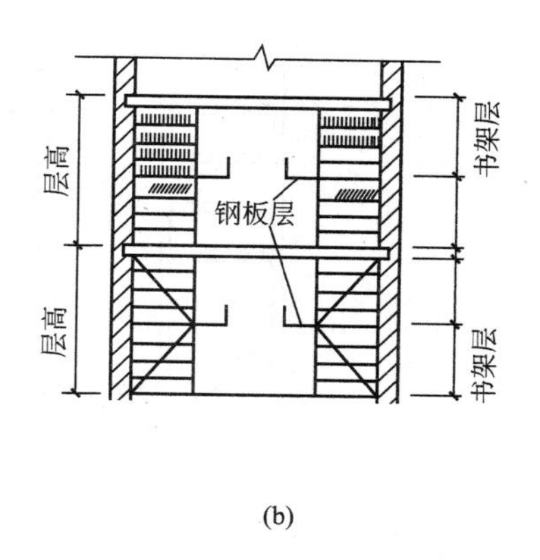

图 1.9　书库书架层示意图

(a) 书库剖面图；(b) 书架图层

(10) 有围护结构的舞台灯光控制室，应按其围护结构外围水平面积计算。层高在2.20m及以上者应计算全面积；层高不足2.20m者应计算1/2面积。我国大部分剧院将舞台灯光控制室设在舞台夹层上或设在耳光室中，本条所指的就是这种有顶有墙的灯光控制室，如图1.10所示。

(11) 建筑物外有围护结构的落地橱窗、门斗、挑廊、走廊、檐廊如图1.11所示，应按其围护结构外围水平面积计算。层高在2.20m及以上者应计算全面积；层高不足2.20m者应计算1/2面积。有永久性顶盖无围护结构的应按其结构底板水平面积的1/2计算。

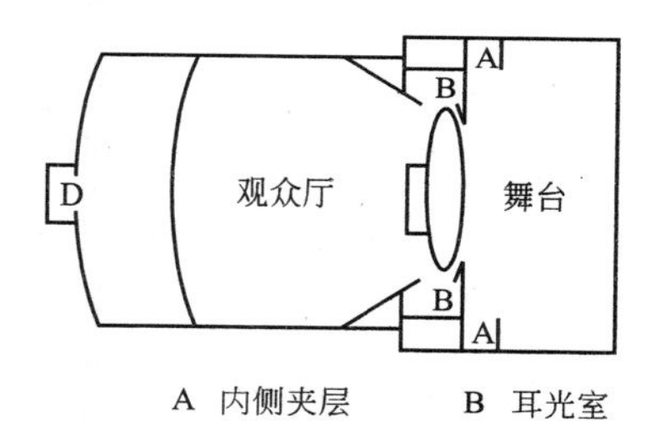

图 1.10　舞台灯光控制室示意图

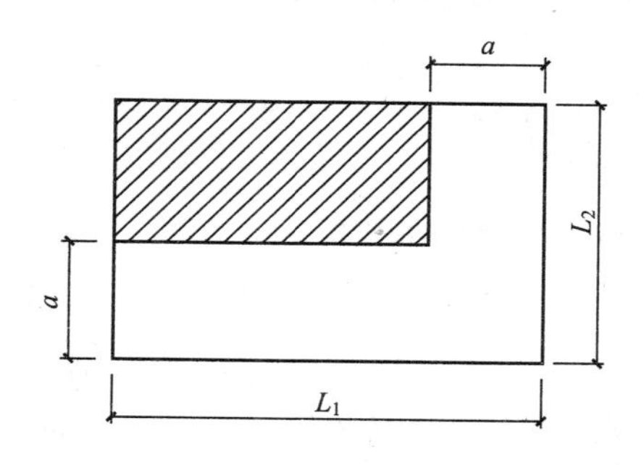

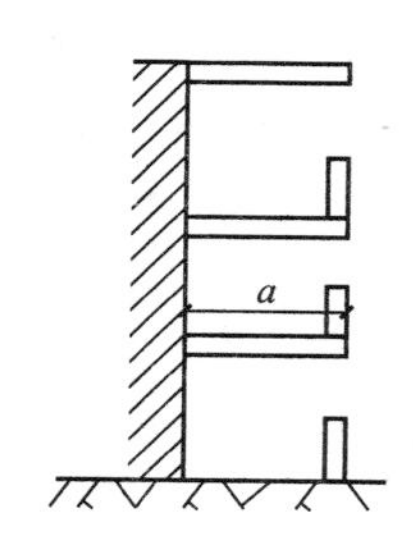

图 1.11　有盖走廊、檐廊示意图

走廊建筑面积 $S=(L_1+L_2+a)\times a\times 3\times 1/2$

(12) 有永久性顶盖无围护结构的场馆看台应按其顶盖水平投影面积的1/2计算。

(13) 建筑物顶部有围护结构的楼梯间、水箱间、电梯机房等如图1.12所示，层高在2.20m及以上者应计算全面积；层高不足2.20m者应计算1/2面积。

(14) 设有围护结构不垂直于水平面而超出底板外沿的建筑物，应按其底板面的外围水平面积计算。层高在2.20m及以上者应计算全面积；层高不足2.20m者应计算1/2面积。

(15) 建筑物内的室内楼梯间、电梯井、观光电梯井、提物井、管道井、通风排气竖

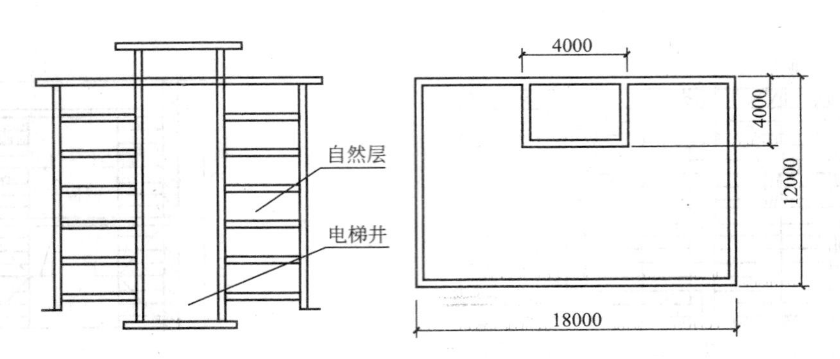

图 1.12　带电梯间的建筑示意图

水箱间建筑面积 $S=4.0\times4.0=16\text{m}^2$

井、垃圾道、附墙、烟囱应按建筑物的自然层计算。

跃层建筑，其公用的室内楼梯应按自然层计算面积；上下两错层户室共用的室内楼梯，应选上一层的自然层计算面积，如图 1.13 所示。

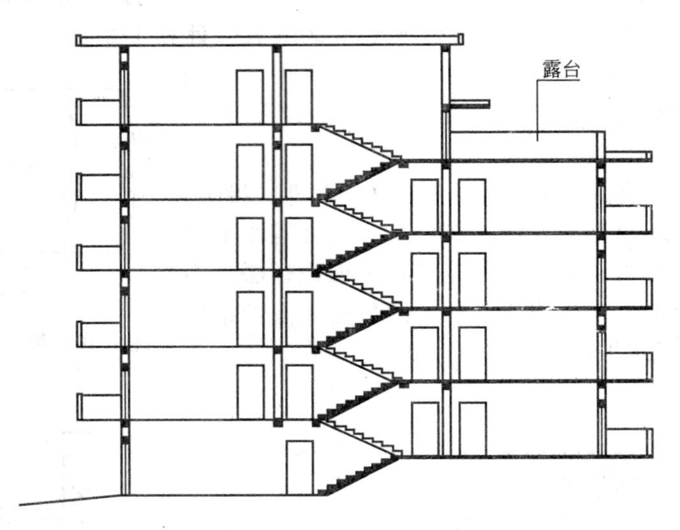

图 1.13　户室错层剖面示意图

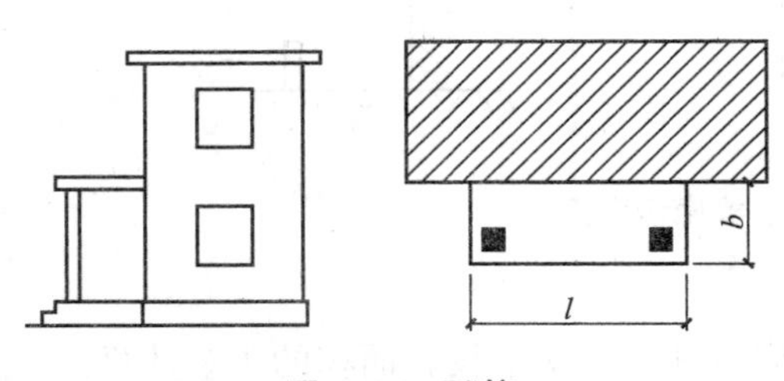

图 1.14　雨篷

当 $b>2.10\text{m}$ 时，雨篷建筑面积 $S=l\times b\times1/2$

(16) 雨篷结构的外边线至外墙结构外边线的宽度超过 2.10m 者，应按雨篷结构板的水平投影面积的 1/2 计算，如图 1.14 所示。

(17) 有永久性顶盖的室外楼梯，应按建筑物自然层的水平投影面积的 1/2 计算。

(18) 建筑物的阳台，不论是凹阳台、挑阳台、封闭阳台、不封闭阳台，均按其水平投影面积的 1/2 计算。

(19) 有永久性顶盖无围护结构的车棚、货棚、站台、加油站、收费站等，如图 1.15 所示，应按其顶盖水平投影面积的 1/2 计算。

(20) 高低联跨的建筑物如图 1.16 所示，应以高跨结构外边线为界分别计算建筑面积。当高低跨内部连通时，其变形缝应计算在低跨面积内。

$$\text{高跨建筑面积 } S_1 = L \times b \tag{1-1}$$

$$\text{低跨建筑面积 } S_2 = L \times (a_1 + a_2) \tag{1-2}$$

式中：L——两端山墙勒脚以上外表面间水平距离；

a_1、a_2——高跨中柱外边线至低跨柱外边线水平宽度；

b——高跨外墙外表面至高跨中柱外边的水平宽度。

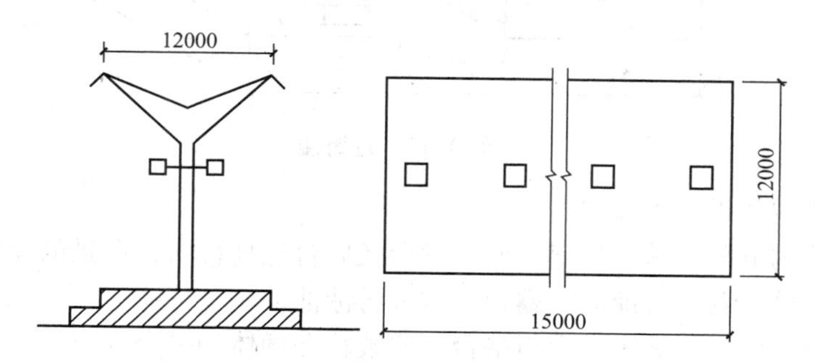

图 1.15　单排柱站台

站台建筑面积 $S = 15 \times 12 \times 1/2 = 90\text{m}^2$

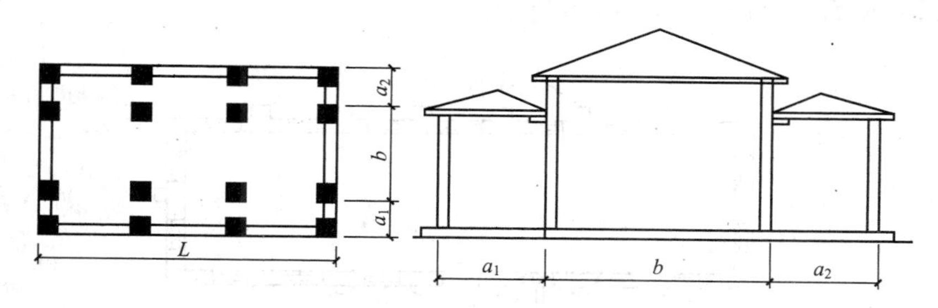

图 1.16　高跨为中跨示意图

(21) 以幕墙作为围护结构的建筑物，应按幕墙外边线计算建筑面积。

(22) 建筑物外墙外侧有保温隔热层的，应按保温隔热层外边线计算建筑面积。

(23) 建筑物内的变形缝，应按其自然层合并在建筑面积内计算。所谓建筑物内的变形缝，是指与建筑物相连通的变形缝，即暴露在建筑物内，在建筑物内可以看得见的变形缝。

特别提示

套型建筑面积和建筑面积差 10～15m²。

套型建筑面积＝套内使用面积/标准层的使用面积系数，不包括阳台在内；而现在房产交易中涉及的销售面积使用的是测绘范畴的建筑面积。根据一般的测算，套型建筑面积和建筑面积大约相差 10～15m²，也就是说 90m² 的套型建筑面积约等于 100～105m² 的建筑面积。

1.2.2　不应计算建筑面积的规定

(1) 建筑物通道(骑楼、过街楼的底层)。

注：骑楼是指楼层部分跨在人行道上的临街楼房；过街楼是指有道路穿过建筑空间的楼房，如

图 1.17所示。

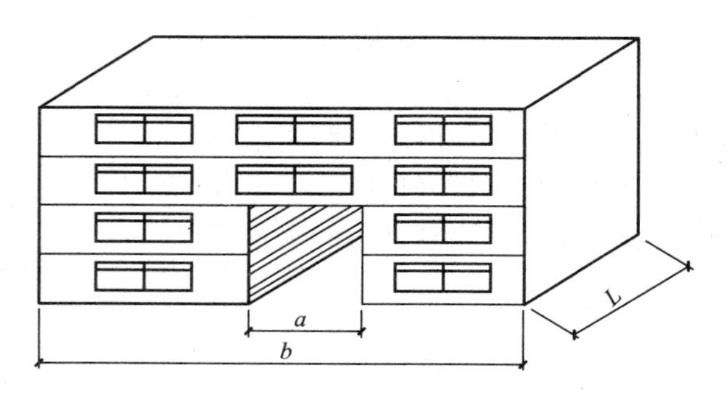

图 1.17 过街楼

(2) 建筑物内的设备管道层。

(3) 建筑物内分隔的单层房间，例如舞台及后台悬挂幕布、布景的天桥、挑台等。

(4) 屋顶水箱、花架、凉棚、露台、露天游泳池。

(5) 建筑物内的操作平台、上料平台、安装箱和罐体的平台。

(6) 勒脚、附墙柱、垛、台阶、墙面抹灰、装饰面、镶贴块料面层、装饰性幕墙、空调室外机搁板(箱)、飘窗、构件、配件、宽度在 2.10m 以内的雨篷以及与建筑物内不相连通的装饰性阳台、挑廊，如图 1.18 所示。

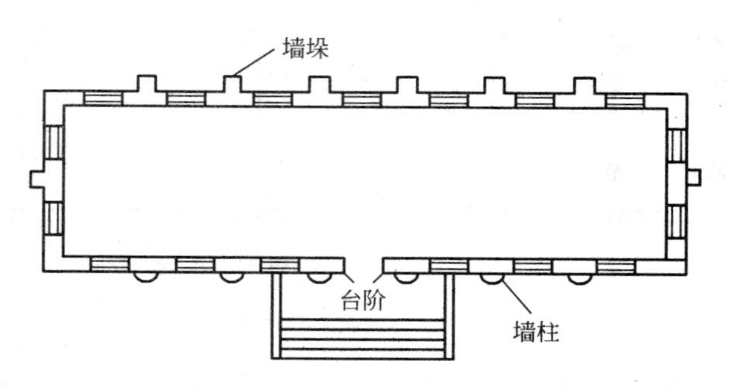

图 1.18 突出墙面的构配件示意图

(7) 无永久性顶盖的架空走廊、室外楼梯和用于检修、消防等的室外钢楼梯、爬梯。

注：对于室外楼梯而言，最上一层楼梯无永久性顶盖，或不能完全遮盖楼梯的雨篷，上层楼梯不计算建筑面积，上层楼梯可视为下层楼梯的永久性顶盖，下层楼梯应计算面积。

(8) 自动扶梯、自动人行道。

(9) 独立烟囱、烟道、地沟、油(水)罐、气柜、水塔、贮水(油)池、贮仓、栈桥、地下人防通道、地铁隧道。

特别提示

截至 2010 年底，中国城市人均住宅建筑面积约 $33m^2$，农村人居住房面积 $36.6m^2$。中国城镇居民人均住房面积从 1978 年城市人均住宅面积 $6.7m^2$，到 2009 年中国城镇居民住房面积人均已达到 $30.3m^2$，增长了 4 倍多。住房质量、住房成套率、配套设施与环境大为改观。中国农村人均住房面积从 1978 年的 $8.1m^2$ 增加到 2009 年的 $34.4m^2$，也增长了 4 倍多。中国房地产业从无到有、从小到大，成为发展带动中国经济高速增长的重要动力。

【引例3】

根据引例2的已知条件，计算图1.1中的建筑面积。

解： 如图1.1所示，每层层高3.6m>2.2m，所以应计算全面积。

1/2轴、4/5轴建筑面积=(3+0.24)×9.24×3×2=179.63m^2

2/4轴建筑面积=(7.2−0.24)(6+0.24)×2=86.86m^2

总建筑面积=179.63+86.86=266.49m^2

1.3 工程量清单的编制方法

【引例4】

根据某图纸中计算出的结果，现浇混凝土矩形柱(截面尺寸400mm×400mm)56m^3、现浇混凝土有梁板(板厚120mm、板面标高4.5m)215m^3、现浇混凝土矩形梁(截面尺寸250mm×500mm、梁面标高为4.5m)47m^3，请按清单编制的要求来反映以上内容。

【观察思考】

施工图纸会表示出各种混凝土构件的基本特征、工程数量等内容，但如何通过清单编制的方法来反映并满足招投标要求，见表1-1。

表1-1 分部分项工程量清单与计价表

工程名称： 标段： 第 页 共 页

序号	项目编码	项目名称	项目特征	计量单位	工程量	金额(元)		
						综合单价	合价	其中：暂估价

1.3.1 工程量清单的概念

工程量清单，是表现拟建工程的分部分项工程项目、措施项目、其他项目、规费及税金项目名称及其相应工程数量的明细清单。工程量清单应由具有编制招标文件能力的招标人，或受其委托具有相应资质的工程造价咨询人进行编制，它是招标文件的重要组成部分之一，并随着招标文件发至投标人。

采用工程量清单方式招标，工程量清单必须作为招标文件的组成部分，其准确性和完整性由招标人负责。

工程量清单是工程量计价的基础，应作为编制招标控制价、投标报价、计算工程量、支付工程款、调整合同价款、办理竣工结算以及工程索赔等的依据之一。

1. 工程量清单计价的适用范围

全部使用国有资金投资或国有资金投资(以下简称国有资金投资)为主的工程建设项目，必须采用工程量清单计价。

(1) 国有资金投资的工程建设项目包括以下几种：

① 使用各级财政预算资金的项目。

② 使用纳入财政管理的各种政府性专项建设资金的项目。

③ 使用国有企事业单位自有资金，并且国有资产投资者实际又有控制权的项目。

(2) 国家融资资金投资的工程建设项目包括以下几种：

① 使用国家发行债券所筹资金的项目。

② 使用国家对外借款或者担保所筹资金的项目。

③ 使用国家政策性贷款的项目。

④ 国家授权投资主体融资的项目。

⑤ 国家特许的融资项目。

(3) 国有资金(含国家融资资金)为主的工程建设项目包括：国有资金占投资总额50%以上，或虽不足50%但国有投资者实质上拥有控股权的工程建设项目。

2. 推行工程量清单计价的指导思想与原则

1) 指导思想

政府宏观调控，企业自主报价，市场竞争形成价格。

2) 主要原则

(1) 与现行定额既有机结合又有区别的原则。由于现行预算定额是我国经过几十年长期实践总结出来的，有一定的科学性和实用性，从事工程造价管理工作的人员已经形成了运用预算定额的习惯，工程量清单计价以现行的“全国统一工程预算定额”为基础，特别是项目划分、计量单位、工程量计算规则等方面，尽可能与定额衔接。

工程量清单计价规范与现行预算定额的区别主要表现有以下几点：

① 项目划分。定额以工序为划分项目；工程量清单以工程实体为划分项目，综合了相关的工序，而且实体项目与措施项目分离。

② 施工工艺、方法。定额是按照大多数企业采用的正常施工工艺、方法取定的；工程量清单则由企业自主决定施工工艺、方法。

③ 人工、材料、机械消耗量。定额按照社会平均水平计取；工程量清单则是由企业自主决定。

④ 取费标准。定额计价的取费标准是按照不同地区水平平均测算的；工程量清单计价中管理费、利润、风险及相关费用的取定，由企业自主决定。

⑤ 工程量计算规则。定额中工程量计算规则要考虑一定的施工方法；工程量清单计算规则依据《建设工程工程量清单计价规范》(GB 50500—2008)执行，是按设计图示尺寸工程实体的数量进行计算，不考虑施工方法的影响。

(2) 既考虑我国工程造价管理的现状，又尽可能与国际惯例接轨的原则。推行工程量清单计价要根据我国当前工程建设市场发展的形势，逐步解决定额计价中与当前工程建设市场不相适应的因素，适应我国社会主义市场经济发展的需要，适应与国际接轨的需要，积极稳妥地推行工程量清单计价。因此，在编制中，既借鉴了国外的一些做法和思路，同时，也结合了我国现阶段的具体情况。工程量清单在项目划分、计量单位、工程量计算规则等方面尽可能多地与全国统一定额相衔接，费用项目的划分借鉴了国外的做法，名称叫法上尽量采用国内的习惯叫法。

3. 工程量清单的编制依据

(1)《建设工程工程量清单计价规范》(GB 50500—2008)(以下简称《计价规范》)。

(2) 国家或省级、行业建设主管部门颁发的计价依据和办法。
(3) 建设工程设计文件。
(4) 与建设工程项目有关的标准、规范、技术资料。
(5) 招标文件及其补充通知、答疑纪要。
(6) 施工现场情况、工程特点及常规施工方案。
(7) 其他相关资料。

1.3.2 混凝土工程清单格式

特别提示

混凝土工程量清单的编制应按有关图纸、工程地质报告、施工规范、设计图集等要求和规定进行编制。要求表述清楚、用语规范。编制的内容中除实物消耗形态的项目之外，招标方还应列出非实物形态的竞争费用，同时也要明确竞争与非竞争工程费用的分类。

1. 分部分项工程量清单与计价表(见表1-2)

表1-2 分部分项工程量清单与计价表

分部分项工程量清单与计价表

工程名称： 标段： 第 页 共 页

序号	项目编码	项目名称	项目特征描述	计量 单位	工程量	金额(元)		
						综合单价	合价	其中：暂估价

2. 措施项目清单与计价表(二)(见表1-3)

表1-3　措施项目清单与计价表(二)

措施项目清单与计价表(二)

工程名称：　　　　　　　　　　标段：　　　　　　　　　　第　页　共　页

序号	项目编码	项目名称	项目特征描述	计量单位	工程量	金额(元)	
						综合单价	合价
本页小计							
合计							

注：本表适用于以综合单价形式计价的措施项目。

特别提示

工程量清单是按照招标要求和施工设计图纸要求，将拟建招标工程的全部项目和内容依据统一的工程量计算规则和子目分项要求，计算工程实物量，列在清单上作为招标文件的组成部分，供投标单位逐项填写单价用于投标报价。

1.3.3　混凝土工程清单的编制方法

特别提示

招标方应严密注意招标文件的编制，表达清楚，准确体现业主的意愿，做到与工程量清单相互对应与衔接，口径应一致，否则如果出现漏洞，即会成为施工单位追加工程款的突破口，从而造成纠纷，引起索赔。

工程量清单包括分部分项工程项目、措施项目、其他项目、规费及税金项目清单。其中，分部分项工程量清单表现的是构成工程实体的工程项目，混凝土工程属于实体项目，其编制应体现在分部分项工程量清单与计价表中。分部分项工程量清单为不可调整的闭口清单。但混凝土的模板工程作为非实体项目，应属于措施项目的一种，其填写应计入措施项目清单与计价表中。

分部分项工程量清单(表 1－2)的填写应按照《计价规范》附录中建筑工程项目填写项目编码、项目名称、项目特征、计量单位及工程数量这 5 个要件的内容。

1. 项目编码

分部分项工程量清单编码以 12 位阿拉伯数字，如图 1.19 所示。1～9 位为全国统一编码，其 9 位数字所代表的意思是：1、2 位为附录顺序码，《计价规范》规定了的 6 类工程，即附录 A(建筑工程)、附录 B(装饰工程)、附录 C(安装工程)、附录 D(市政工程)、附录 E(园林绿化工程)、附录 F(矿山工程)，分别用两位代码 01、02、03、04、05、06 表示；3、4 位为专业工程顺序码，即附录的“章”顺序码；5、6 位为分部工程顺序码，即附录的“节”顺序码；7、8、9 位为分项工程顺序码。另外，10～12 数字由编制人自行设置，为项目名称顺序码，自 001 起依次编制。

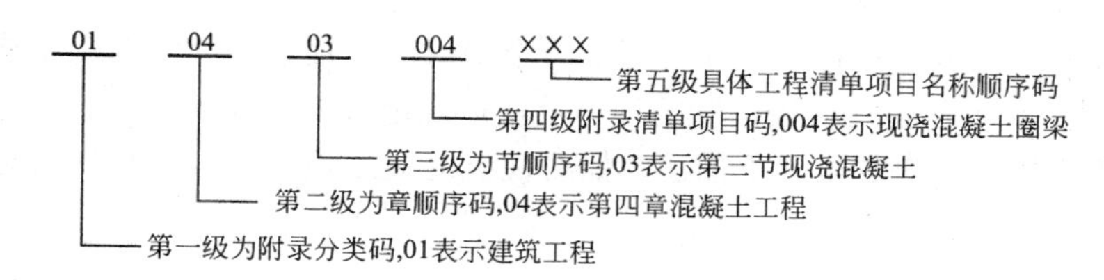

图 1.19　混凝土清单项目编码示意图

当两个项目的前四级编码，即附录码、章顺序码、节顺序码和清单项目码是完全一样时，但由于其某些项目特征不同可能会导致项目的综合单价不同，应当用第五级编码来区分。例如某项目中现浇混凝土矩形梁的混凝土强度等级有 C20 和 C30，则清单编制人可以从 001 开始依次编码：编码 010403002001 代表“现浇矩形梁混凝土 C20”；编码 010403002002 代表“现浇矩形梁混凝土 C30”。如果混凝土拌合物还有抗渗要求，则可依次往下编码。

2. 项目名称

项目名称，应根据《计价规范》附录并结合拟建工程的实际来确定。

3. 项目特征

工程量清单的项目特征是确定一个清单项目综合单价不可缺少的重要依据，在编制的工程量清单中必须对其项目特征进行准确和全面的描述。在描述工程量清单项目特征时应按以下原则进行。

(1) 项目特征描述的内容按本规范附录规定的内容，并结合拟建工程的实际要求，能满足确定综合单价的需要。

(2) 若采用标准图集或施工图纸能够全部或部分满足项目特征描述的要求，项目特征描述可直接采用详见××图集或××图号的方式；对不能满足项目特征描述要求的部分，仍应用文字描述。

通过对项目特征的描述，使清单项目名称清晰化、具体化、细化，能够反映影响工程造价主要因素。分部分项工程量清单项目特征描述技巧有以下几点：

1）必须描述的内容

(1) 涉及正确计价的内容必须描述，如混凝土压顶的断面是必须描述的。

(2) 涉及结构要求的内容必须描述，如混凝土构件的混凝土强度等级，是使用C20还是C30或C40等，因混凝土强度等级不同，其价格也不同，必须描述。

(3) 涉及材质要求的内容必须描述，如管材的材质是碳钢管，还是塑钢管、不锈钢管等；还需对管材的规格、型号进行描述。

(4) 涉及安装方式的内容必须描述，如管道工程中的钢管的连接方式是螺纹连接还是焊接，塑料管是粘接连接还是热熔连接等就必须描述。

2）可不描述的内容

(1) 对计量计价没有实质影响的内容可以不描述，如对现浇混凝土柱的高度、断面大小等的特征规定可以不描述。

(2) 应由投标人根据施工方案确定的可以不描述，如对石方的预裂爆破的单孔深度及装药量的特征规定，由清单编制人来描述是困难的，应由投标人根据施工要求，在施工方案中确定，自主报价比较恰当。

(3) 应由投标人根据当地材料和施工要求确定的可以不描述，如对混凝土构件中的混凝土拌合料使用的石子种类及粒径、砂的种类及特征规定可以不描述。

(4) 应由施工措施解决的可以不描述，如对现浇混凝土板、梁的标高的特征规定可以不描述。

4. 计量单位

计量单位应按附录中规定的计量单位确定。除各专业另有特殊规定外，均按以下单位计量：

(1) 以重量计算的项目——t或kg。

(2) 以体积计算的项目——m^3。

(3) 以面积计算的项目——m^2。

(4) 以长度计算的项目——m。

(5) 以自然计量单位计算的项目——个、套、块、樘、组、台等。

(6) 没有具体数量的项目——系统、项。

5. 工程数量

工程数量应按《计价规范》附录中相应工程量计算规则进行计算，一般应反映分部分项工程项目的“实体净量”。即按照设计图示尺寸计算工程实体的数量，不考虑因施工方案不同对工程量可能产生的影响。

工程数量有效位数的保留：t应保留小数点后三位数字，m^3、m^2、m均应保留小数点后两位数字，个、项、套、樘等应该取整数。

6. 补充项目

当附录缺项时，可作相应补充，如对措施项目的列举(表1-3)可做补充。编制人在编制补充项目时应注意以下 3 个方面。

(1) 补充项目的编码必须按本规范的规定进行。

(2) 在工程量清单中应附补充项目的项目名称、项目特征、计量单位、工程量计算规则和工作内容。

(3) 将编制的补充项目报省级或行业工程造价管理机构备案。

补充项目的列项方法：补充项目的编码由附录的顺序码(A、B、C、D、E、F 等)与 B 和 3 位阿拉伯数字组成，并应从 XB001 起顺序编制，不得重号。工程量清单中需附有补充项目的名称、项目特征、计量单位、工程量计算规则、工作内容。

特别提示

工程施工过程是工程量清单的主要使用阶段，这个过程是发包人控制造价与承包人追加工程款的关键时期，必须加大管理力度。使用工程量清单的合同，一般单价不再变化，工程量则随工程的实际情况有所增减。所以发包人在建设过程中严格控制工程进度款的拨付，避免超付工程进度款，占用发包人资金，降低投资效益，此外严格控制设计变更和现场签证，尽量减少设计变更与签证的数量。而承包人则需按照合同规定和业主要求，严格执行工程量清单报价中的原则与内容，同时要注意增减工程量的签证工作，及时与业主或工程师保持联系，以便合理追加工程款。

【引例 5】

某综合楼工程现浇混凝土有梁板板底标高 3.47m、板厚 100mm，依据《计价规范》中工程量计算规则计算出混凝土强度等级为 C25 的工程量为 8.67m^3，C20 为 12.48m^3，试填写分部分项工程量清单与计价表，见表 1－4。

表 1－4　分部分项工程量清单与计价表

工程名称：综合楼建筑工程　　　　第　页　共　页

序号	项目编码	项目名称	项目特征	计量单位	工程数量	金额(元)	
						综合单价	合价
1	010405001001	有梁板	(1) 板底标高：3.47m (2) 板厚：100mm (3) 混凝土强度等级：C25	m^3	8.67		
2	010405001002	有梁板	(1) 板底标高：3.47m (2) 板厚：100mm (3) 混凝土强度等级：C20	m^3	12.48		

小　　结

本章介绍了建筑面积的概念、作用；建筑面积计算的方法，包括应计算的内容有哪些，针对这些内容又该如何计算：有计算全面积的、一半面积的、不计面积的，不应计算的内容又有哪些，针对真实的工程项目该如何做出准确的判断，并独立编制建筑面积，同时，也介绍了工程量清单的编制原则及方法，能熟练掌握对清单表格的填写。

复习思考题

1. 建筑面积的概念是什么?
2. 建筑面积包括哪些内容?
3. 建筑面积的作用有哪些? 请举例说明。
4. 不计算建筑面积的内容有哪些? 请举例说明。
5. 建筑面积计算时与层高(高度、净高)的关系怎样?
6. 建筑面积计算时是以结构外围尺寸为准，如何理解结构外围?
7. 地下室、半地下室的建筑面积应如何计算?
8. 坡屋面建筑物应如何计算建筑面积?
9. 走廊、挑廊及檐廊等，什么情况下应按1/2建筑面积计算? 请举例说明。
10. 建筑物的垂直构件应如何计算建筑面积?
11. 工程量清单的概念是什么?
12. 清单计价与定额计价的区别是什么?
13. 措施项目与分部分项工程项目的区别是什么?
14. 清单编制中项目编码应如何编制?
15. 项目特征的编制原则有哪些?

项目2

现浇混凝土基础工程

教学目标

掌握现浇混凝土基础构造及施工方法，能根据施工图纸准确判断基础类型、把握施工要点，并依据《计价规范》列出项目，独立计算基础工程量。

教学要求

知识要点	能力要求	相关知识	所占分值(100分)	自评分数
混凝土基础识图与构造	掌握基础平面图及详图的图示特点，能熟练识读图示内容；掌握混凝土基础的构造要求，能准确判断基础类型，为清单列项做好铺垫	基础平面图、详图的图示方法、内容及图示特点；基础构造要求	20	
混凝土基础工程施工技术	熟练掌握一般混凝土基础工程的施工技术及要点；熟悉大体积混凝土基础的施工方法	一般混凝土基础施工的工艺流程、混凝土的搅拌、运输、泵送及浇筑；大体积混凝土基础的施工方法	30	
混凝土基础工程清单编制实务	能运用基础构造相关知识，按照《计价规范》的要求熟练、准确地列出各个不同基础项目，并能熟练掌握混凝土各种不同类型基础的算法	《计价规范》对混凝土基础的列项要求；各种不同类型混凝土基础的算法	50	

章节导读

混凝土工程在整个清单编制中占有非常重要的作用，其发展之快，应用之广，是由于混凝土具有以下优点：

(1) 原材料非常丰富，水泥的原材料以及砂、石、水等材料，在自然界极为普遍，极为丰富。

(2) 混凝土可以制成任何形状，混凝土在凝结前，可以按照模板的形状做成任何结构。

(3) 能适应各种用途，既可以按照需要配制成各种强度的混凝土，还可以按照其使用性能在配料上、工艺上采取措施制成特定用途的混凝土。具有耐火、耐酸、耐油、防辐射等特点，用途广泛。

(4) 经久耐用，维修费用少，混凝土对自然条件影响具有较好的适应性。对冷热、冻融、干湿等的变动，对风雨侵蚀、外力撞击、水流冲刷、使用磨损等都有一定的抵抗力。在正常使用情况下是一种寿命较长的工程材料。

同时，混凝土也有其缺点，如自重大、抗拉强度不高、早期强度低等。目前，混凝土工作者正在针对这些存在问题，对混凝土的改性工作进行研究，并且已取得初步效果。

2.1 混凝土基础识图与构造

【引例 1】

如图 2.1 所示，某工程混凝土基础平面图及详图，如何根据图纸内容判断基础的类型，编制混凝土工程量清单？

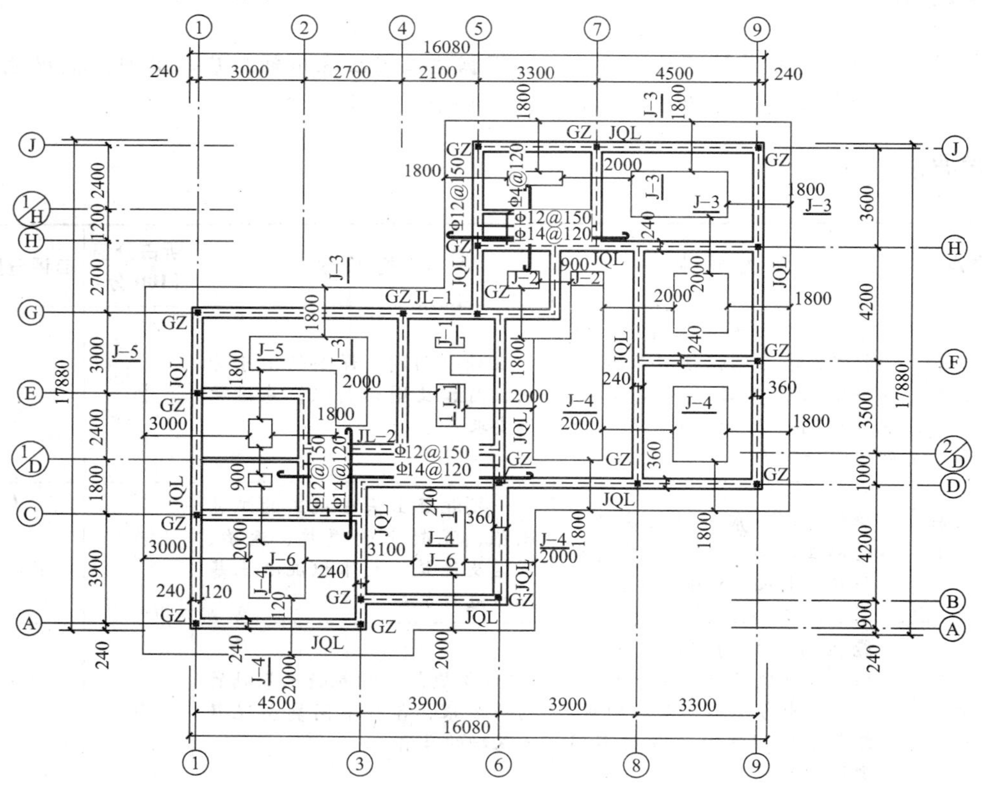

图 2.1 基础平面图及详图

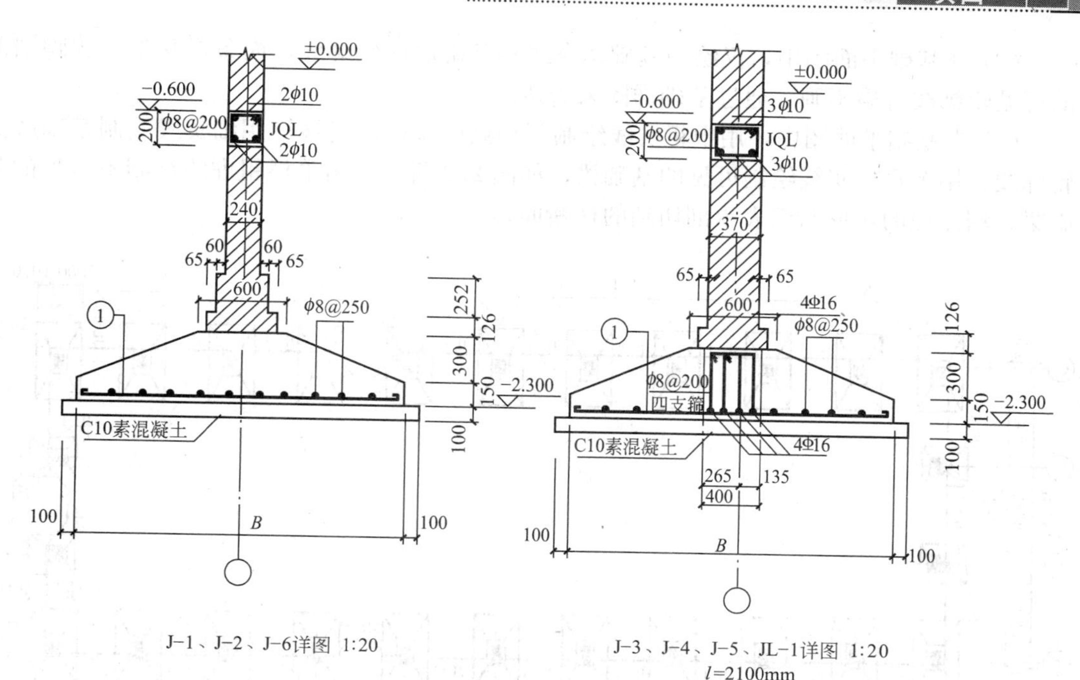

J-1、J-2、J-6详图 1:20

J-3、J-4、J-5、JL-1详图 1:20
l=2100mm

图 2.1 基础平面图及详图（续）

【观察思考】

从基础的用途、类型等方面，仔细观察周边建筑物的基础，比较它们之间的不同。

2.1.1 混凝土基础的识图

基础是房屋的地下承重部分，承受建筑物的全部载荷，并传递至地基。建筑物的上部结构形式和地质情况相应地决定了基础的形式。常见的形式有条形基础和独立基础，此外还有桩基础、片筏基础和箱形基础等。基础图表达建筑物室内地面以下基础部分的平面布置及详细构造。通常用基础平面布置图和基础详图来表示。

1. 基础平面图图示方法

假想在建筑物底层地面以下设置水平剖切平面，剖切后将剖切平面下部的所有基础构件作水平投影，所得的水平剖视图称为基础平面图，如图 2.1 所示。

2. 基础平面图的内容

(1) 表明定位轴线及编号，应与建筑平面图一致，并标注轴线和房屋总长、总宽尺寸。

(2) 表明基础平面布置、基础墙厚度及与轴线的位置关系，基础地面宽度及与轴线的位置关系。

(3) 表明基础墙上留洞的位置及洞的尺寸和洞底标高，以及基础梁位置及基础梁代号和编号。

(4) 表明基础详图的剖切位置及编号。

3. 基础平面图的图示特点

(1) 基础平面图的绘制比例，应与建筑平面图绘图比例相一致。

（2）在基础平面图中，仅绘制基础墙身线和基础底面轮廓线，而条形基础大放脚细部的可见轮廓线省略不画，通过基础详图来表达。

（3）在基础平面图中，用中粗实线绘制剖切到的基础墙身线；用细实线绘制基础底面轮廓线；用单根粗实线绘制可见的基础梁，如图 2.2 所示；用单根粗虚线绘制不可见的基础梁；用涂黑的矩形断面表示剖切到的柱断面。

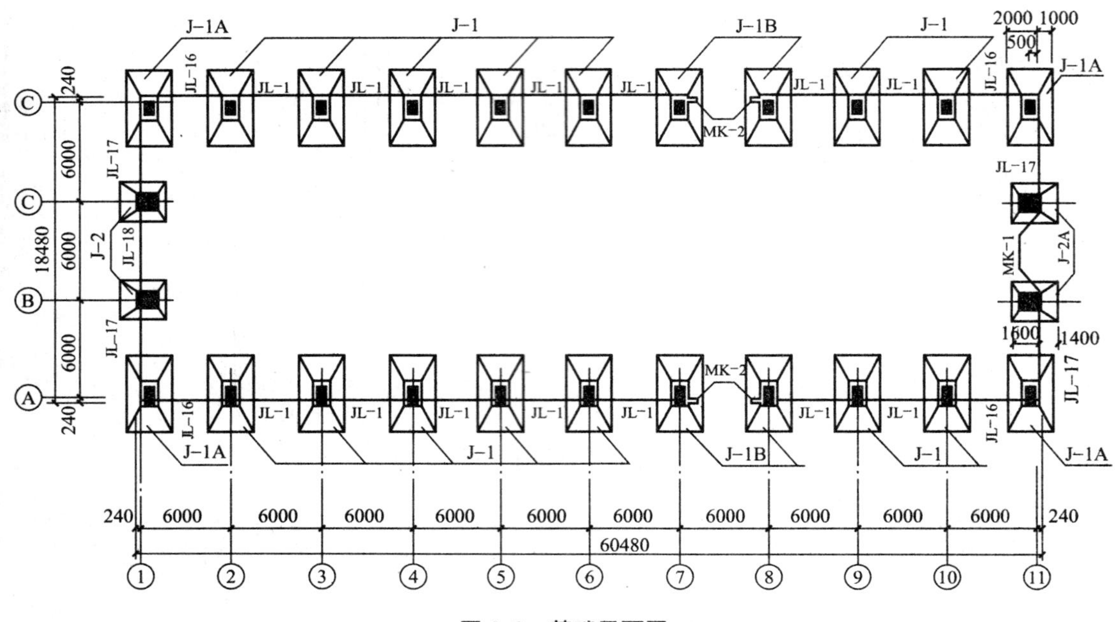

图 2.2　基础平面图

4．基础详图的图示方法

基础详图采用垂直墙身轴线的断面图来表达基础各组成部分的具体形状、大小、材料及基础埋深等。

凡基础槽宽、基础墙厚度、基础底标高、大放脚等做法不相同时，均应做出基础详图，且基础详图的编号应与基础平面图上标注的剖切线编号相一致，但是当基本构造相同，只是部分尺寸不同时，可以用一个详图来表示如图 2.1 所示，但应注出不同的尺寸或列出表格说明见表 2－1。

表 2－1　基础表(对应图 2.1 中的基础)

基础编号	基础宽度 B(mm)	①
J－1	700	素混凝土
J－2	900	Φ 10@180
J－3	1800	Φ 12@200
J－4	2000	Φ 12@160
J－5	3000	Φ 14@125
J－6	3100	Φ 14@120

关于混凝土基础的图集有以下几种。

(1) 04G101－3 混凝土结构施工图平面整体表示方法制图规则和构造详图(筏形基础)。

(2) 08G101－5 混凝土结构施工图平面整体表示方法制图规则和构造详图(箱形基础和地下室结构)。

(3) 06G101－6 混凝土结构施工图平面整体表示方法制图规则和构造详图(独立基础、条形基础、桩基承台)。

2.1.2 混凝土基础构造

1. 基础与地基的关系

基础是建筑物最下部分的承重构件，承受建筑物的全部载荷，并将载荷传到土层上去。基础下面承受压力的土层或岩层称为地基。

1）地基

在做基础设计时，须先分析地质资料，掌握当地土质、地下水的水质与水位等有关资料。作为地基土，其单位面积承受基础传下来的载荷的能力，称为地基的允许承载力，也称地耐力。地基分天然地基与人工地基。凡天然土层具有足够的承载力，不需经人工改良或加固，可直接在上面建造房屋的称为天然地基。当土层的承载力差时，必须进行加固，如将坏土挖掉，填以砂或块石混凝土，然后才能在上面建造房屋，这种经过人工处理的土层，称为人工地基。应尽量选择承载力大的土层或岩层作建筑物的地基，这样可降低建筑物的造价。

2）基础

基础位于建筑最下部与土层直接接触的部分，是上部承重结构向下的延伸和扩大，承受建筑物的全部荷载，并将它们传给地基，是建筑的重要组成部分。

钢筋和混凝土是两种全然不同的建筑材料，钢筋的比重大，不仅可以承受压力，也可以承受张力；然而，它的造价高，保温性能很差。而混凝土的比重比较小，它能承受压力，但不能承受张力；它的价格比较便宜，但是却不坚固。而钢筋混凝土的诞生，解决了这两者的缺陷问题，并且保留了它们原有的优点，使得钢筋混凝土成为现代建筑物建造的首选材料。

3）地基与基础的关系

为了保证建筑物的安全和正常使用，必须要求基础和地基都有足够的强度与稳定性。基础的强度与稳定性既取决于基础的材料、形状与底面积的大小以及施工质量等因素，还与地基的性质有着密切的关系。建造在土质不均匀地基上的房屋，基础往往因地基沉降不匀而产生变形，引起上部结构开裂甚至破坏。因此，基础的设计必须根据现场地基和上部结构的构造情况进行。当基础设计受到土质差、承载力弱的限制时，可采用打桩、换土、夯实等人工地基。一般在低层民用建筑中，以采用天然地基较为经济，尽量选用土质好的地基；在高层建筑及工业建筑中，常采用人工地基以满足上部结构对基础和地基的要求，如图 2.3所示。

2. 基础的埋置深度及影响因素

1）基础的埋置深度

室外设计地面至基础底面的垂直距离称基础埋置深度(简称埋深)，如图 2.4 所示。根据埋深的不同，基础可分为不埋基础、浅基础和深基础。基础埋置深度小于 4m 时，称为浅基础；超过 4m 时，称为深基础；基础直接做在地表面上时称为不埋基础。

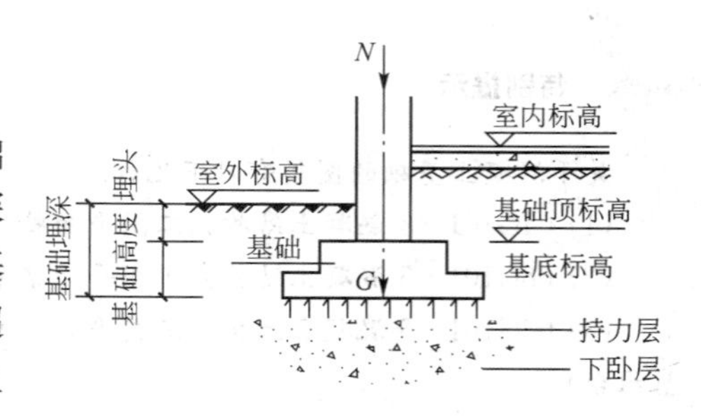

图 2.3　地基与基础的关系

2）影响基础埋深的因素

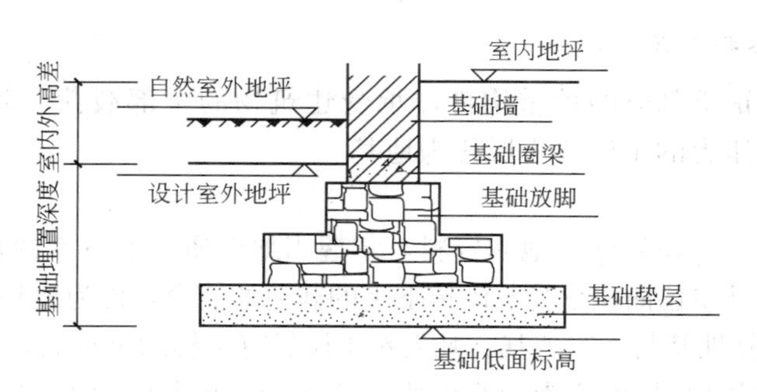

图 2.4　基层的埋深

(1) 工程地质条件。基础底面应尽量选在常年未经扰动而且坚实平坦的土层或岩石上，俗称“老土层”，如图 2.5 所示。

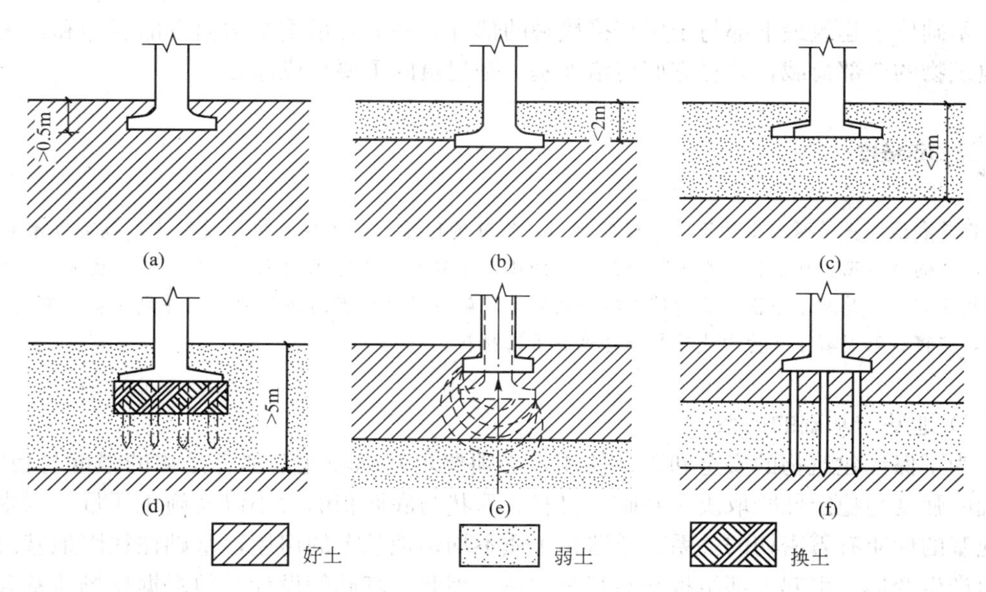

图 2.5　地基土层构造与基础埋深的关系

(a) 好土层；(b) 弱土层＜2m；(c) 2m＜弱土＜5m；(d) 弱土层≥5m；
(e) 弱土在好土以下；(f) 弱土分布在两层硬土中间

(2) 水文地质条件。应确定地下水的常年水位和最高水位，以便选择基础的埋深。

一般宜将基础落在地下常年水位和最高水位之上，这样可不需进行特殊防水处理，节省造价，还可防止或减轻地基土层的冻胀。但是当地下水位较高，基础不能埋置在地下水位以上时，应将基础底面埋置在最低地下水位以下不小于200mm的深度，而且基础应采用耐水材料，当地下水含腐蚀性化学物质时，应采取防腐蚀措施，如图2.6所示。

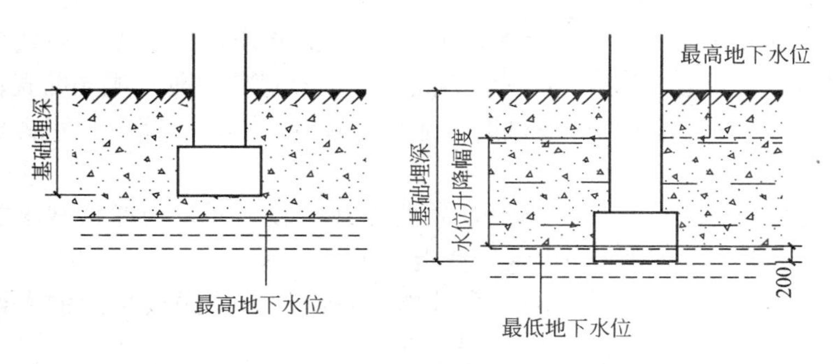

图2.6　基础埋深与地下水的关系

(3) 地基土壤冻胀深度。冰冻线就是冻结土与非冻结土的分界线。气候条件不同，冰冻线的深度也就不同。由于水在结冰后体积会大大增加，土壤中又不同程度地含有水分，因此，含有水分的土壤在结冻时也会发生膨胀，这就是土的冻胀现象。由于上部土壤中水分的冻结，还会引起下部土中水分的向上迁移，加剧上部的冻胀(冬季冰冻顶起地面土使地面土冻松现象)。而当温度回升冻土解冻后，土壤就会变得特别松软，承载力也就随之大大降低。如果建筑物的基础建在冻土中，结冻时基础被冻胀土顶升，解冻时基础又下沉，加上结冻和解冻不均匀，基础顶升和沉降也不均匀，必然要造成建筑物的破坏。因此，基础的底面也应建在冰冻线以下，并且要低于冰冻线200mm的地方，使基础落在稳定的非冻土层上，如图2.7所示。当冰冻线与地下水位作用同时存在时，哪一个影响的埋置深度深，则按深的确定基础埋深。

(4) 相邻建筑物基础的影响。新建建筑物的基础埋深不宜深于相邻的原有建筑物的基础；但当新建基础深于原有基础时，则要采取一定的措施加以处理，以保证原有建筑的安全和正常使用，如图2.8所示。

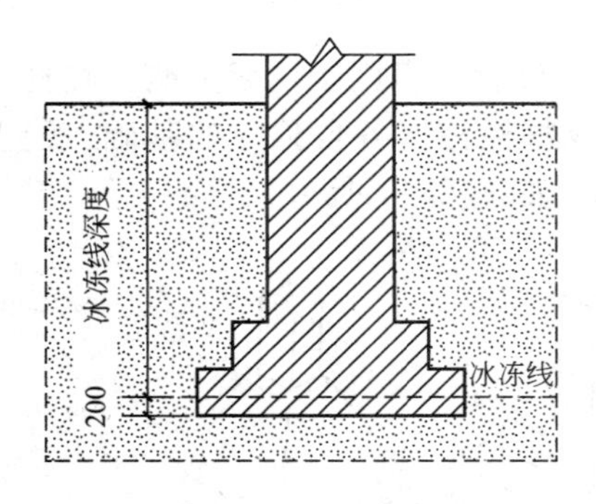

图2.7　基础埋深与冻土深度的关系

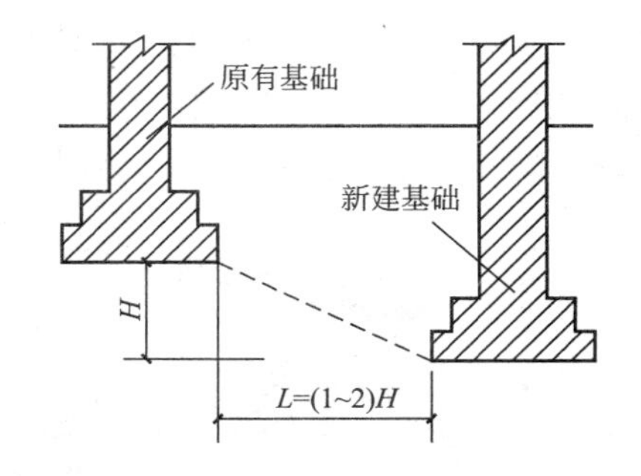

图2.8　基础埋深与新旧基础之间的关系

特别提示

在满足地基稳定和变形要求的前提下，从经济和施工角度考虑，对一般民用建筑，基础应尽量设计为浅埋基础，但地层表面有一层松散的腐殖土，不宜作地基，故埋深一般不小于500mm。

3. 基础的类型

1）基础的结构类型

（1）条形基础。基础是连续的条形，也称带形基础。条形基础可分为墙下条形基础、柱下条形基础和条形折壳基础。

① 墙下条形基础。条形基础是承重墙基础的主要形式。当上部结构载荷较大而土质较差时，可采用钢筋混凝土建造，墙下钢筋混凝土条形基础一般做成无肋式；如地基在水平方向上压缩性不均匀，为了增加基础的整体性，减少不均匀沉降，也可做成肋式的条形基础。

② 柱下钢筋混凝土条形基础。当地基软弱而载荷较大时，为增强基础的整体性并节约造价，可将同一排的柱基础连通做成钢筋混凝土条形基础。

③ 条形折壳基础。为改善基础的受力性能，基础的形式做成条形的壳体，称做条形折壳基础，适用于软土地基，如图 2.9 所示。

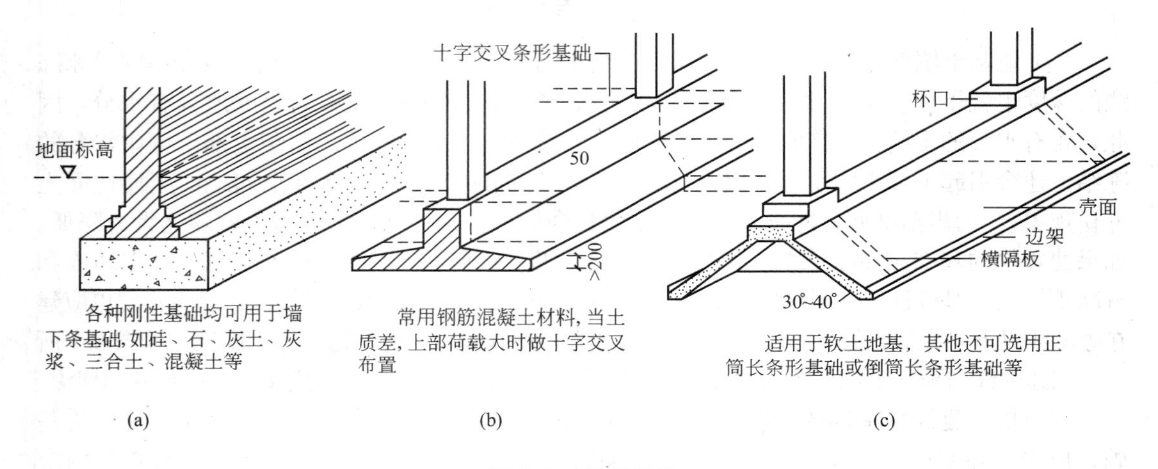

图 2.9　条形基础

（a）墙下条形基础；（b）柱下条形基础；（c）条形折壳基础

（2）独立基础。基础与基础之间不相连接，独立设置，多用于框架结构，在柱子下部放大成阶梯形、锥形或杯形，如图 2.10 所示，形成每根柱下各自独立的基础。当上部结构需要砌墙时，在基础上部加设承台梁，以梁托墙，如图 2.11 所示。

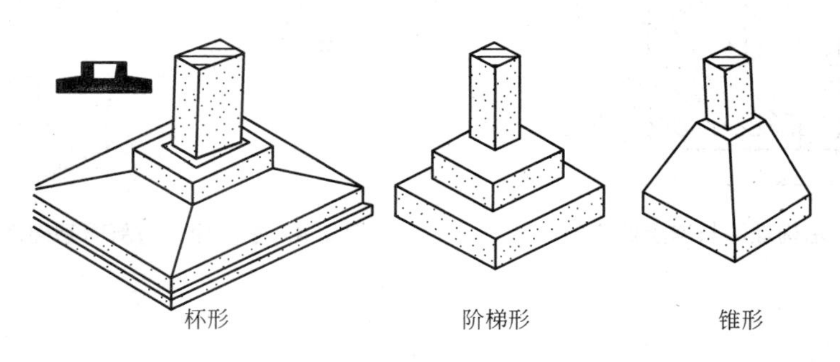

图 2.10　独立基础

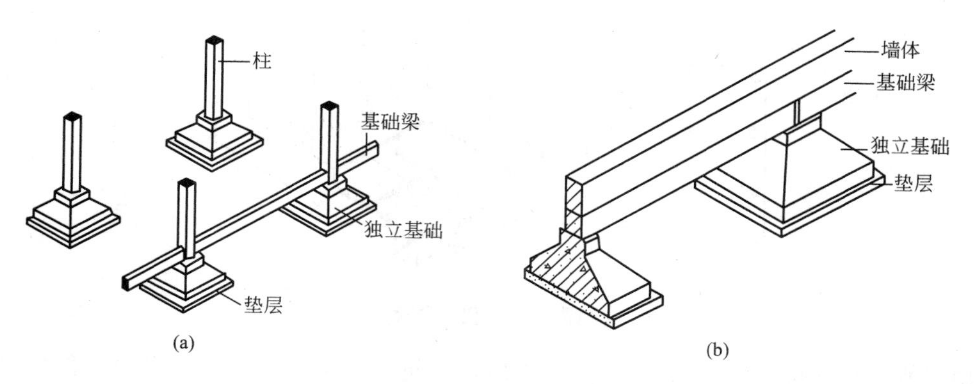

图 2.11　梁托墙

(a) 柱下独立基础；(b) 墙下独立基础

(3) 片筏基础/满堂基础。用钢筋混凝土将整座建筑的基础做成一个整片，并可分为梁板式和无梁式两种。它适合于载荷较大(如高层)且地基承载力较差的场合，如图 2.12 所示。

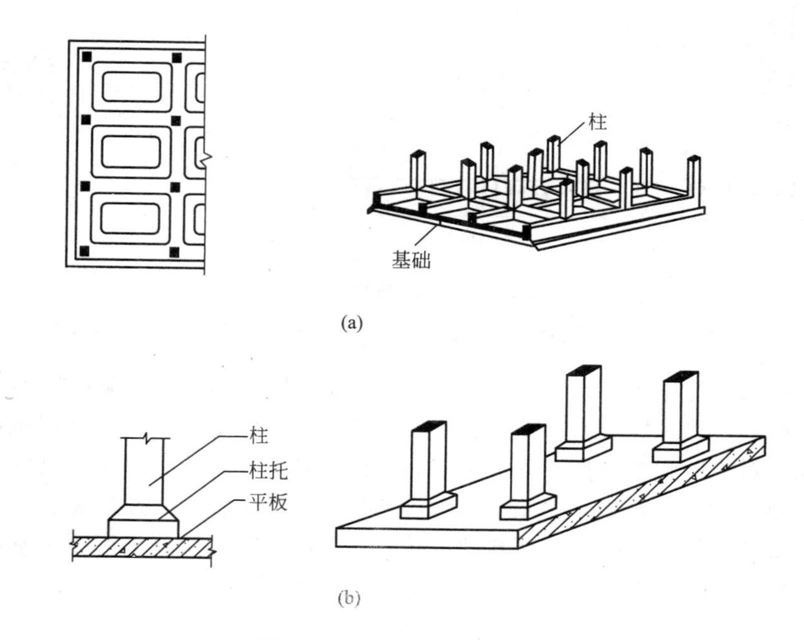

图 2.12　片筏基础/满堂基础

(a) 梁板式；(b) 无梁式

(4) 箱形基础。是用钢筋混凝土将基础整个做成一个箱体，具有相当好的整体性和承受特大载荷的能力，并可利用箱体内部的空间做地下室。其他形式的基础，如连续壳体、大面积壳体等都可看成是片筏基础的特殊形式，如图 2.13 所示。

2) 基础所用材料及受力特点类型

(1) 刚性基础。由刚性材料制作的基础称为刚性基础。所谓刚性基础，一般是指抗压强度高，而抗拉、抗剪强度低的材料。在常用材料中，砖、石、混凝土等均属刚性材料。所以砖、石、砌体基础、混凝土基础称刚性基础。

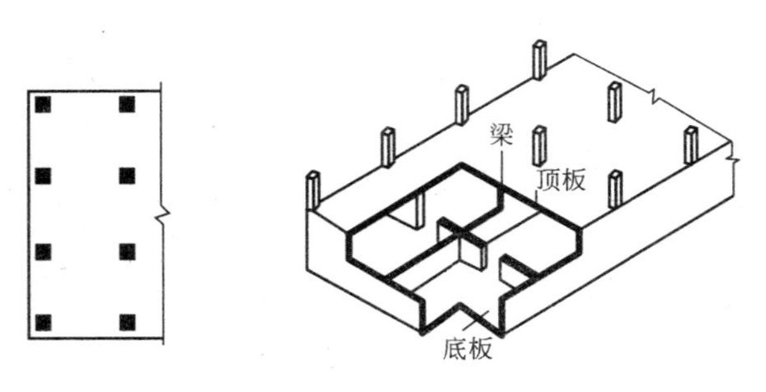

图 2.13　箱形基础

由于刚性材料抗压能力强，如图 2.14 所示，抗拉能力差，因此，压力分部角只能在材料的抗压范围内控制。如果基础底面宽度超过控制范围，致使刚性角扩大，这时，基础会因受拉而破坏，所以，刚性基础底面宽度的增大要受到刚性角的限制。不同材料基础的刚性角是不同的，通常砖、石砌体基础的刚性角控制在 26°～33°之间为好，混凝土基础应控制在 45°以内。

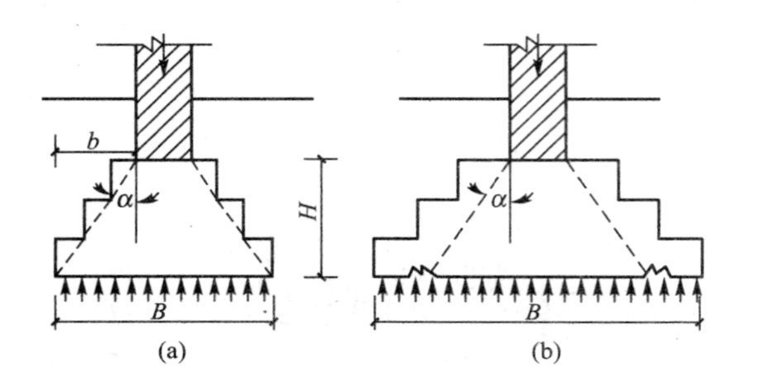

图 2.14　刚性基础的受力特点

（a）基础受力在刚性角范围以内；（b）基础宽度超过刚性角范围而破坏

（2）柔性基础。当基础的载荷较大而地基承载能力较小时，由于基础底面加宽，如果仍采用混凝土材料，势必导致基础深度也要加大。这样，既增加了挖土工程量，而且还使材料用量增加，对工期和造价都十分不利。如果在混凝土基础的底部配以钢筋，利用钢筋来承受拉力，使基础底部能够承受较大弯矩，这时，基础宽度的加大就不受刚性角的限制。故有人称钢筋混凝土基础为柔性基础。在同样条件下，采用钢筋混凝土基础比混凝土基础省，可节省大量的混凝土材料和挖土工程量，如图 2.15 所示。

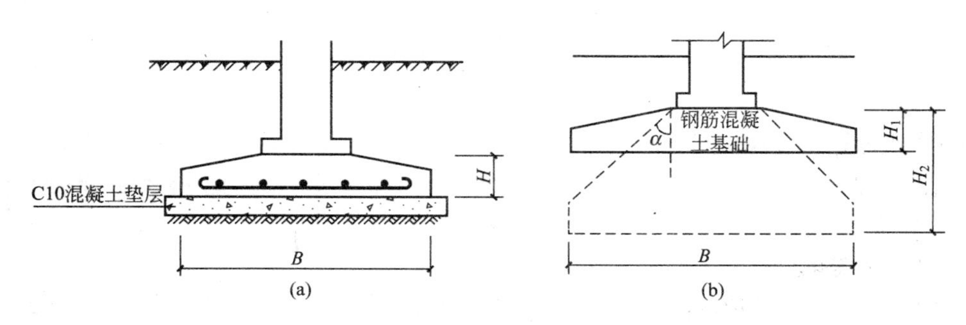

图 2.15　混凝土基础与钢筋混凝土基础的比较

（a）柔性基础；（b)混凝土基础

特别提示

基础结构类型的选择如下：

(1) 上部结构类型(一般情况)：如砖墙承重——条形基础；柱承重——独立基础。

(2) 载荷大小：载荷大一般采用整体结构基础，如高层采用箱形基础、片筏基础等。

(3) 地基情况：如地基土较弱时，应采用整体性强的基础，如片筏基础。

(4) 建筑物使用情况：如有地下室，建筑载荷又较大，则可采用箱形基础，兼顾大承载力和利用地下空间。

(5) 综合考虑经济因素：基础的费用可能很大，也可能很小，因此综合考虑各方面的因素，合理选择基础类型，对于节省基础造价具有很重要的意义。

4. 基础构造

1) 混凝土基础

(1) 材料：C10 混凝土。

(2) 形式：矩形、阶梯形、锥形。

混凝土基础如图 2.16 所示，属于刚性基础，设计时要注意其刚性角的限制，一般为1∶3。

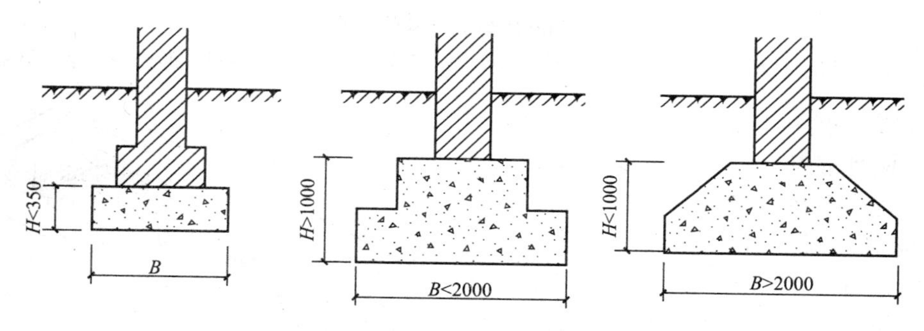

图 2.16 混凝土基础

2) 钢筋混凝土基础(图 2.17)

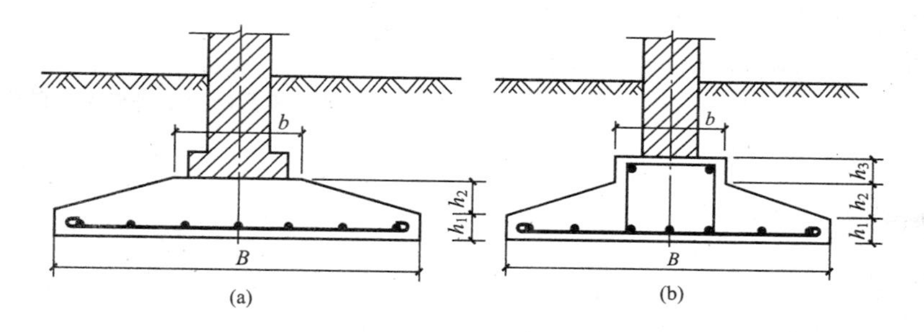

图 2.17 钢筋混凝土基础

(a) 板式基础；(b) 梁板式基础

(1) 材料：钢筋(受力筋≥Φ8，间距≤@200)，混凝土≥C15。

(2) 形式：板式和梁板式。说明如下：

① 基础底面加混凝土垫层时，钢筋保护层≥35mm。

② 基础底面不加混凝土垫层时，钢筋保护层≥70mm。

③ 钢筋混凝土基础为柔性基础，不受刚性角的限制，底宽与埋深可根据需要进行设计。

5. 其他情况下的地基与基础处理

1）调整基础底面和埋深

在地基土不均匀的情况下，很可能造成建筑物基础的不均匀沉降而造成建筑物墙体开裂，如图 2.18 所示。在这种情况下，可以根据地基的容许变形，来调整基础的底面宽度或局部加深基础的埋深，使整座建筑基础的各个部分沉降均匀。或将地基局部一部分的软土(硬土)换掉，即以硬换软(或以软换硬)，使地基各个部分软硬一致，使地基在容许变形的范围内，让基础有一个均匀、合适的沉降，如图 2.19 所示。

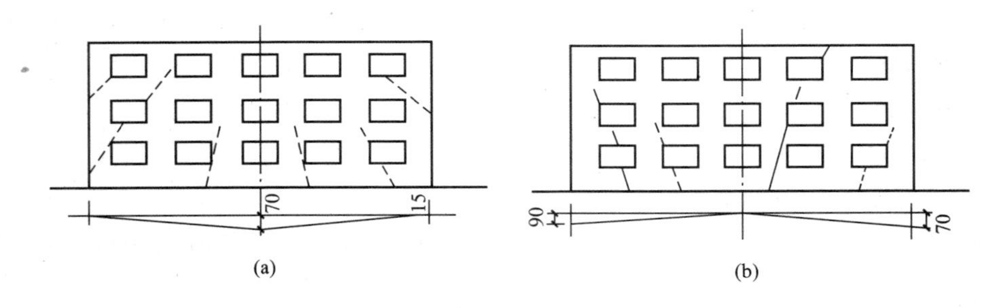

图 2.18 基础不均匀沉降檐墙挠曲开裂情况

(a) 中间基础沉降较两端大形成八字缝开裂；(b) 两端基础沉降较中间大形成倒八字缝开裂

2）提高基础和上部结构的刚度

采用刚性墙基础或加设基础圈梁的办法，来加强基础的整体性，以便均匀地传递载荷，调整各部分的不均匀沉降。其他还有挑梁基础，是新建建筑紧贴原有建筑，为了不影响原有建筑的基础稳定，新基础离开一定的距离，并用挑梁托住与原有建筑相邻的墙。另外，挑梁基础也用在墙角下有局部弱土地基时。其他还有过梁基础跨越局部弱土地基的。

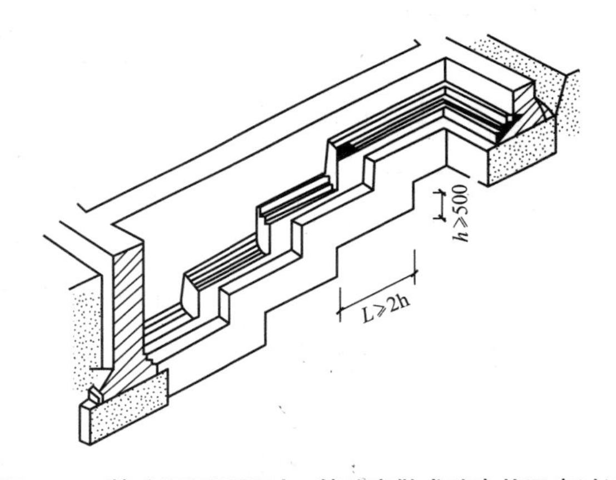

图 2.19 基础埋深不同时，基础应做成踏步状逐步过渡

特别提示

当设备管道穿越基础时，如从基础墙上穿过，可在墙上留孔，如从基础大放角穿过，管顶与预留洞上部留有不小于建筑物最大沉降量的距离，一般不小于 150mm。

2.2 混凝土基础施工技术

【引例 2】

如图 2.20 所示，现浇混凝土基础施工现场可以分为哪几个施工段？

【观察思考】

图 2.20 现浇混凝土施工现场

基础施工(图 2.20)可采用 3 个施工段。一个负责开挖，包括负责修路、降基面、校正位置、石料运输；第二个负责拆模、养护回填、接地装置埋设和砂石运输；第三个负责浇注、现场清理和水泥运输。改变开挖、成形、支模、浇制、养护、回填由一个作业班完成。可把经验丰富的骨干集中到支模、浇注两道关键工序。

2.2.1 混凝土工程

1. 工艺流程

混凝土浇注→混凝土运输、夯送与布料→混凝土浇注、振捣和表面抹压→混凝土养护。

2. 混凝土搅拌

搅拌混凝土前，宜将搅拌筒充分润滑，严格计量、控制水灰比和塌落度。

特别提示

混凝土配制设计中的几个概念。

(1) 水灰比：是单位体积混凝土内所含的水与水泥的重量比。它是决定混凝土强度的主要因素，水灰比愈小，强度愈高，常用的水灰比为 0.4～0.8，现场浇制混凝土常用 0.7。

(2) 坍落度：衡量混凝土的和易性的指标，决定单位体积混凝土的用水量。

(3) 配合比：混凝土组成材料的重量比，水：水泥：砂：石，以水泥的重量为标准重量。

3. 混凝土运输、夯送和布料

混凝土水平运输设备主要有手推车、机动翻斗车、混凝土搅拌输送车等，垂直运输设备主要有井架、混凝土提升机、施工电梯等，泵送设备主要有汽车泵(移动泵)、固定泵，为了提高生产效率，混凝土输送泵管道终端通常同混凝土布料机(布料杆)连接，共同完成混凝土浇注时的布料工作。

4. 混凝土浇注

浇注混凝土前，对地基应事先按设计标高和轴线进行校正，并应清除淤泥和杂物；同时，注意基坑降排水，以防冲刷新浇注的混凝土。

1) 条形基础浇注

(1) 浇注前，应根据混凝土基础顶面的标高在两侧木模上弹出标高线；如采用原槽土模时，应在基槽两侧的土壁上交错打入长 100mm 左右的标杆，并露出 20～30mm，标杆面与基础顶面标高平，标杆之间的距离约为 3m。

(2) 根据基础深度宜分段分层连续浇注混凝土，一般不留施工缝。各段层间应相互衔接，每段间浇注长度控制在 2～3cm 距离，做到逐段逐层呈阶梯形向前推进。

2）单独基础浇注

（1）台阶式基础施工，可按台阶分层一次浇注完毕（预制柱的高杯口基础的高台部分应另行分层），不允许留设施工缝。每层混凝土要一次浇注，顺序是先边角后中间，务必使砂浆充满模板。

（2）浇注台阶式柱基时，为防止垂直交角处可能出现吊脚（下层台阶与下口混凝土脱空）现象，可采取如下措施。

在第一级混凝土捣固下沉 2～3cm 后暂不填平，继续浇注第二级。先用铁锹沿第二级模板底圈做成内外坡，然后再分层浇注，外圈边坡的混凝土于第二级振捣过程中自动摊平，待第二级混凝土浇注后，再将第一级混凝土齐模板顶边拍实抹平。

捣完第一级后拍平表面，在第二级模板外先压以 200mm×100mm 的压角混凝土并加以捣实后，再继续浇注第二级。

如条件许可，宜采用柱基流水作业方式，即顺序先浇一排杯基第一级混凝土，再回转依次浇第二级。这样对已浇好的第一级将有一个下沉的时间，但必须保证每个柱基混凝土在初凝之前连续施工。

（3）为保证杯形基础杯口底标高的正确性，宜先将杯口底混凝土振实并稍停片刻，再浇注振捣杯口模四周的混凝土，振动时间尽可能缩短；同时，还应特别注意杯口模板的位置，应在两侧对称浇注，以免杯口模挤向上一侧或由于混凝土泛起而使芯模上升。

（4）高杯口基础，由于这一级台阶较高且配置钢筋较多，可采用后安装杯口模的方法，即当混凝土浇捣到接近杯口底时，再安杯口模板后继续浇捣。

（5）锥式基础，应注意斜坡部位混凝土的捣固质量，在振捣器振捣完毕后，人工将斜坡表面拍平，使其符合设计要求。

（6）为提高杯口芯模周转利用率，可在混凝土初凝后终凝前将芯模拔出，并将杯壁划毛。

（7）现浇柱下基础时，要特别注意连接钢筋的位置，防止移位和倾斜，发生偏差时及时纠正。

3）设备基础浇注

（1）一般应分层浇注，并保证上下层之间不留施工缝，每层混凝土的厚度为 200～300mm。每层浇注顺序应从低处开始，沿长边方向自一端向另一端浇注，也可采取中间向两端或两端向中间浇注的顺序。

（2）对特殊部位，如地脚螺栓、预留螺栓孔、预埋管等，浇注混凝土时要控制好混凝土上升速度，使其均匀上升；同时防止碰撞，以免发生位移或歪斜。对于大直径地脚螺栓，在混凝土浇注过程中，应用经纬仪随时观测，发现偏差及时纠正。

2.2.2 大体积混凝土工程

（1）大体积混凝土的浇注分为全面分层、分段分层、斜面分层 3 种方式。

① 全面分层：浇注混凝土时从短边开始，沿长边方向进行浇注，要求在逐层浇筑过程中，第二层混凝土要在第一层混凝土初凝前浇注完毕。

② 分段分层：分段分层方案适用于结构厚度不大而面积或长度较大的情况。

③ 斜面分层：混凝土振捣工作从浇筑层下端开始逐渐上移。斜面分层方案多用于长度较大的结构。

（2）大体积混凝土在振动界限以前对混凝土进行二次振捣，排除混凝土因泌水在粗骨料、水平钢筋下部生成的水分和空隙，提高混凝土与钢筋的握裹力，防止因混凝土沉落而出现的裂缝，减少内部微裂，增加混凝土密实度，使混凝土抗压强度提高，从而提高抗裂性。

(3) 大体积混凝土的养护时间。大体积混凝土浇注完毕后，应在12h内加以覆盖和浇水。普通硅酸盐水泥拌制的混凝土养护时间不得少于14d(其他不得少于21d)。

(4) 大体积混凝土裂缝的控制方法。

① 优先选用低水化热的矿渣水泥拌制混凝土，并适当使用缓凝减水剂。

② 在保证混凝土设计强度等级前提下，适当降低水灰比，减少水泥用量。

③ 降低混凝土的入模温度，控制混凝土内外的温差(当设计无要求时，控制在25℃以内)。

④ 及时对混凝土覆盖保温、保湿材料，并进行养护。

⑤ 可预埋冷却水管，通入循环水将混凝土内部热量带出，进行人工导热。

⑥ 在拌和混凝土时，还可掺入适量的微膨胀剂或膨胀水泥。

⑦ 设置后浇缝。可以适当设置后浇缝，以减小外应力和温度应力；同时，也有利于散热，降低混凝土的内部温度。

⑧ 大体积混凝土必须进行二次抹面工作，减少表面收缩裂缝。

特别提示

基础的浇注应力求使用机械搅拌和机械振捣，这不仅能加快施工速度，减轻工人劳动强度，而且搅拌的混凝土质量好，振捣密实、均匀，从而提高基础的质量。

2.3 混凝土基础清单编制实务

【引例3】

如图2.1所示，计算基础工程量，并准确、全面填入分部分项工程量清单与计价表中。

【观察思考】

现浇混凝土基础属于分部分项工程量清单项目，思考各种不同类型基础的算法及在清单中的列项。

2.3.1 清单规范附表

表2-2为清单规范附表(GB 50500—2008)。

表2-2 清单规范附表

现浇混凝土基础(编码：010401)					
项目编码	项目名称	项目特征	计量单位	工程量计算规则	工程内容
010401001	带形基础	(1) 混凝土强度等级 (2) 混凝土拌合料要求 (3) 砂浆强度等级	m^3	按设计图示尺寸以体积计算。不扣除构件内钢筋、预埋铁件和伸入承台基础的桩头所占体积	(1) 混凝土制作、运输、浇注、振捣、养护 (2) 地脚螺栓二次灌浆
010401002	独立基础				
010401003	满堂基础				
010401004	设备基础				
010401005	桩承台基础				
010401006	垫层				

2.3.2 清单编制的一般规定

(1) 现浇混凝土基础(编码：010401)：按设计图示尺寸以体积计算。不扣除构件内钢筋、预埋铁件和伸入承台基础的桩头所占体积。

(2) 混凝土基础与墙或柱的划分，均按基础扩大顶面为界，如图 2.21 所示。

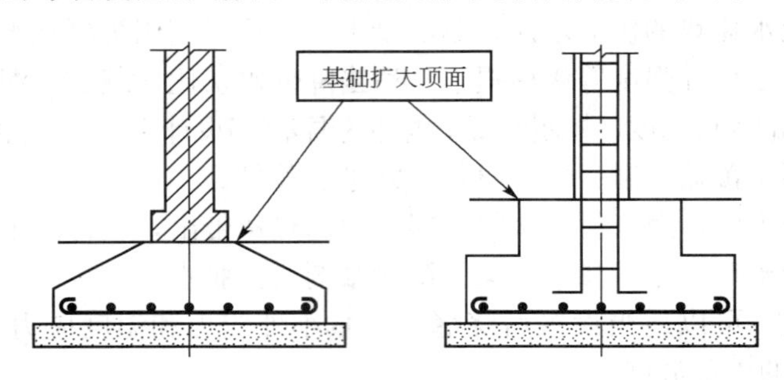

图 2.21 基础扩大顶面

2.3.3 清单工程量计量方法

1. 带形基础(编码：010401001)

有肋带形基础、无肋带形基础应分别编码(用第五级编码区分)列项，有肋带形基础应注明肋高，如图 2.22 所示。

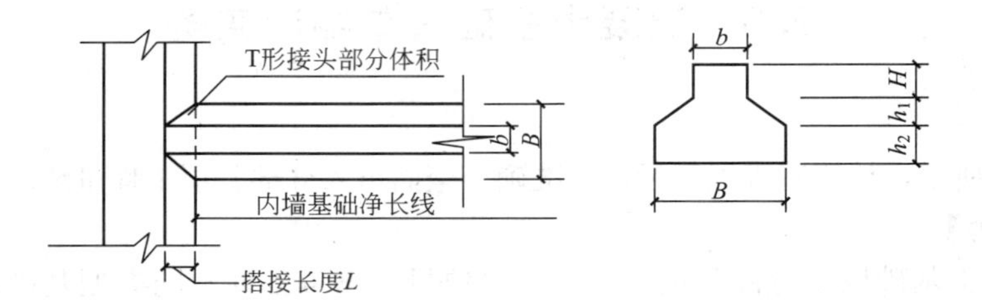

图 2.22 有肋带形基础

B—基础底宽；b—基础顶宽；H—基础肋高；h_1—基础锥形高度；
h_2—基础底高；L—横向基础与纵向基础的搭接长度

1) 带形基础

$$V=\text{带形基础长度}\times\text{基础断面面积} \tag{2-1}$$

2) 有肋带形基础

$$V=\text{带形基础长度}\times\text{基础断面面积}+\text{T 形接头体积} \tag{2-2}$$

式中：基础长度——外墙为中心线，内墙为基础净长线。

T 形接头体积为

$$V=L\times b\times H+L\times h_1\times(2b+B)/6 \tag{2-3}$$

2. 独立基础(编码：010401002)

1) 阶梯形基础

阶梯形基础，如图 2.23 所示。

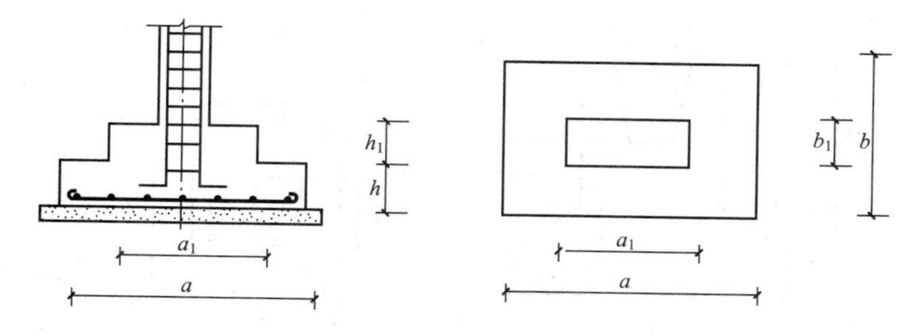

图 2.23 阶梯形独立基础

计算公式为

$$V=a\times b\times h+a_1\times b_1\times h_1 \tag{2-4}$$

式中：a、b——分别为基础底面的长与宽；

a_1、b_1——分别为基础顶部的长与宽；

h——基础底部四方体的高度；

h_1——基础顶部四方体的高度。

2）截头方锥形基础(图 2.24)

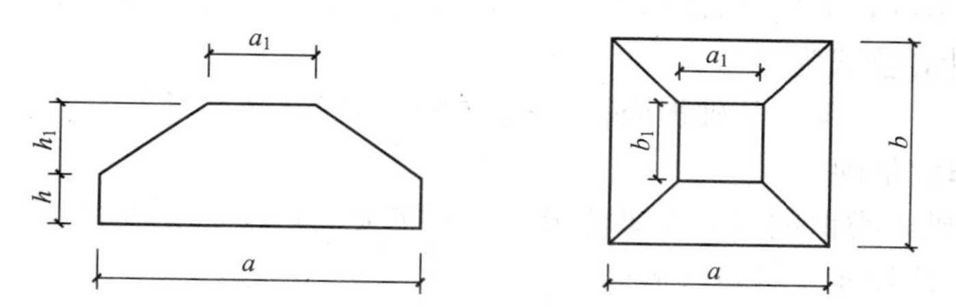

图 2.24 截头方锥形独立基础

计算公式为

$$V=a\times b\times h+\frac{h_1}{3}[a\times b+a_1\times b_1+\sqrt{(a\times b)(a_1\times b_1)}] \tag{2-5}$$

式中：a、b——分别为基础底面的长与宽；

a_1、b_1——分别为基础顶部的长与宽；

h——基础底部四方体的高度；

h_1——基础棱台的高度。

3）杯形基础

杯形基础是指在基础中心预留有安装预制钢筋混凝土柱的孔槽(又称杯口槽)，形如水杯，如图 2.25 所示。

计算公式为

$$V=ABH_3+\frac{H_2}{3}[AB+ab+\sqrt{(AB)(ab)}]+abH_1-V_{杯形} \tag{2-6}$$

式中：

$$V_{杯形}=h\times\left[(a_1+c)(b_1+c)+\frac{c^2}{3}\right] \tag{2-7}$$

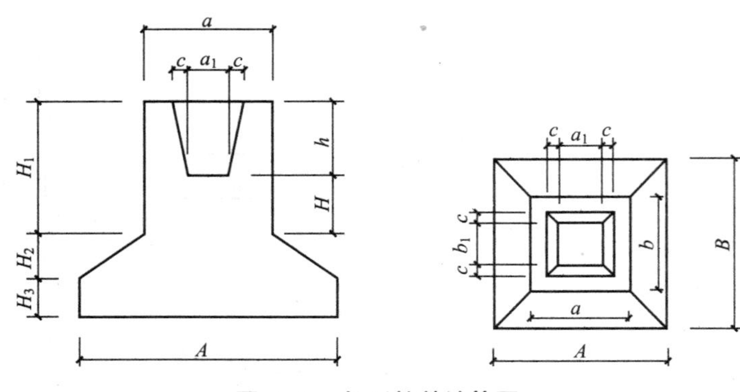

图 2.25　杯形柱基计算图

特别提示

柱下钢筋混凝土独立基础可做成锥形或阶梯形，预制柱则采用杯形基础。

3. 满堂基础(编码：010401003)

1）有梁式满堂基础

又称梁板式基础，类似倒置的井字楼盖，其混凝土工程量按板、梁体积合并计算，如图 2.26 所示。计算公式为

$$V=\text{基础板面积}\times\text{板厚}+\text{梁截面面积}\times\text{梁长} \tag{2-8}$$

2）无梁式满堂基础

又称板式基础，类似倒置的无梁楼板，当有扩大或角锥形柱墩时并入无梁式满堂基础内计算，如图 2.27 所示。计算公式为

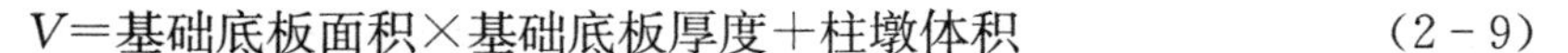

$$V=\text{基础底板面积}\times\text{基础底板厚度}+\text{柱墩体积} \tag{2-9}$$

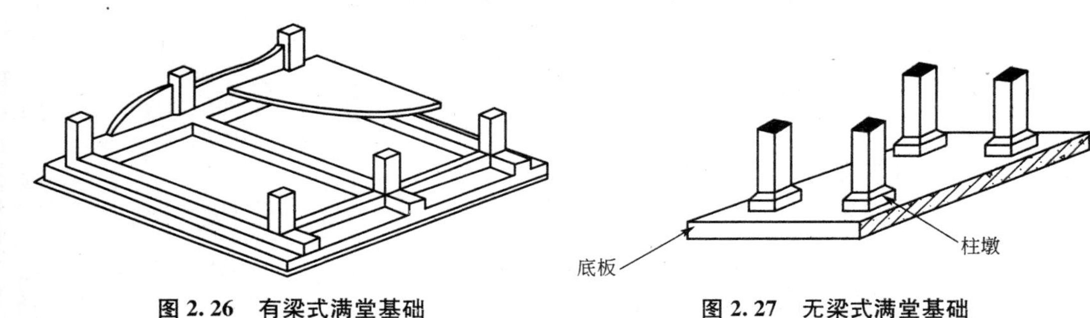

图 2.26　有梁式满堂基础　　图 2.27　无梁式满堂基础

4. 箱形基础

箱形基础又称箱式满堂基础，可按满堂基础、柱、梁、墙、板分别编码列项，也可利用满堂基础的第五级编码分别列项，如图 2.28 所示。

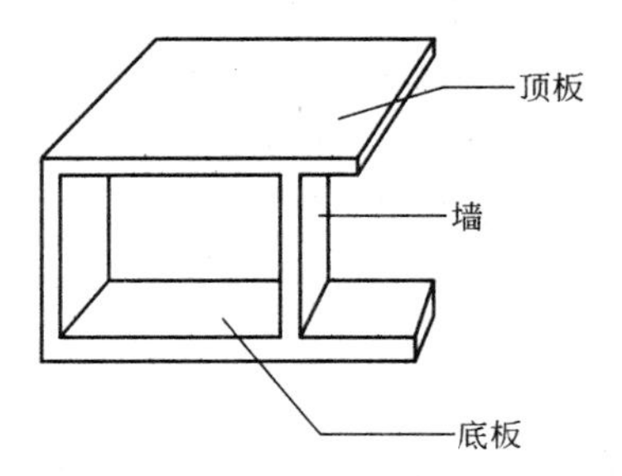

图 2.28　箱形基础

5. 桩承台基础

桩承台基础是指在群桩基础上，将桩顶用钢筋混凝土平台或平板连成一个整体基础，以承受整个建筑物载荷的

结构，并通过桩传递给地基。

桩承台有带形桩承台和独立桩承台两种形式。如图 2.29 所示，桩承台工程量按图示体积计算。

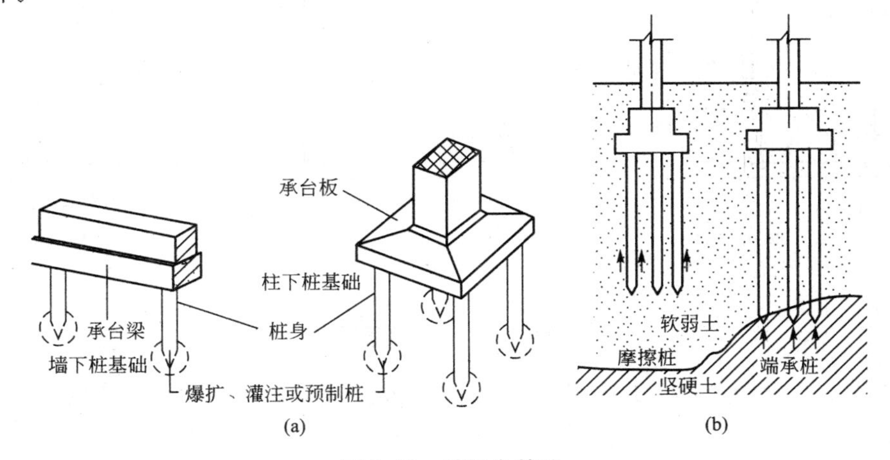

图 2.29 桩承台基础

(a) 桩的组成；(b) 桩的受力

6. 设备基础

按设计图示尺寸以体积计算。

7. 垫层

按设计图示尺寸以体积计算。

【引例 4】

某工程基础平面图如图 2.30 所示，现浇钢筋混凝土带形基础、独立基础的尺寸如图 2.31所示，混凝土垫层的强度等级为 C15，混凝土基础强度等级为 C20，按外购商品混凝土考虑。

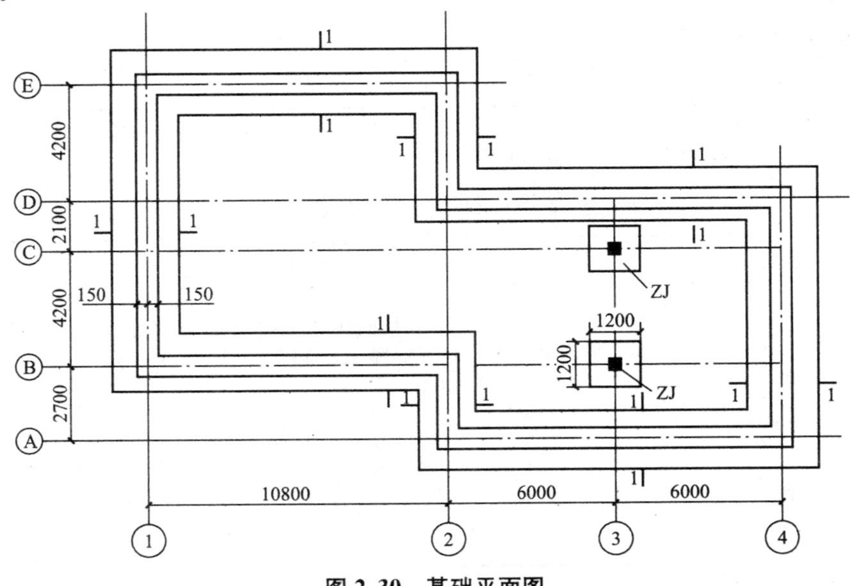

图 2.30 基础平面图

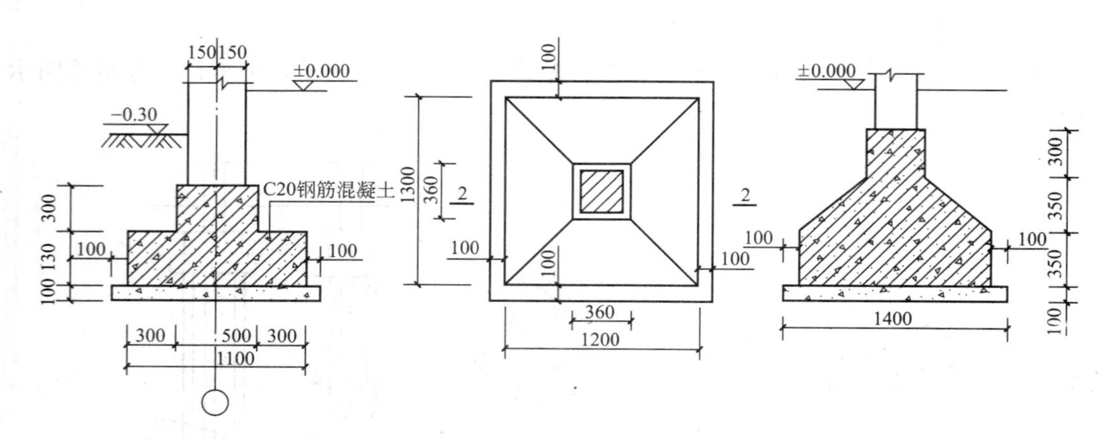

图 2.31 基础剖面图

问题：依据《建设工程工程量清单计价规范》(GB 50500—2008)的规定完成下列计算。

(1) 计算现浇钢筋混凝土带形基础、独立基础、基础垫层的工程量。

(2) 编制现浇混凝土带形基础、独立基础的分部分项工程量清单与计价表。

解：(1)分部分项工程量计算如表 2-3 所列。

表 2-3 分部分项工程量计算

序号	名称	单位	数量	计算过程
1	带形基础	m^3	38.52	22.8×2+10.5+6.9+9=72 (1.1×0.35+0.5×0.3)×72=38.52
2	独立基础	m^3	1.55	[1.2×1.2×0.35+1/3×0.35×(1.2^2+0.36^2+1.2×0.36)+0.36×0.36×0.3]×2 =(0.504+0.234+0.039)×2=1.55
3	带形基础垫层	m^3	9.36	1.3×0.1×72=9.36
4	独立基础垫层	m^3	0.39	1.4×1.4×0.1×2=0.39

(2) 分部分项工程量清单与计价如表 2-4 所列。

表 2-4 分部分项工程量清单与计价

序号	编码	名称	项目特征	单位	数量
1	010401001001	混凝土带形基础	(1) 混凝土强度等级：C20 混凝土 (2) 混凝土拌和料要求：外购商品混凝土	m^3	38.52
2	010401002001	混凝土独立基础	(1) 混凝土强度等级：C20 混凝土 (2) 混凝土拌和料要求：外购商品混凝土	m^3	1.55

小　结

要达到依据施工图纸独立编制混凝土基础工程量清单的目的，需要能识图、正确判断基础类型，熟悉基础施工方法，熟练掌握基础的算量，因此，本章介绍了现浇混凝土基础的识图与构造、施工技术及清单编制方法，要求学生从识图到算量来完成工程量清单的编制。

复习思考题

1. 基础与地基的关系是什么？
2. 基础平面图的图示内容有哪些？
3. 基础的埋深是指什么？影响基础埋深的因素有哪些？
4. 按照基础的结构形式、受力特点来分，基础分别分为哪几类？
5. 一般混凝土工程的施工工艺流程是怎样的？
6. 混凝土基础与柱子的划分以哪里为界？
7. 杯形基础应如何计算？
8. 简述无梁式满堂基础与有梁式满堂基础在算量上的区别。
9. 简述带形基础的计量方法。
10. 简述独立基础的计量方法。

项目3

现浇混凝土主体工程

教学目标

掌握现浇混凝土主体结构构造；熟悉结构施工图的识读方法，并能熟练阅读现浇混凝土结构施工图；掌握各种现浇钢筋混凝土结构特点、基本构造；熟悉现浇混凝土主体结构的施工工艺及方法，掌握混凝土的施工配合比换算，施工配料计算，混凝土的浇注方法，施工缝设置原则、部位、形式及处理，表面振动器、内部振动器的使用要求与方法，了解混凝土试配强度，投料顺序、混凝土振捣设备、混凝土的质量检查与评定；熟练掌握现浇混凝土主体工程中各个混凝土构件的算量方法，并能独立编制工程量清单。

教学要求

主要内容	能力要求	知识要点	所占分值（100分）	自评分数
混凝土主体工程识图与构造	能熟练识图，准确把握图纸要点；掌握主体工程的结构特点及基本构造	结构识图、楼板构造、阳台、雨篷、楼梯构造、台阶、坡道等	30	
混凝土主体工程施工方法	能熟练掌握混凝土主体工程的施工方法，包括搅拌、运输、浇注、振捣、养护及质量缺陷的辨别及修护	混凝土施工配料的计算、混凝土的搅拌、运输、浇筑、养护、质量缺陷和修补	30	
混凝土主体工程清单编制实务	能熟练掌握各种不同主体构件的算量方法，并能独立编制工程量清单	混凝土柱、梁、板、楼梯、其他构件的算量方法及填表列项要求	40	

章节导读

现浇混凝土结构具有整体性好，刚度大，抗震性好，平面布置灵活，构件尺寸不受标准构件的限制，节约钢材等。但需耗用大量的模板，现场工程量大，工期长。适用于使用要求高，功能复杂，对抗震性能要求较强的建筑。这里，将讲述现浇混凝土主体结构柱、梁、板、楼梯等构件的构造、施工方法及清单编制等内容。

3.1 混凝土主体工程识图与构造

【引例1】

建筑工程施工图纸主要包括结构施工图和建筑施工图，而混凝土主体工程的算量，主要依据施工图纸中的结构施工图。

【观察思考】

要达到对各种混凝土主体构件算量的目的，怎样从结构施工图纸中读出准确的信息？

3.1.1 混凝土结构识图

1. 结构施工图的作用

凡需要进行结构设计计算的承重构件(如基础、柱、梁板等)，其材料、形状、大小以及内部构造等，皆由结构施工图表明。

结构施工图是放线、挖土方、支模板、绑钢筋、浇灌混凝土、安装各类承重构件、编制预算以及施工组织计划的重要依据。

2. 结构施工图的主要内容

1）结构设计说明书

结构设计说明书应说明主要设计依据。如地基承载力、当地的自然条件、材料标号、预制构件统计表以及施工要求等方面内容。

2）结构平面布置图

表明结构中各种承重构件的总体布置，包括基础平面图布置图(详见2.1混凝土基础识图与构造)、楼层结构平面图布置图。

3）构件详图

表明各个承重构件的材料、形状、大小以及内部构造。钢筋混凝土构件代号在结构施工图中，各类构件均采用国标规定的代号进行标示，并对同类构件用阿拉伯数字进行编号。对于预应力钢筋混凝土构件，应在构件代号前加注“Y—”，见表3-1。

表3-1 常用构件代号

序号	名称	代号	序号	名称	代号	序号	名称	代号
1	板	B	3	空心板	KB	5	折板	ZB
2	屋面板	WB	4	槽形板	CB	6	密肋板	MB

（续）

序号	名称	代号	序号	名称	代号	序号	名称	代号
7	楼梯板	TB	14	过梁	GL	21	桩	ZH
8	盖板	GB	15	连系梁	LL	22	柱间支撑	ZC
9	檐口板	YB	16	基础梁	JL	23	垂直支撑	CC
10	梁	L	17	楼梯梁	TL	24	水平支撑	SC
11	屋面梁	WL	18	屋架	WJ	25	雨篷	YP
12	吊车梁	DL	19	柱	Z	26	阳台	YT
13	圈梁	QL	20	基础	J	27	预埋件	M

3.1.2 现浇钢筋混凝土楼板构造

1. 楼板的组成与分类

1）楼板的作用及设计要求

图 3.1 楼板质量事故

【引例 2】

某拆迁还建房，厨房现浇钢筋混凝土楼板垮了一个洞，如图 3.1 所示，记者来到该厨房，用脚跺一下，整个楼板就颤动，经有关部门鉴定，结论为楼板的混凝土强度及钢筋配置不满足要求，楼板承载力不满足使用要求。这是一起楼板质量事故，所幸无人员伤亡。从中认识到，对于承重构件楼板，在设计和施工中一定要确保其安全可靠。

【观察思考】

观察身边的建筑，思考卫生间楼板(潮水、积水)、房间楼板(避免干扰)除了应能保证安全可靠外，还应具有哪些方面的能力？

楼板是分隔建筑空间的水平承重构件，它在竖向将建筑物分成多个楼层。楼板一方面承受着楼面上的全部活载荷和恒载荷，并把这些载荷合理有序地传给墙或柱；另一方面对墙体起着水平支撑作用，加强建筑物的整体刚度；楼板还应具有一定的隔声、防火、防水、防潮等功能。

楼板应具有足够的强度和刚度，以保证在载荷作用下楼板安全可靠，并能正常使用。楼板应具有一定的隔声能力，可避免上下层房间的相互影响。楼板应按建筑物耐火等级进行防火设计，保证在火灾发生时，一定时间内不至于因楼板塌陷而给生命和财产带来损失。对于厨房、卫生间、实验室等地面潮湿、易积水的房间，应进行防水防潮处理，同时满足建筑经济的要求。

特别提示

强度和刚度是两个建筑力学上的概念，强度是指构件在外力作用下抵抗破坏的能力。刚度是指构件抵抗变形的能力。

2）楼板的组成

楼板由面层、结构层、顶棚层 3 个基本层次组成，根据功能及构造要求可增加防水层、隔声层等附加层，如图 3.2 所示。

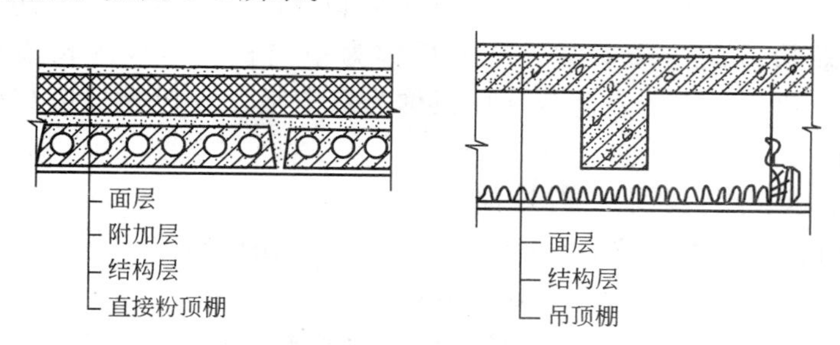

图 3.2　楼板的基本组成

（1）面层。面层是人们日常活动、家具设备等直接接触的部位，楼板面层还保护结构层免受腐蚀和磨损，同时还对室内起美化装饰作用，增强了使用者的舒适感。因此，楼板面层应满足坚固耐磨、不易起尘、舒适美观的要求。

（2）结构层。楼板的结构层是承重部位，通常由梁板组成。结构层应坚固耐久，满足楼板层的强度和刚度要求。

（3）顶棚层。为了使室内的观感良好，楼板下需要做顶棚。顶棚既可以保护楼板、安装灯具、遮挡各种水平管线，又可以改善室内光照条件，装饰美化室内空间。

（4）附加层。又称功能层，根据楼板层的具体要求而设置，主要作用是隔声、隔热、保温、防水、防潮、防腐蚀、防静电等。

3）楼板的分类

根据承重结构所用材料不同，楼板可分为木楼板、钢筋混凝土楼板和压型钢板组合楼板等多种类型，如图 3.3 所示。

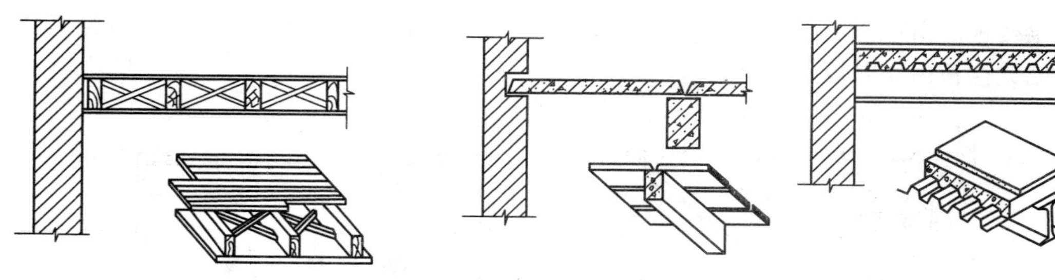

图 3.3　楼梯的类型

木楼板自重轻，保温隔热性能好、舒适有弹性，但耗费木材较多，且耐火性和耐久性均较差，目前很少应用。

钢筋混凝土楼板造价低廉，容易成形，强度高，刚度好，耐火性和耐久性好，且便于工业化生产，目前被广泛采用。钢筋混凝土楼板根据施工方法的不同，可分为现浇整体式、预制装配式、装配整体式 3 种类型。

压型钢板组合楼板是利用压型钢板为底模，上部浇注混凝土而形成的一种组合楼板。它具有强度高、刚度大、施工速度快等优点，但钢材用量大、造价高。

2. 现浇混凝土楼板构造

1）板式楼板

楼板内不设梁，将板直接搁置在承重墙上，楼面荷载可直接通过板传给墙体，这种厚度一致的楼板称为平板式楼板。

楼板根据受力特点和支撑情况，分为单向板和双向板。当板的长边与短边之比≥3时，板基本上沿短边方向传递荷载，这种板称为单向板。当板的长边与短边之比≤2时，沿长边和短边两个方向传递荷载这种板称为双向板。当板的长边与短边之比在2～3时，宜按双向板考虑。

为满足施工要求和经济要求，对各种板式楼板的最小厚度和最大厚度，一般规定如下，当为单向板时，屋面板板厚60～80mm；民用建筑楼板厚70～100mm，工业建筑楼板厚80～180mm；为双向板时，板厚为80～160mm。

板式楼板板底平整、美观、施工方便，适用于墙体承重的小跨度房间，如厨房、卫生间、走廊等。

图3.4　肋梁楼板实例

【引例3】

某建筑大厅的房间尺度较大，其顶部楼板如图3.4所示，观察其楼板形式，显然与板式楼板不同，该楼板纵横向均设有梁，截面大的是主梁，支撑在柱上，另一方向梁截面小，支撑在主梁上，而板支撑在梁上，这样就可形成大空间，而不需设墙，满足使用功能要求，若采用板式楼板是达不到这种效果的。

【观察思考】

图3.4肋梁楼板可形成怎样的空间效果，适用于什么情况？你身边的哪些建筑是采用这种楼板？

2）肋梁楼板

当房间尺度较大时，板的四周支承在梁上，由板、梁浇注在一起，形成的整体通常称为肋梁楼板。由单向板、次梁、主梁组成的整体称为单向板肋梁楼板，如图3.5所示。双向板肋梁楼板由双向板和梁组成。

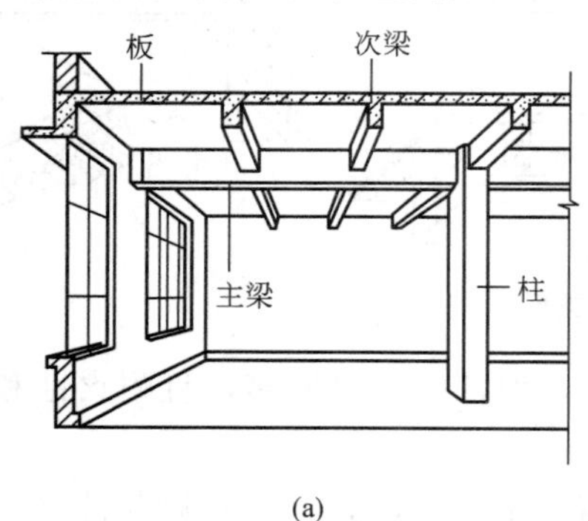

(a)

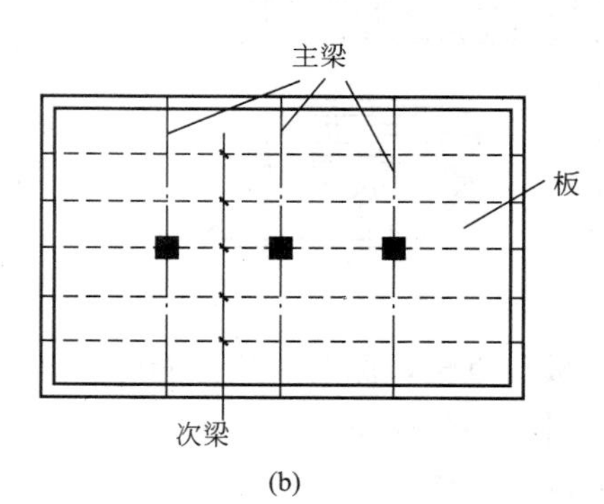

(b)

图3.5　单向板肋梁楼板

(a) 立体图；(b) 结构平面图

肋梁楼板的结构布置，应依据房间尺寸大小、柱和承重墙的位置等因素进行，梁格的布置应力求简单、规整、合理、经济。楼盖中板的混凝土用量占整个楼盖混凝土用量的50%～70%，因此板厚宜取较小值。单向板肋形楼板的次梁间距即为板的跨度，主梁间距即为次梁的跨度，柱或墙在主梁方向的间距即为主梁的跨度。构件的跨度太大或太小均不经济，应控制在合理跨度范围内。通常板的跨度为1.7～2.7m，不宜超过3m；次梁的跨度取4～6m；主梁的跨度5～8m。主梁宜沿房屋横向布置，使截面较大、抗弯刚度较好的主梁能与柱形成横向较强的框架承重体系；但当柱的横向间距大于纵向间距时，主梁应沿纵向布置，以减小主梁的截面高度，增大室内净高，便于通风和管道通过。边跨板伸入墙内的支承长度不应小于板厚，同时不得小于120mm。

【引例4】

某现浇钢筋混凝土单向板肋形楼盖结构平面图如图3.6所示，从此图中可看出，主梁三跨沿横向布置，跨度为6m；次梁五垮沿纵向布置，跨度为6m；单向板有九跨，每跨跨度为2m。楼板四周支承在墙上，支承长度为120mm；中间主梁支承在钢筋混凝土柱上。

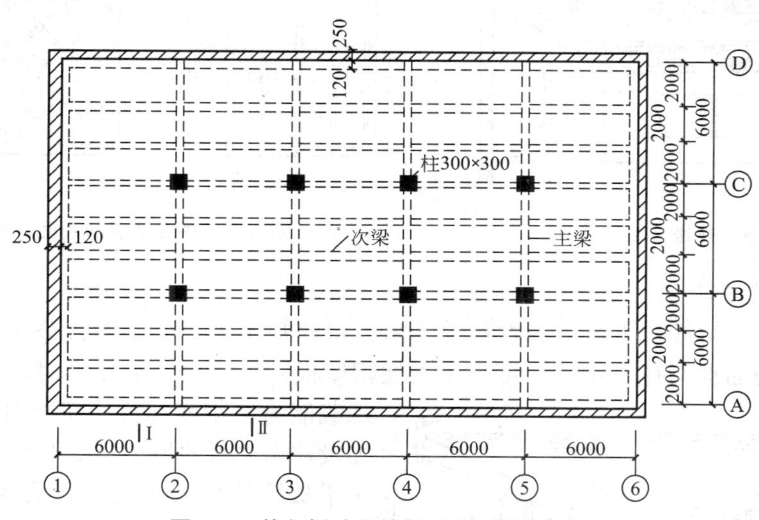

图3.6　单向板肋形楼板结构平面布置图

【观察思考】

单向板肋梁楼板要承受家具、人体载荷以及楼板自重等各种载荷，那么，这些载荷是怎样传递的？梁和板在载荷作用下会怎样变形呢？

【引例5】

某建筑会议室顶部如图3.7所示(会议室空间较大，内部不允许设柱)，仔细比较该楼板与图3.4肋形楼板有何不同？两者均有梁，但该楼板纵横梁截面高度相同，且未设柱，梁均支承在周边的大梁上，上部板被梁划分为接近正方形的小方格，这便是下面要介绍的井式楼板。

图3.7　井式楼板实例

【观察思考】

注意比较井式楼板与肋形楼板的区别。观察身边的公共建筑，身临其境体会井式楼板带给你的视觉感受。

3）井式楼板

井式楼板是由双向板与交叉梁系组成的楼板。与双向板肋形楼板的主要区别在于井式楼板支承梁在交叉点处一般不设柱子，在两个方向的(肋＜梁)高度相同，没有主、次梁之分，互相交叉形成井字状，将楼板划分为若干个接近于正方形的小区格，共同承受板传来的载荷，如图 3.8 所示。这种楼板除了楼板是四边支承在梁上的双向板之外，两个方向的梁又各自支承在四边的墙(或周边大梁)上，整个楼板相当于一块大型的双向受力的平板(板底受拉区挖去一部分混凝土)。井式楼板梁(井字梁)跨可达 30m，板跨一般为 1.2～3m。由于井式楼板的建筑效果较好，故适用于方形或接近方形的中小礼堂、餐厅、展览厅、会议室以及公共建筑的门厅或大厅。

井式楼板可与墙体正交放置或斜交放置，如图 3.9 所示。

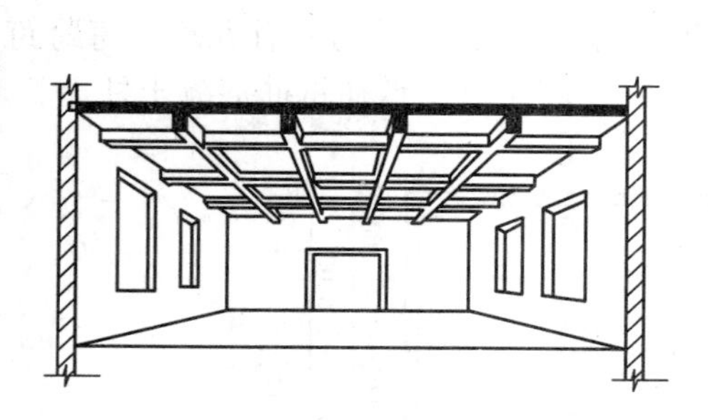

图 3.8　井是楼板立体图

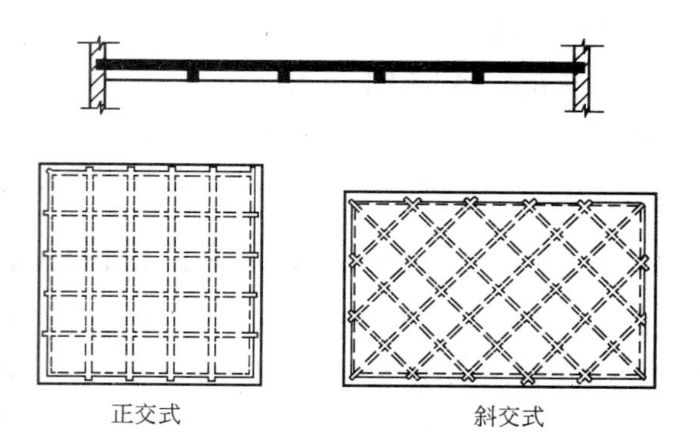

图 3.9　井式楼板断面图、平面图

4）无梁楼板

无梁楼板是将楼板直接支撑在柱上，不设主梁和次梁。无梁楼板分为有柱帽和无柱帽两种。当楼面载荷比较小时，可采用无柱帽楼板；当楼面载荷较大时，为提高楼板的承载能力、刚度和抗冲切能力，必须在柱顶加设柱帽。板的最小厚度不小于 150mm 且不小于板跨的 1/35～1/32。无梁楼板的柱网，一般布置为正方形或矩形，柱距一般不超过 6m。无梁楼板四周应设圈梁，梁高不小于 2.5 倍的板厚和 1/15 的板跨。无梁楼板具有净空高度大、顶棚平整、采光通风及卫生条件均较好、施工简便等优点。适用于活载荷较大的商店、书库、仓库等建筑，如图 3.10 所示。

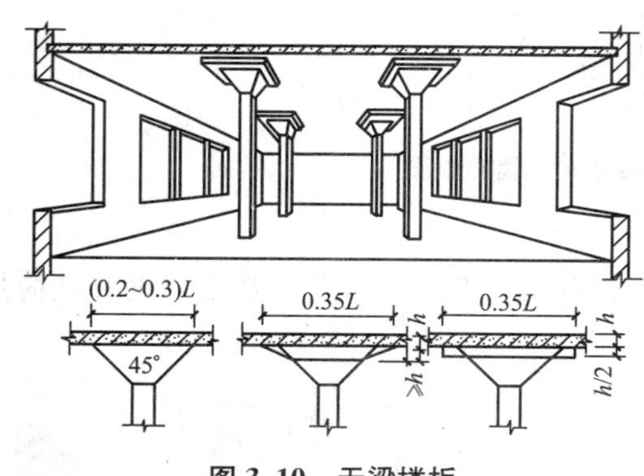

图 3.10　无梁楼板

5）压型钢板组合楼板

压型钢板组合楼板是以截面为凹凸相间的压型钢板做衬板与现浇混凝土面层浇注在一起构成的整体性很强的一种楼板。

压型钢板组合楼板主要由楼面层、组合板和钢梁 3 部分所构成，组合板包括现浇混凝土和钢衬板。压型钢板有单层和双层之分。由于混凝土承受剪力与压力，钢衬板承受下部的压弯应力，因此，压型钢衬板起着模板和受拉钢筋的双重作用。这样组合的楼板受正弯矩部分只需配置部分构造钢筋即可。此外，还可利用压型钢板肋间的空隙敷设室内电力管线从而充分利用了楼板结构中的空间。压型钢板组合楼板在国外高层建筑中得到广泛的应用，如图 3.11 所示。

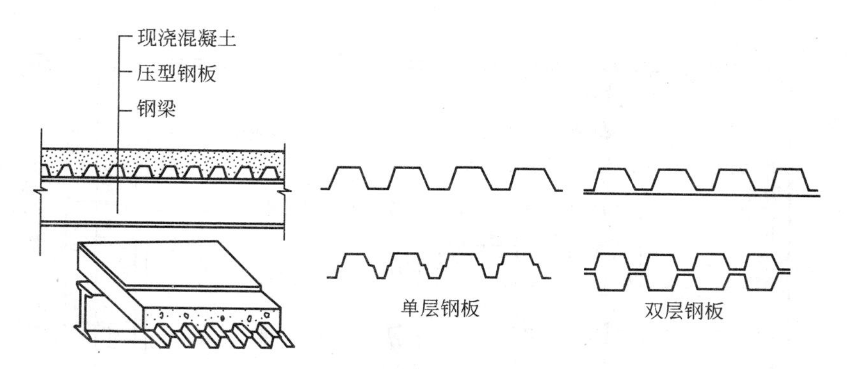

图 3.11　压型钢板组合楼板

3. 楼层结构施工图的识读

1）楼层结构平面图的用途

主要用来表示各楼层结构构件(如墙、梁、板、柱等)的平面布置情况，现浇板还应反映出板的配筋图，预制板则应反映出板的类型、排列、数量等，是建筑结构施工中布置各种承重构件的主要依据。

2）楼层结构平面图图示方法

楼层结构平面图是假想用一个沿楼层上表面水平剖切平面剖切后所作的水平剖视图。

(1) 结构平面图的定位轴线必须与建筑平面图一致。

(2) 标注墙、柱、梁的轮廓线以及编号、定位尺寸等内容。结构平面图中墙身的可见轮廓用中实线表示，被楼板挡住而看不见的墙、柱和梁的轮廓用中虚线表示；钢筋混凝土柱断面用涂黑表示，并分别标注代号 Z1、Z2 等；由于钢筋混凝土梁被板压盖，一般用中虚线表示其轮廓，也在梁的中心位置可用粗点画线表示，并在旁侧标注梁的构件代号。

(3) 钢筋混凝土楼板的轮廓线用细实线表示，板内钢筋用粗实线表示。

(4) 楼层的标高为结构标高，即建筑标高减去构件装饰层后的标高。

(5) 门窗过梁可用虚线表示其轮廓线或用粗点画线表示其中心位置，同时旁侧标注其代号。圈梁可在楼层结构平面图中相应位置涂黑或单独绘制小比例单线平面示意图，其断面形状、大小和配筋通过断面图表示。

(6) 楼层结构平面图的常用比例为 1∶100、1∶200 或 1∶50。

(7) 当各层楼面结构布置情况相同时，只需用一个楼层结构平面图表示，但应注明合用各层的层数。

【引例 6】

某现浇钢筋混凝土单向板肋形楼盖结构平面图如图 3.12 所示，图中标注了各部位标高。

【观察思考】

识读图 3.12 中，次梁、主梁的截面尺寸跨度及梁顶、梁底标高板的厚度及跨度、板顶标高、板在墙上支承长度。

4. 阳台和雨篷

1）阳台

【引例 7】

随着城市的发展，人们对自然空间的渴望越来越强烈，希望能更多的接近大自然，所

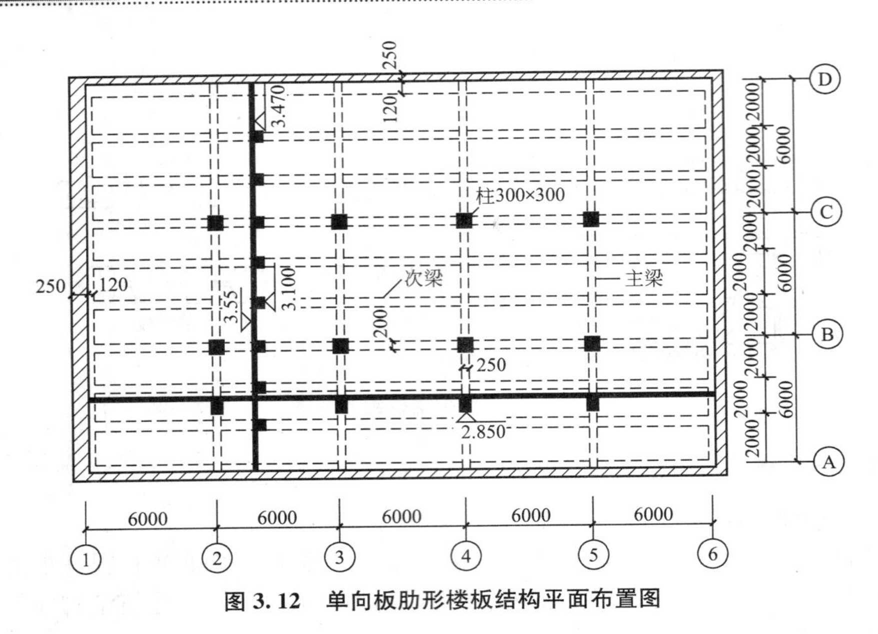

图 3.12 单向板肋形楼板结构平面布置图

以阳台就成了人们通向自然的一个平台，人们在这里流连的时间越来越多，也愿意把更多的休闲活动放到阳台上，所以阳台的功能就越来越多，面积也更大，装饰也更讲究，如图 3.13 所示，同时，良好的造型还可增加建筑物的外观美感。

图 3.13 阳台实例

【观察思考】

观察身边的阳台，阳台上的荷载是怎样传递的？怎样保证阳台的安全可靠、使用方便？

(1) 阳台的类型。按阳台的使用功能不同，分为生活阳台和服务阳台。按阳台与外墙的相对位置不同，分为凸阳台、凹阳台、半凸半凹阳台、转角阳台，如图 3.14 所示。按阳台封闭与否可分为封闭阳台和非封闭阳台。

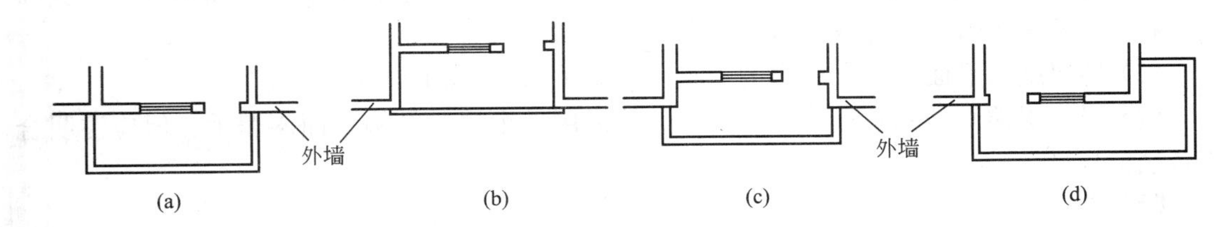

图 3.14 阳台与外墙的位置关系分类

(a) 凸阳台；(b) 凹阳台；(c) 半凸半凹阳台；(d) 转角阳台

(2) 阳台结构布置方式。阳台的结构形式、布置方式及材料应与楼板结构布置统一考虑。一般采用现浇或预制钢筋混凝土结构。根据结构布置方式不同，有墙承式、挑梁式、挑板式、压梁式 4 种。墙承式多用于凹阳台，挑梁式、挑板式、压梁式多用于凸阳台或半凸半凹阳台。

① 墙承式。将阳台板直接搁置在墙体上，阳台板的跨度和板型一般与房间楼板相同，如图 3.15 所示。

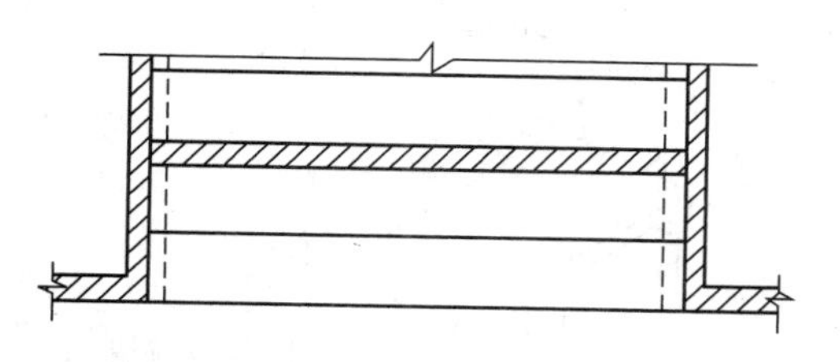
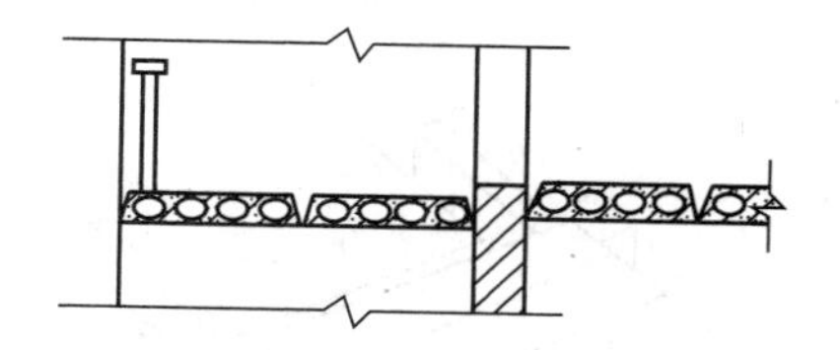

图 3.15 墙承式阳台

② 挑板式。将楼板延伸挑出墙外，形成阳台板。挑板式阳台板底平整，造型简洁，若采用现浇板，可将阳台平面制成弧形、半圆形等形式，如图 3.16 所示。

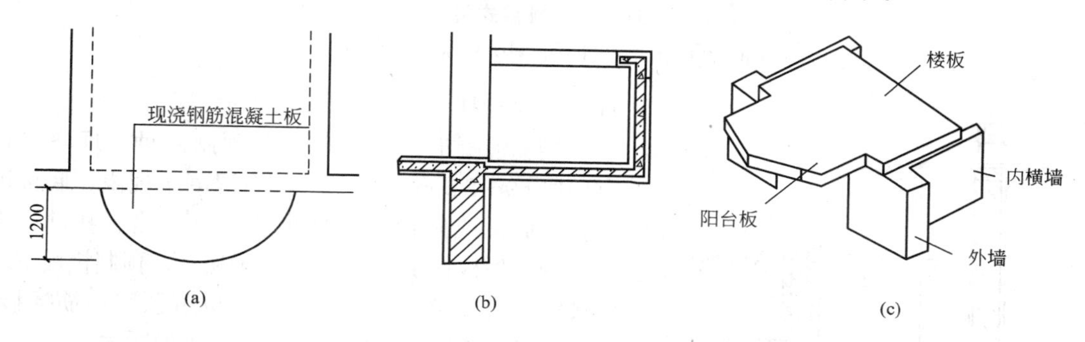

图 3.16 挑板式阳台

(a) 平面图；(b) 剖面图；(c) 挑板式阳台示意图

③ 压梁式。阳台板与墙梁现浇在一起，利用墙梁和梁上的墙体或楼板来平衡阳台板，以保证阳台板的稳定。阳台悬挑不宜过长，一般为 1.2m 左右，如图 3.17 所示。

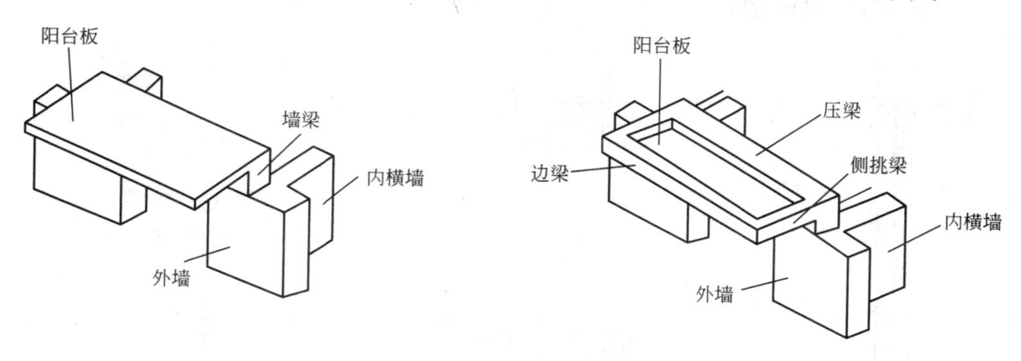

图 3.17 压梁式阳台

④ 挑梁式。从横墙上伸出挑梁，在挑梁上铺设预制板或现浇板。挑梁压入墙体内的长度与挑出长度之比宜大于 1.2，挑梁端部设边梁以加强阳台的整体性，如图 3.18 所示。

(3) 阳台的细部构造。

① 阳台栏杆与扶手。阳台栏杆扶手是设置在阳台外围的垂直构件。主要供人们倚扶之用，以保障人身安全，且起装饰美化作用。栏杆扶手的高度不应低于 1.05m，高层建筑不应低于 1.1m，空花栏杆垂直杆件之间的净距不大于 120mm。栏杆形式有空花栏杆、实心栏杆及组合式栏杆。按材料可分为金属栏杆、钢筋混凝土栏板和砖砌栏板。

砖砌栏板厚度一般为 120mm，可直接砌筑在面梁上，在挑梁端部浇 120mm×120mm 钢筋混凝土小立柱，并从中向两边伸出 2ϕ6@500 的拉筋 300mm 与砖砌栏板拉接，其上部

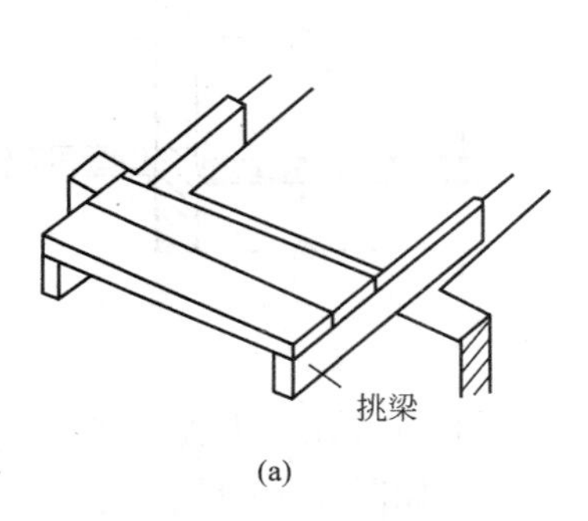

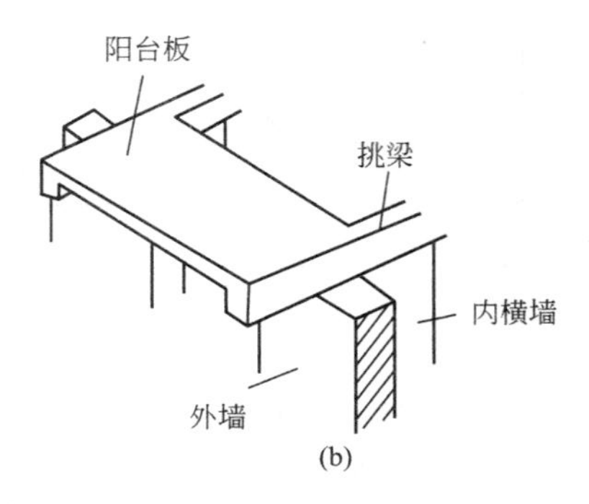

图 3.18　挑梁式阳台

(a) 预制挑梁外伸式；(b) 现浇挑梁外伸式

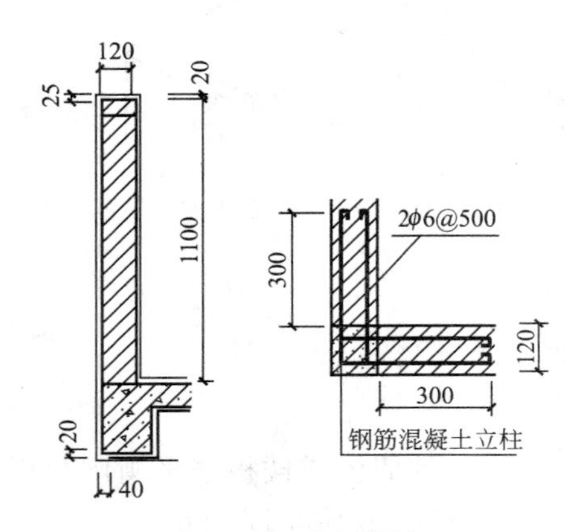

图 3.19　砖砌栏板

现浇混凝土扶手，如图 3.19 所示。

钢筋混凝土栏板有现浇和预制两种，现浇栏板(杆)厚 60～80mm，用 C20 细石混凝土现浇，底板可直接从面梁或阳台板内伸出锚固筋，然后扎筋、支模、现浇栏板扶手，如图 3.20(a)所示。预制栏板下端预埋铁件与面梁中预埋件焊接，也可预留插筋插接，上端伸出钢筋与扶手连接，如图 3.20(b)所示。

金属栏杆一般采用圆钢、方钢、扁钢或钢管焊接成各种形式的镂花。底部可与阳台板上预埋铁件焊接，或预留孔洞插接，上部与金属扶手焊接，如图 3.21 所示。

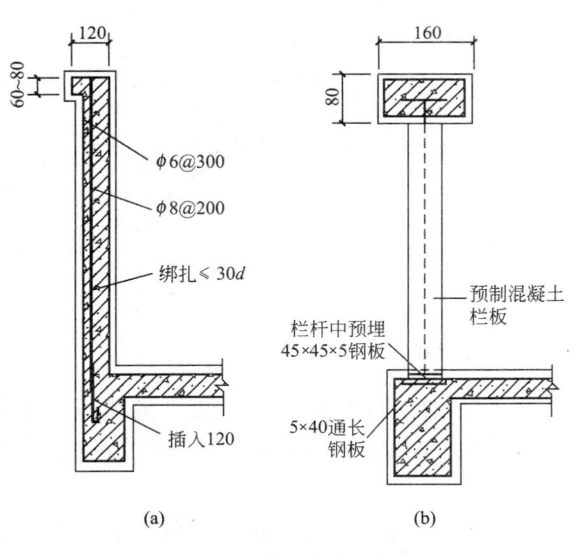

图 3.20　混凝土栏板(栏杆)

(a) 现浇栏板；(b) 预制栏板

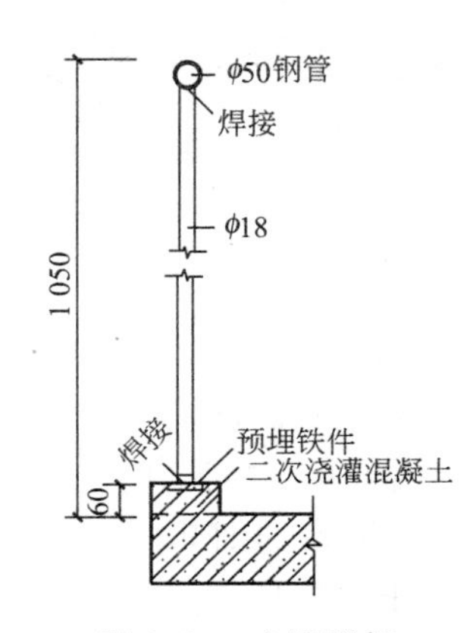

图 3.21　金属栏杆

② 阳台排水。对于非封闭阳台，为防止雨水从阳台进入室内，阳台地面标高应低于室内地面 30mm 以上，；并设 1%排水坡，阳台板的外缘设挡水带。在阳台外侧设泄水孔，孔内埋设 ϕ40 或 ϕ50 镀锌钢管或塑料管，管口水舌向外挑出至少 80mm，以防排水时水溅

到下层阳台，如图 3.22(a)所示。对于高层或高标准建筑在阳台内侧设排水立管和地漏，将水导入雨水管，如图 3.22(b)所示。

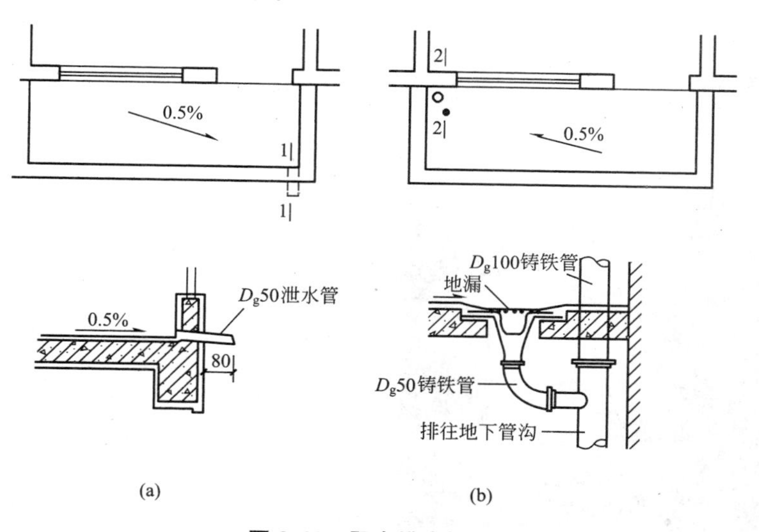

图 3.22 阳台排水构造

(a) 水舌排水；(b) 雨水管排水

2) 雨篷

雨篷位于建筑物出入口的上方，用来遮挡雨雪，给人们提供一个从室外到室内的过渡空间，并起到保护外门和丰富建筑立面的作用，如图 3.23 所示。

图 3.23 钢筋混凝土雨篷

常见的小型雨篷多为现浇钢筋混凝土悬挑构件，由雨篷板和雨篷梁两部分整浇在一起。雨篷板通常做成变厚度板，一般根部厚度不小于 70mm，端部厚度不小于 50mm，其悬挑长度一般为 1～1.5m。悬臂雨篷板有时带构造翻边，注意不能误以为是边梁。为防止雨水渗入室内，梁面必须高出板面至少 60mm，常沿排水方向做出 1%排水坡；顶面采用防水砂浆抹面，并上翻至墙面，高度不小于 250mm 形成泛水，如图 3.24 所示。

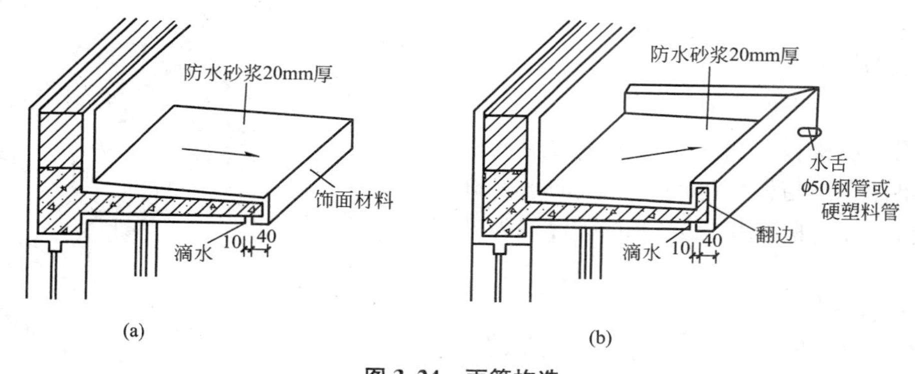

图 3.24 雨篷构造

(a) 无翻边雨篷；(b) 带翻边的雨篷

3.1.3 现浇钢筋混凝土楼梯构造

知识链接

某建筑室外钢筋混凝土悬挑式楼梯如图3.25所示，其外貌新颖，富有动感，引人注目，给建筑增添了几分美感。这只是它的外表，其实质在于楼梯是联系建筑上下层的垂直交通设施，在平时供人们交通使用，在特殊情况下供人们紧急疏散。楼梯在宽度、坡度、数量、位置、平面形式、细部构造及防火性能等诸多方面均有严格要求。比如楼梯应具有足够的通行能力，并且防滑、防火，能保证安全使用。虽然在许多建筑中垂直交通已经主要依靠电梯和自动扶梯解决，但楼梯的作用仍然不可替代。在建筑出入口处用于解决室内外局部高差的踏步称为台阶。坡度是有通行车辆要求的高差之间的交通联系方式。

图3.25　钢筋混凝土楼梯

特别提示

楼梯的作用包括垂直交通和安全疏散两方面，而电梯和自动扶梯的作用仅是垂直交通，作为安全疏散通道的楼梯是建筑物不可缺少的组成部分。

1. 楼梯的组成

楼梯主要由楼梯段(简称梯段)、楼梯平台、栏杆(或栏板)扶手3部分组成，如图3.26所示。

1) 楼梯段

楼梯段是联系两个不同标高平台的倾斜构件，由若干个踏步组成，俗称“梯跑”。为了减轻疲劳，梯段的踏步级数一般不宜超过18级，但也不宜少于3级(级数过少易被忽视，有可能造成伤害)。

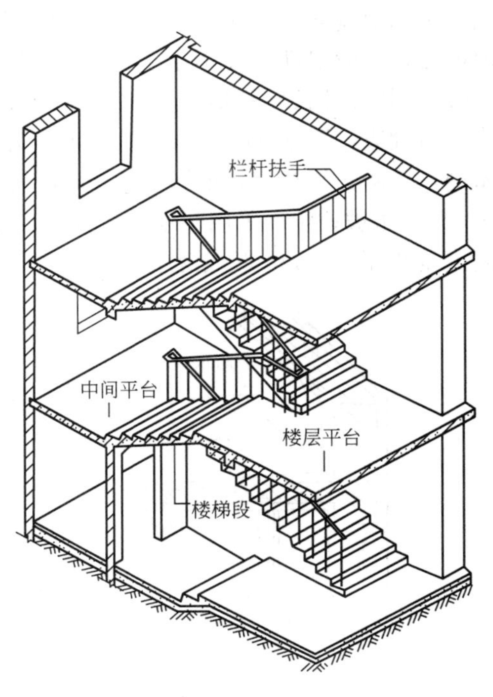

图3.26　楼梯的组成

2) 楼梯平台

楼梯平台是指连接两梯段之间的水平部分。平台可用来供楼梯转折、连通某个楼层或供使用者稍事休息。与楼层标高相一致的平台称为楼层平台，介于两个楼层之间的平台称为中间平台或休息平台。

3) 栏杆扶手

栏杆扶手是布置在楼梯梯段和平台边缘处的安全围护构件。要求坚固可靠，并有足够的安全高度。栏杆有实心栏板和镂空栏杆之分。栏杆或栏板顶部供人们行走倚扶用的连续构件，称为扶手。楼梯段应至少在一侧设扶手，楼梯段宽达三股人流(1650mm)时应两侧设扶手，达四股人流(2200mm)时应加设中间扶手。扶手也可设在墙上，称为靠墙扶手，如图 3.27 所示。

(a)

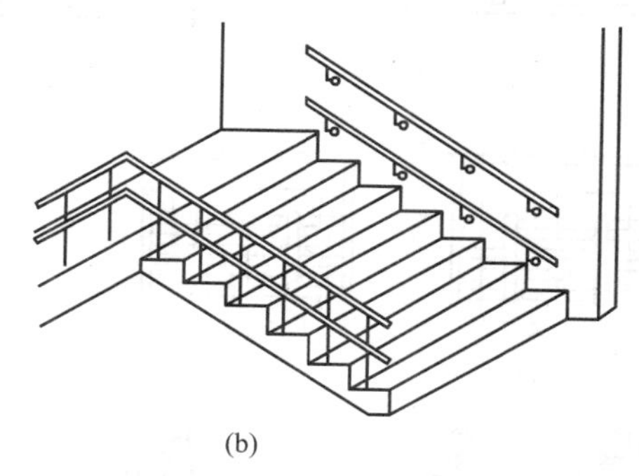

(b)

图 3.27　楼梯扶手

(a) 中间设扶手；(b) 两侧设扶手

2. 楼梯的分类

【引例 8】

某公共建筑楼梯如图 3.28 所示，其楼梯由钢筋混凝土材料制作，位于建筑物外部，楼梯形式相当于两个双跑式楼梯对接而形成，楼梯造型轻巧，通透性强，给建筑物增加了几分动感。这里，来分析楼梯的类别，楼梯的分类方法很多，从不同的角度看，一个楼梯有不同的角色。本例楼梯从材料角度看是钢筋混凝土楼梯，从位置角度看是室外楼梯，从楼梯形式角度看是剪刀楼梯。

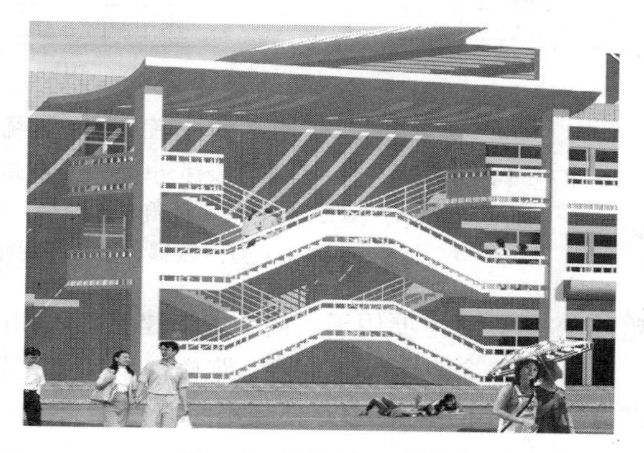

图 3.28　室外剪刀式楼梯

【观察思考】

观察周边的建筑，善于从不同的角度去感受，从不同的侧面去思考，这样，才能全面地认识建筑的本质。

1) 按楼梯材料分

可分为钢筋混凝土楼梯、钢楼梯、木楼梯与组合楼梯。

2) 按楼梯位置分

可分为室内楼梯和室外楼梯。

3) 按楼梯使用性质分

可分为主楼梯、辅助楼梯、疏散楼梯、消防楼梯。

4) 按楼梯形式分

可分为以下几种(各种楼梯的平、剖面示意图如图 3.29 所示。)：

(1) 直跑式楼梯。是指沿着一个方向上楼的楼梯，具有方向单一、贯通空间的特点，有单跑、双跑之分。

① 直行单跑楼梯。这种直跑楼梯中间没有休息平台，由于单跑梯段的踏步数一般不

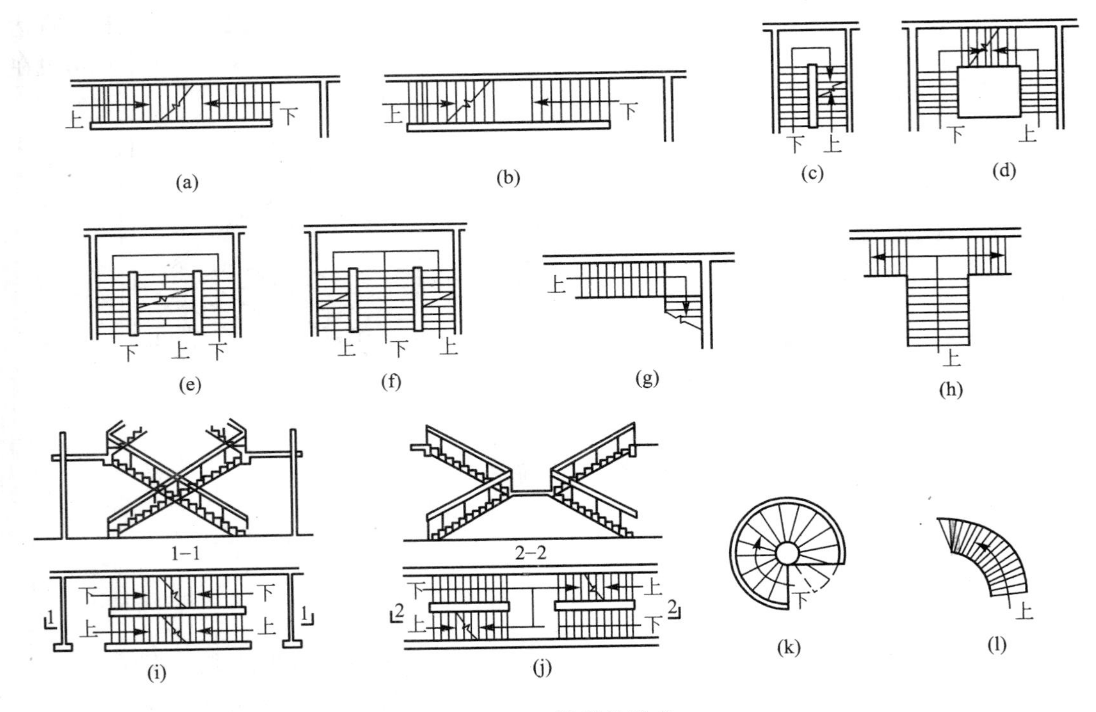

图 3.29　楼梯的形式

(a) 单跑直楼梯；(b) 双跑直楼梯；(c) 平行双跑楼梯；(d) 三跑楼梯；(e) 双分平行楼梯；(f) 双合平行楼梯；(g) 转角双跑楼梯；(h) 双分转角楼梯；(i) 交叉楼梯；(j) 剪刀楼梯；(k) 螺旋楼梯；(l) 弧形楼梯

超过 18 级，故主要用于层高不大的建筑中，如图 3.29(a)所示。

② 直行多跑楼梯。直行多跑楼梯增加了中间休息平台，一般为双跑梯段，适合于层高较大的建筑。直行多跑楼梯给人以直接顺畅的感觉，导向性强，在公共建筑中常用于人流较多的大厅，但是由于其缺乏方位上回转上升的连续性，当用于多层楼面的建筑时，会增加交通面积并加长人流行走距离，如图 3.29(b)所示。

(2) 平行双跑楼梯是指第二跑楼梯段折回和第一跑楼梯段平行的楼梯。这种楼梯所占的楼梯间长度较小，布置紧凑，使用方便，是建筑物中采用较多的一种形式，如图 3.29(c)所示。

(3) 平行双分、双合楼梯。

① 合上双分式。楼梯第一跑在中间，为一较宽梯段，经过休息平台后，向两边分为两跑，各以第一跑一半的梯宽上至楼层。通常在人流多、楼梯宽度较大时采用。由于其造型对称严谨，常用做办公类建筑的主要楼梯，如图 3.29(e)、(h)所示。

② 分上双合式。楼梯第一跑为两个平行的较窄的梯段，经过休息平台后，合成一个宽度为第一跑两个梯段宽之和的梯段上至楼层，如图 3.29(f)所示。

(4) 折行多跑楼梯。

① 折行双跑楼梯指第二跑与第一跑梯段之间成 90°或其他角度，适宜于布置在靠房间一侧的转角处，多用于仅上一层楼面的影剧院等建筑中，如图 3.29(g)所示。

② 折行多跑楼梯。系指楼梯段数较多的折行楼梯，如折行三跑楼梯、四跑楼梯等。

折行多跑式楼梯围绕的中间部分形成较大的楼梯井，因而不宜用于幼儿园、中小学等建筑中的楼梯，如图 3.29(d)所示。

(5) 交叉、剪刀楼梯。

① 交叉楼梯可视为是由两个直行单跑楼梯交叉并列而成。交叉楼梯通行的人流量大，且为上下楼层的人流提供了两个方向，对于空间开敞，楼层人流多方向进出有利，但仅适于层高小的建筑，如图 3.29(i)所示。

② 剪刀楼梯。相当于两个双跑式楼梯对接。适用于层高较大且有人流多向性选择要求的建筑物，如商场、多层食堂等，如图 3.29(j)所示。

(6) 螺旋楼梯。螺旋形楼梯平面呈圆形，平台与踏步均呈扇形平面，踏步内侧宽度小，行走不安全。这种楼梯不能作为主要人流交通和疏散楼梯，但由于其造型美观，常作为建筑小品布置在庭院或室内，如图 3.29(k)所示。

(7) 弧形楼梯。弧形楼梯的投影平面呈弧形，其踏步略呈扇形，一般布置于公共建筑的门厅，具有明显的导向性和优美、轻盈的造型，如图 3.29(l)所示。

【引例 9】

如图 3.30 所示，弧形楼梯(左)和螺旋楼梯(右)造型活泼轻巧，富于动感，装饰性强，均适用于在公共建筑的大厅等处设置。

【观察思考】

仔细观察弧形楼梯和螺旋楼梯，如图 3.30 所示，外形相似，都是曲线形，但却有不同，请思考螺旋楼梯和弧形楼梯有何区别?

图 3.30 弧形楼梯(左)和螺旋楼梯(右)

5) 按楼梯间形式划分

由于防火的要求不同，有开敞式楼梯间、封闭式楼梯间和防烟式楼梯间 3 种形式，如图 3.31 所示。开敞式楼梯间是建筑中较常见的楼梯间形式，但这种楼梯间与楼层是连通的，在紧急情况下，对人流的疏散及阻隔火势蔓延不利。当建筑层数较多或对防火要求较高时，应当采用封闭式楼梯间或防烟楼梯间。

特别提示

封闭楼梯间应靠外墙，并能直接天然采光和自然通风；楼梯间应设乙级防火门，并向疏散方向开启，如图 3.31(b)所示。楼梯间的首层紧临主要出口时，可将走道和大厅包括在楼梯间，形成扩大的封闭楼梯间，并应设乙级防火门，并向疏散方向开启，如图 3.31(c)所示。防烟楼梯间入口应设前室，必要时应设防烟排烟设施；楼梯间及其前室的门均为乙级防火门，应向疏散方向开启，如图 3.31(c)所示。

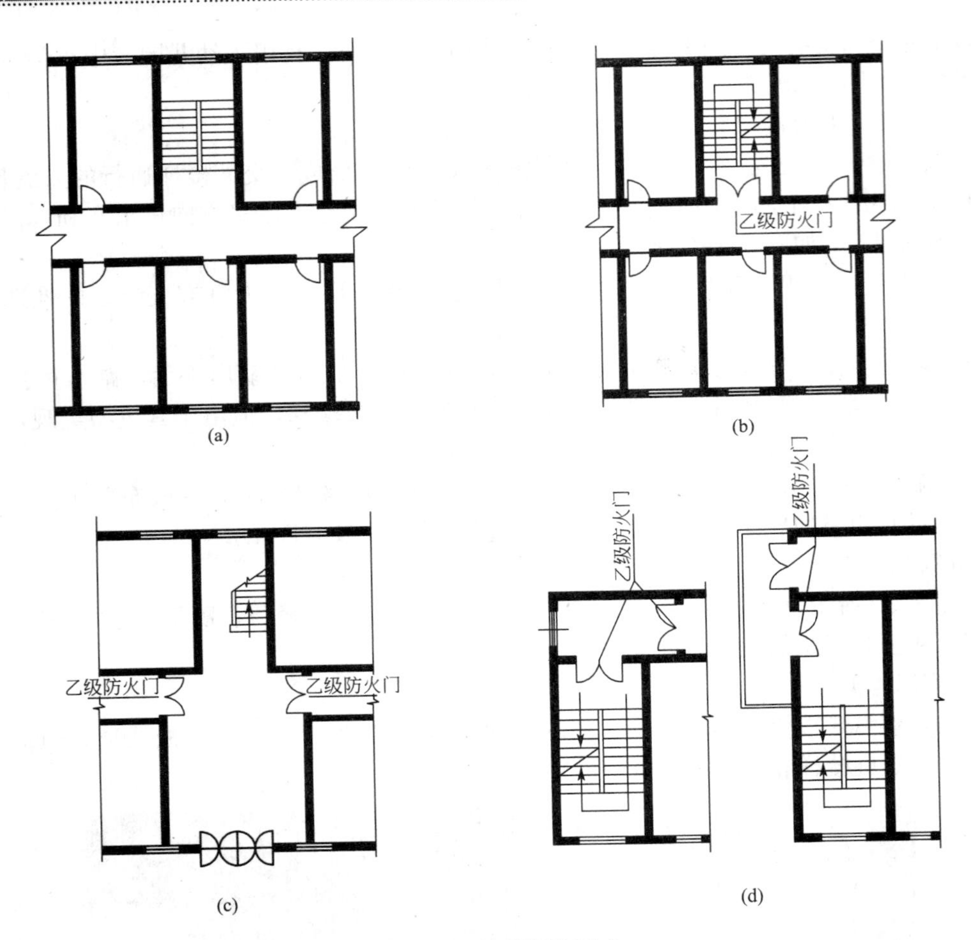

图 3.31 楼梯间的形式

(a) 开敞式楼梯间；(b) 封闭式楼梯间；(c) 封闭式楼梯间(底层)；(d) 防烟式楼梯间

3. 楼梯的尺度

1) 楼梯的坡度

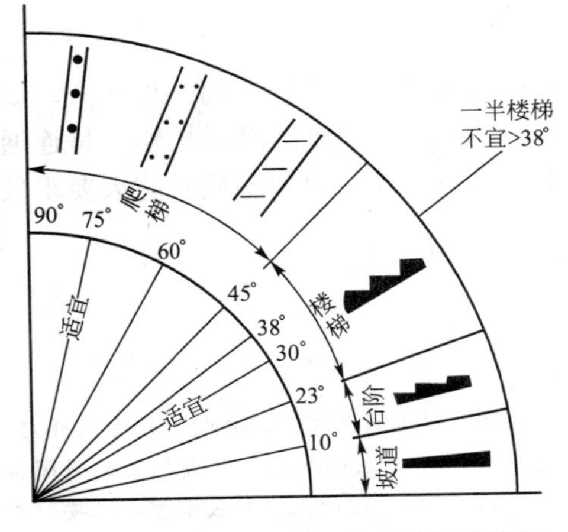

图 3.32 爬梯、楼梯、坡度的坡度范围

楼梯的坡度即楼梯段的坡度。应根据楼梯的使用情况，合理选择楼梯的坡度。一般来说，公共建筑中楼梯使用的人数多，坡度应平缓些；住宅建筑中的楼梯使用的人数少，坡度可陡些；供幼儿和老年人使用的楼梯坡度应平缓些。楼梯的坡度有两种表示方法：一是用斜面与水平面的夹角来表示，如30°等；另一种表示方法是用斜面的垂直投影高度与斜面的水平投影长度之比，如1∶8等。

楼梯坡度的大小由踏步的高宽比决定。楼梯常见坡度为 20°～45°，其中 30°左右较为通用。楼梯的最大坡度不宜大于 38°；坡度小于 20°时，应采用坡道形式，若其倾斜角坡度大于 45°，则采用爬梯，如图 3.32 所示。

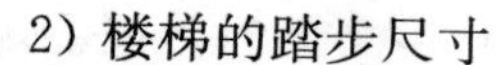

2）楼梯的踏步尺寸

楼梯梯段是由若干踏步组成的，每个踏步由踏面和踢面组成，如图 3.33(a)所示。踏步尺寸与人的行走有关。踏面宽度与人们的脚长和人上下楼梯时脚与踏面接触状态有关。踏面宽 300mm 时，人的脚可以完全落在踏面上，行走舒适；当踏面宽减小时，人行走时脚跟部分悬空，行走不方便，一般踏面宽不宜小于 250mm。踢面高度与踏面宽度之和与人的跨步长度有关，此值过大或过小，行走都不方便，不同性质建筑中楼梯踏步适宜尺寸见表 3－2。

表 3－2　常用楼梯适宜踏步尺寸

建筑物	住宅	学校、办公楼	剧院、会场	医院(病人用)	幼儿园
踏步高/mm	156～175	140～160	120～150	150	120～150
踏步宽/mm	260～300	280～340	300～350	300	260～300

当踏面尺寸较小时，可以采取加做突缘或将踢面倾斜的方式加宽踏面。踏口挑出尺寸为 20～25mm，如图 3.34(b)、(c)所示。这个尺寸不宜过大，否则行走时也不方便。

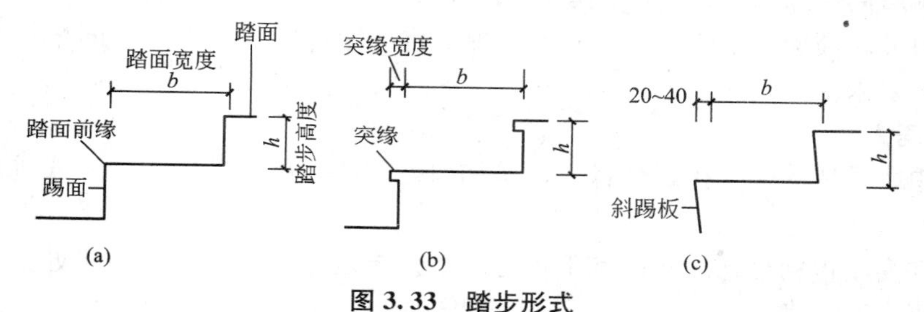

图 3.33　踏步形式

(a) 无突缘；(b) 有突缘；(c) 斜踢面

3）梯段的尺度

梯段的尺度分为梯段宽度 B 和梯段长度 L。梯段宽度必须满足上下人流及搬运物品的需要，应根据紧急疏散时要求通过的人流股数确定，并不少于两股人流。每股人流宽为 550mm＋(0～15)mm，双人通行时为 1000～1200mm，3 人通行时为 1500～1800mm，依次类推。同时需满足各类建筑设计规范中对楼梯宽度的限定，如住宅≥1100mm，公共建筑≥1300mm 等。

楼梯段的长度 L 是每一梯段的水平投影长度，其值 $L=b\times(N-1)$，其中，b 为踏面水平投影步宽，N 为每一梯段踏步数，如图 3.34 所示。

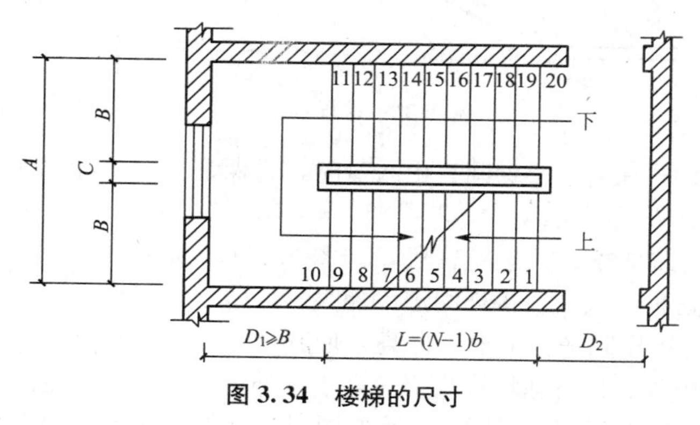

图 3.34　楼梯的尺寸

4）平台宽度

楼梯平台宽度分为中间平台宽度 D_1 和楼层平台宽度 D_2。梯段改变方向时，扶手转向端处的平台最小宽度不应小于梯段宽度，并不得小于 1.1m，当有搬运大型物件需要时应适量加宽。除此之外，对于楼层平台的宽度应区别不同的楼梯形式而定，开敞式楼梯楼层平台可以与走廊合并使用；封闭式楼梯间及防火楼梯，楼层平台应与中间平台一致或更宽松些，以便于人流疏散和分配。

图 3.35　楼梯井

5）楼梯井宽度

两梯段之间形成的空隙，称为楼梯井，如图 3.35 所示。梯井宽度一般为 60～200mm，有儿童经常使用的楼梯，当梯井净宽大于 200mm 时，必须采取安全措施，防止儿童坠落。

6）净空高度

【引例 10】

住宅建筑层高一般为 2.8～3m，楼梯间底部设有出入口，为了满足人流通行和家具搬运要求，入口处净高应不小于 2m 。如果采用平行等跑梯段，很显然中间平台下净高不能满足上述通行要求。

【观察思考】

请想一想所居住的住宅楼的楼梯入口是如何处理的？还可采用哪些方式进行处理来满足净空要求？

楼梯净空高度包括楼梯段净高和平台处净高。梯段净高应以踏步前缘处到顶棚垂直线的净高度计算，这个净高一般不小于 2.2m。楼梯平台部位的净高不应小于 2m，起止踏步的前缘与顶部凸出物的内边缘线的水平距离不应小于 300mm，如图 3.36 所示。

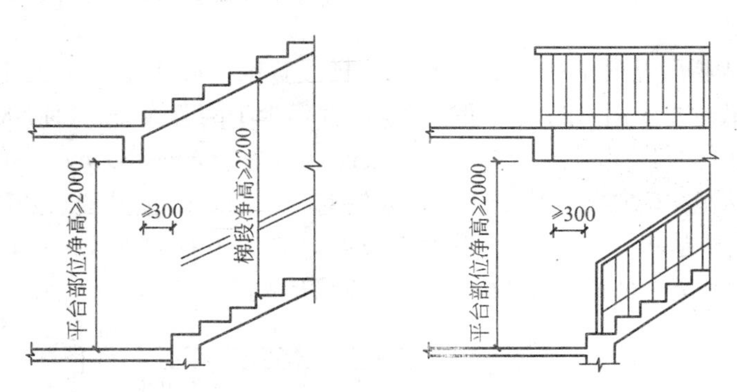

图 3.36　楼梯的净高

有些建筑如单元式住宅，楼梯间有出入口时，为保证平台下净高满足不小于 2m 的规定，一般应采取以下方式解决：

(1) 在底层变等跑梯段为长短跑梯段，如图 3.37(a)所示，起步第一跑为长跑，以提高中间平台标高，这种方式会使楼梯间进深加大。

(2) 局部降低底层中间平台下地坪标高，使其低于底层室内地坪标高，如图 3.37(b)所示。但降低后的中间平台下地坪标高仍应高于室外地坪标高，以免雨水内溢。

(3) 综合以上两种方式，在采用长短跑的同时，又降低底层中间平台下地坪标高，如图 3.37(c)所示。

(4) 底层用直行单跑或直行双跑楼梯直接从室外上二层，这种方式常用于住宅建筑，设计时需注意入口处雨篷底面标高的位置，保证净空高度在 2m 以上，如图 3.37(d)所示。

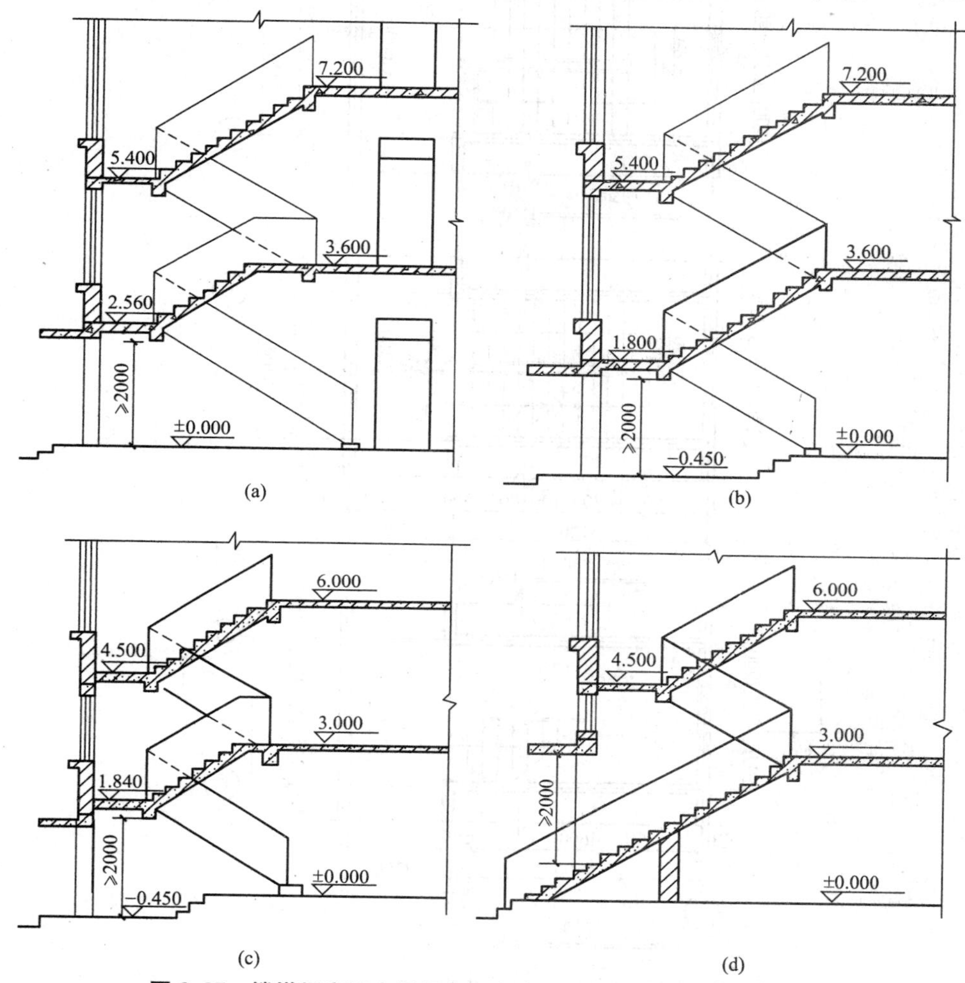

图 3.37　楼梯间底层中间平台下有出入口时满足净高要求的措施

(a) 底层为长短跑梯段；(b) 局部降低地坪；

(c) 底层为长短跑梯段与局部降低地坪；(d) 底层直跑

7) 扶手的高度

扶手的高度是指踏步前缘至扶手顶面的垂直距离。一般室内楼梯栏杆高度不应小于 0.9m，儿童使用的楼梯扶手一般为 0.6m，如图 3.38 所示。室外楼梯栏杆高度不应小于 1.05m，如果靠扶手井一侧水平栏杆长度超过 0.5m，其扶手高度不应小于 1.0m。

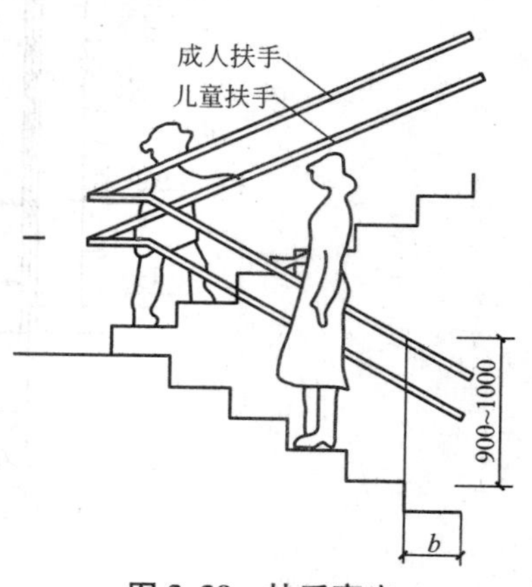

图 3.38　扶手高度

【引例 11】

某办公楼层高 3300mm，采用开敞式楼梯间，进深 5100mm，开间 3300mm，室内外高差 450mm，楼梯间不设出入口。楼梯平面图、剖面图如图 3.39 所示。

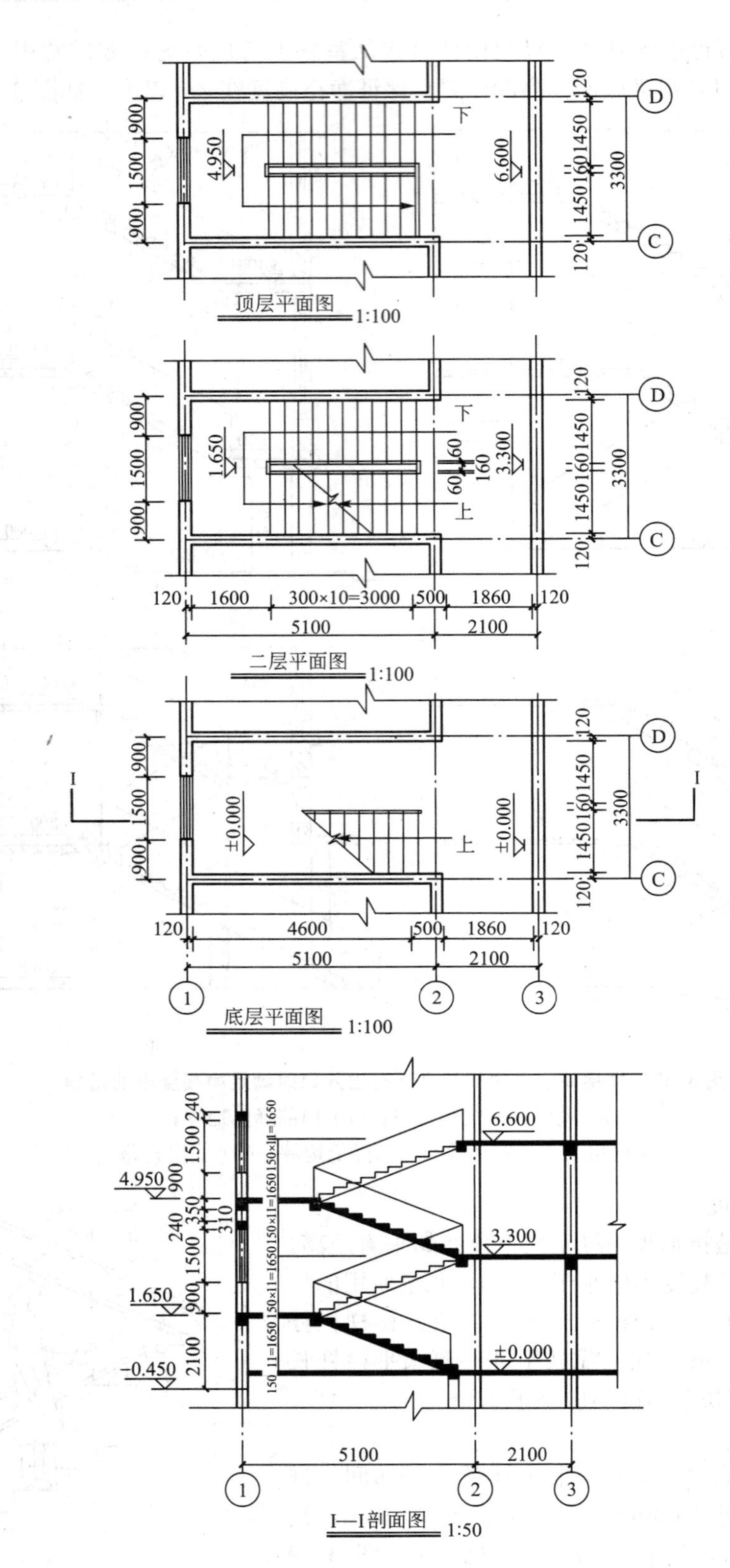
顶层平面图 1:100
二层平面图 1:100
底层平面图 1:100
I—I剖面图 1:50
4.950
6.600
1.650
3.300
±0.000
−0.450
下
上
120
1600
300×10=3000
500
1860
4600
5100
2100
3300
1450
160
900
1500
D
C
1
2
3

图 3.39　楼梯施工图

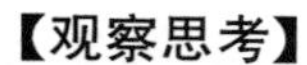

【观察思考】

仔细阅读楼梯平面图和剖面图，弄清楚楼梯间的开间及进深、踏步级数、踏步尺寸、梯段宽度、梯段的水平投影长度、平台宽度、梯井宽度、各部位标高、层高等问题。

4. 现浇整体式楼梯

【引例 12】

某楼梯正在施工过程中，施工现场已完成了支模和钢筋绑扎工作，如图 3.40 所示，正在浇注楼梯段、楼梯平台混凝土，然后进行振捣、养护，待混凝土达到规定强度后拆出模板，这是现浇混凝土楼梯的施工方法。这种楼梯整体性好、刚度大、对抗震较为有利，并能适应各种楼梯形式。适合于对抗震设防要求较高的建筑中，对于螺旋形楼梯、弧形楼梯等形式复杂的楼梯，也宜采用现浇钢筋混凝土楼梯。

图 3.40　现浇混凝土施工方法

【观察思考】

观察身边的楼梯，是否属于现浇整体式楼梯，分析楼梯的结构件布置及力的传递过程。现浇整体式梯梯应用情况如何？

现浇钢筋混凝土楼梯按照楼梯的传力特点，分为板式楼梯(图 3.41)和梁式楼梯(图 3.42)两种。

图 3.41　板式楼梯

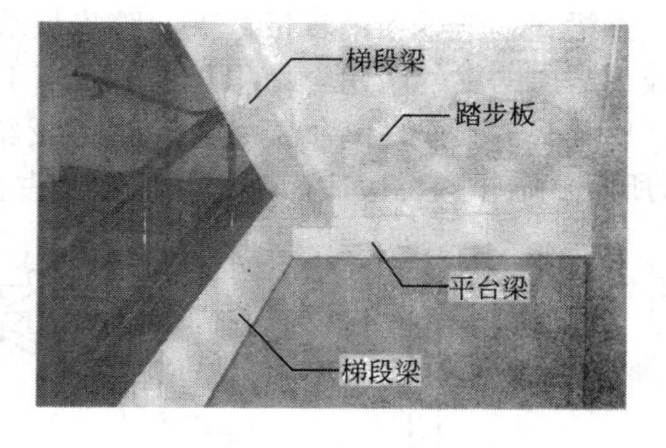

图 3.42　梁式楼梯

1) 板式楼梯

板式楼梯由梯段斜板、平台板和平台梁组成，如图 3.43 所示。梯段斜板自带三角形踏步，作为一块整浇板，两端分别支承在上、下平台梁上，平台梁之间的距离即为梯板的跨度；平台板两端分别支承在平台梁或楼层梁上，而平台梁两端支承在楼梯间的侧墙或柱上。

带平台板的板式楼梯如图 3.43(b)所示，即把两个或一个平台板和一个梯段组合成一块折形板，这样处理增大了平台下净空，但也增加了斜板跨度。

近年来悬臂板式楼梯被较多采用，如图 3.25 所示。其特点是梯段和平台均无支承，完全靠上下梯段与平台组成空间折板式结构与上下层楼板结构共同来受力，因而造型新颖、空间感好，多作为公共建筑和庭院建筑的外部楼梯。

板式楼梯段的底面平整、便于装修，外形简洁、便于支模。但当荷载较大、楼梯段斜板跨度较大时，斜板的截面高度也将增大，钢筋和混凝土用量增加，具有不经济性，所以板式楼梯常用于楼梯段的跨度不大、使用荷载较小的建筑物中。

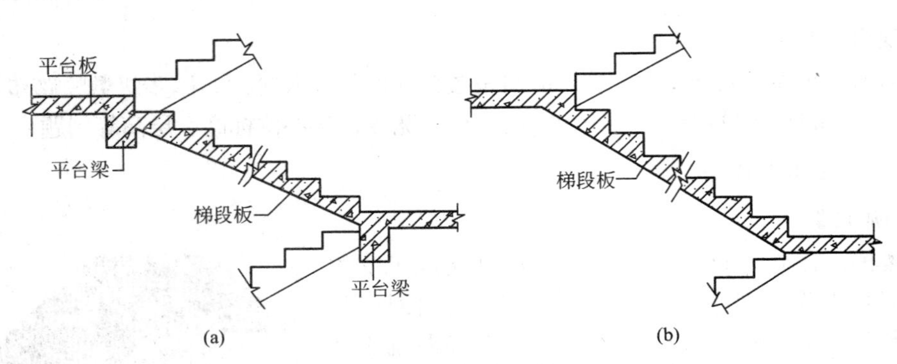

图 3.43　板式楼梯

(a) 设平台梁的现浇钢筋混凝土板式楼梯；(b) 无平台梁的现浇钢筋混凝土板式楼梯又称折板式楼梯

2）梁式楼梯

梁式楼梯由踏步板、斜梁、平台梁和平台板组成，如图 3.44 所示。踏步板支承在斜梁上，斜梁又支承在上、下平台梁(有时一端支承在层间楼面梁)上，平台板支承在平台梁或楼层梁上，而平台梁则支承在楼梯间两侧的墙上。当楼梯段跨度较大，且使用荷载较大时，采用梁式楼梯比较经济。在结构上有双梁布置和单梁布置两种。

(1) 双梁式梯段。将梯段斜梁布置在踏步的两端，这时踏步板的跨度便是梯段的宽度，也就是楼梯段斜梁间的距离。梁式楼梯按斜梁所在的位置不同，分为正梁式(明步)和反梁式(暗步)两种。

正梁式：斜梁在踏步板之下，踏步板端面外露，又称明步。明步楼梯形式较为明快，在板下露出的梁的阴角容易积灰，如图 3.44(a)所示。

反梁式：斜梁在踏步板之上，形成反梁，踏步端面包在里面，又称暗步，如图 3.44(b)所示：暗步楼梯段底面平整，但梯梁占去了一部分梯段宽度。

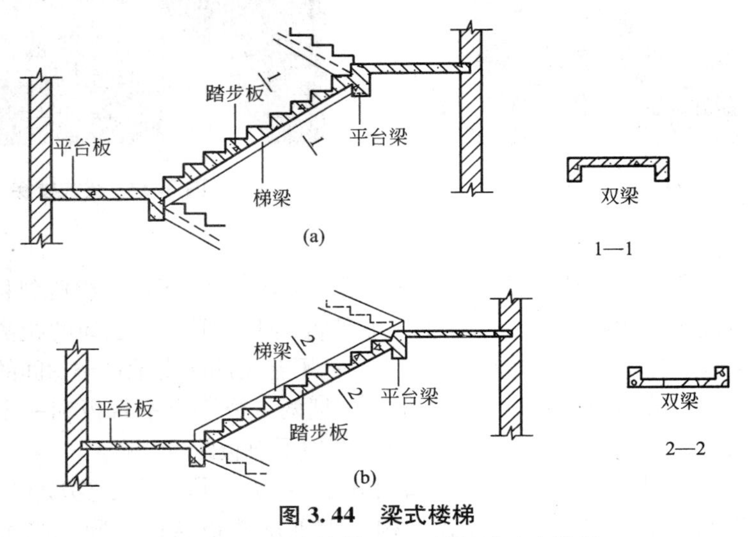

图 3.44　梁式楼梯

(a) 梁板式明步楼梯；(b) 梁板式暗步楼梯

(2) 单梁式梯段。这种楼梯的每个梯段由一根斜梁支承踏步，斜梁的布置有两种方式，一种是踏步板一端搁在斜梁上，另一端搁在墙上。另一种是用单梁悬挑踏步板，如图 3.45 所示，即斜梁布置在踏步板中部或一端，踏步板两端或一端悬挑，外形独特、轻巧，一般适用于通行量小、梯段尺度与载荷都不大的楼梯，如图 3.46 所示。

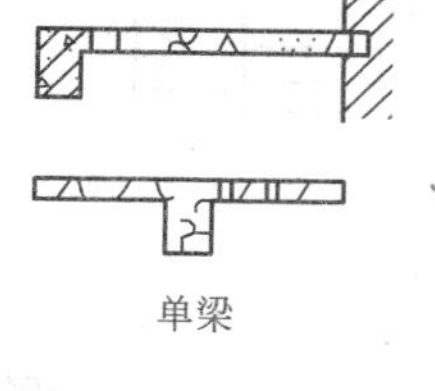

图 3.45 梯段断面

图 3.46 单梁式楼梯实例

3.1.4 室外台阶与坡道

【引例 13】

如图 3.47(a)、(b)所示，在建筑物入口处均设置了室外平台，作为室内外不同标高地面的交通联系方式，图 3.47(a)中还设置了坡道，以便当室内外地面高差较小时满足车辆通行的要求。台阶和坡道在入口处对建筑物的立面还具有一定的装饰作用，设计时既要考虑实用，还要注意美观。

【观察思考】

观察身边的建筑物出入口，其室外台阶或坡道是怎样处理的？室外台阶的尺度与楼梯踏步尺寸是否相同？仔细观察坡道的面层做法。

(a)

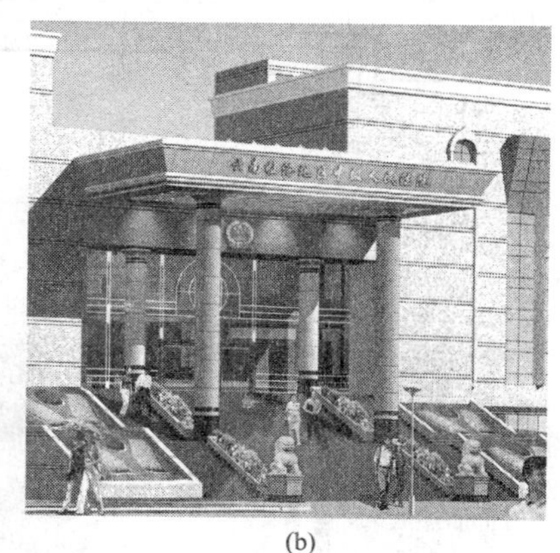

(b)

图 3.47 建筑物入口处台阶及坡度

1. 台阶

台阶由踏步和平台两部分组成，踏步有单面踏步(有时带花池或垂带石)、两面或三面踏步等形式，如图 3.48 所示。当台阶高度超过 1.0m 时，宜设护栏设施。

台阶的坡度应比楼梯小，通常踏步高度为 100～150mm，踏步宽度为 300～400mm。

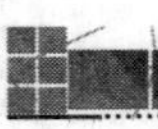

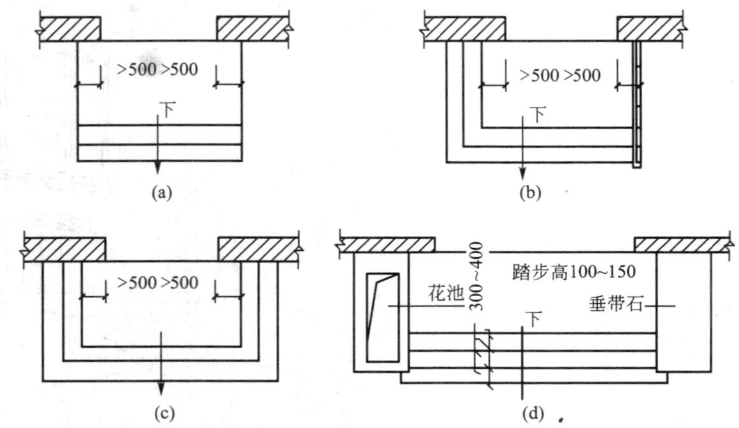

图 3.48　台阶的形式和尺寸

(a) 单面踏步；(b) 两面踏步；(c) 三面踏步；(d) 单面踏步带花池

平台位于出入口与踏步之间，起缓冲作用。平台深度一般不小 1000mm，为防止雨水积聚或溢水，平台表面宜比室内地面低 20～60mm，并向外找坡 1%～3%，以利排水。

室外台阶应坚固耐磨，具有较好的耐久性、抗冻性和抗水性。台阶分实铺和空铺两种，其构造层次为面层、结构层、垫层。按结构层材料不同，有混凝土台阶、石台阶、钢筋混凝土台阶、砖台阶等，其中混凝土台阶应用最普遍。台阶面层可采用水泥砂浆、水磨石面层或马赛克、天然石材及人造石材等块材面层，垫层可采用灰土、三合土或碎石等。台阶构造如图 3.49 所示。

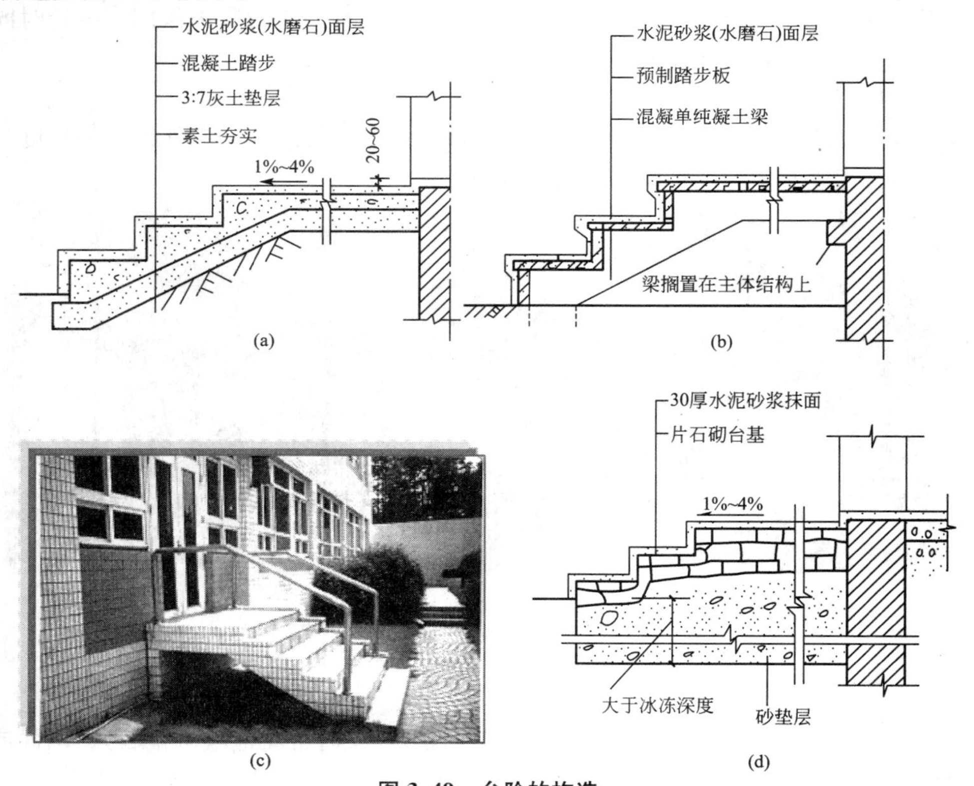

图 3.49　台阶的构造

(a) 实铺式台阶；(b) 空铺式台阶；(c) 空铺台阶实例；(d) 换土地基台阶

台阶和建筑主体之间设置沉降缝，将台阶与主体完全断开，加强缝隙节点处理。在严寒地区，对于实铺的台阶，应用保水性差的砂、石类土做垫层，以减少冰冻影响，如图 3.49(d)所示。

2. 坡道

坡道多为单面形式，为便于车辆在大门口通行，可采用台阶与坡道相结合的形式，如图 3.50 所示。坡道的坡度与使用要求、面层材料有关，坡道的坡度一般为 1：12～1：6。面层光滑的坡道，坡度不宜大于 1：10；粗糙材料和设防滑条的坡道，坡度可稍大，但不应大于 1：6；锯齿形坡道的坡度可加大至 1：4。坡度为 1：10 的较为舒适。

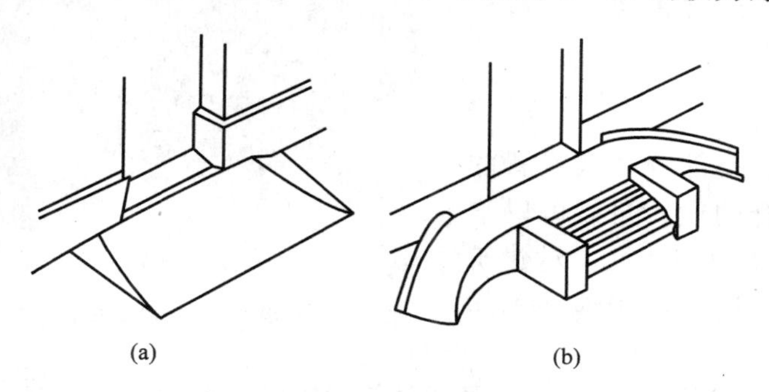

图 3.50　坡道的形式

(a) 坡道；(b) 台阶与坡道结合

坡道的构造要求和做法与台阶相似，坡道材料多采用混凝土或天然石块等，面层多用水泥砂浆，对经常处于潮湿、坡道较陡或采用水磨石作面层时，在其表面必须做防滑处理，如图 3.51 所示。

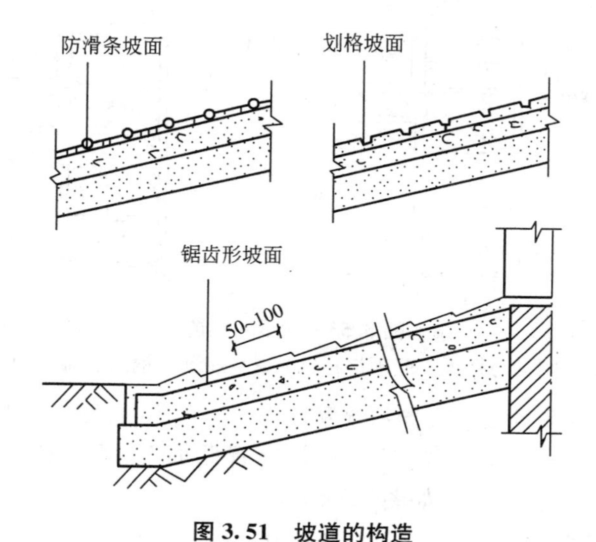

图 3.51　坡道的构造

3.1.5　多层砖房的抗震构造措施

【引例 14】

砖墙整体性差，如果不采取有效措施，当地基不均匀沉降或地震发生时，墙体会开裂而破坏。如图 3.52 所示，在砖房适当部位设置了圈梁(水平方向)和构造柱(竖直方向)，通过构造柱与圈梁把墙体分片包围，能限制开裂后墙体裂缝的延伸和墙体的错位，使墙体能维持竖向承载能力，并能继续吸收地震的能量，避免墙体倒塌。

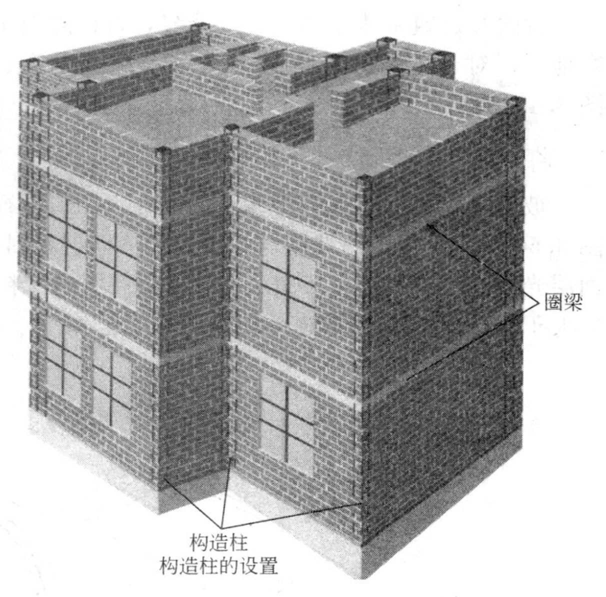

图 3.52 圈梁与构造柱的设置

【观察思考】

仔细观察图 3.52 中圈梁和构造柱的设置位置，思考其作用。

1. 圈梁

圈梁是沿外墙及部分内墙设置的连续、水平、闭合的梁。圈梁可以增强建筑的整体刚度和整体性，对建筑起到腰箍的作用。防止由于地基不均匀沉降、地震引起的墙体开裂。

圈梁多采用钢筋混凝土材料，其宽度宜与墙体厚度相同，当墙厚大于 240mm 时，圈梁的宽度可以比墙体厚度小，但应不小于 2/3 墙厚。圈梁的高度一般不小于 120mm，通常与砖的皮数尺寸相配合。钢筋混凝土圈梁常用 C20 的混凝土现浇，纵向配筋不小于 4ϕ10，箍筋间距不大于 300mm。

圈梁通常设置在基础墙、楼板和檐口处，尽量与楼板结构连成整体，如图 3.53 所示。圈梁的具体数量应满足《建筑抗震设计规范》的相关规定。

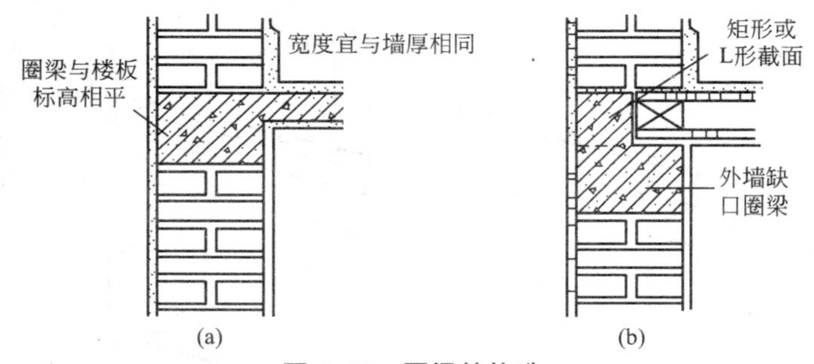

图 3.53 圈梁的构造

(a) 圈梁与楼板一起现浇；(b) 现浇或预制钢筋混凝土圈梁

圈梁应当连续、封闭的设置在同一水平面上，当圈梁被门窗洞口截断时，应当在洞口上方或下方设置附加圈梁，附加圈梁与圈梁的搭接如图 3.54 所示。

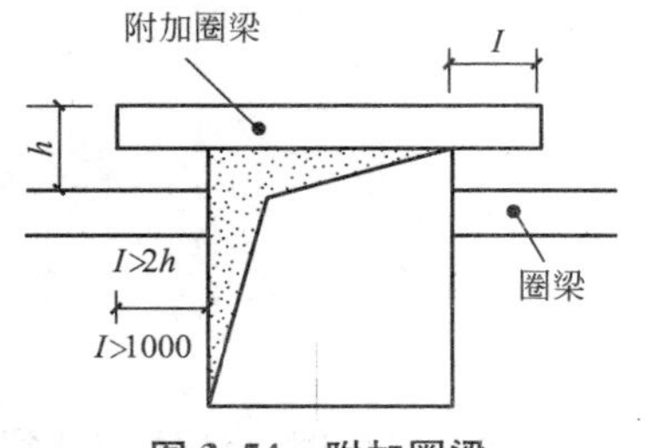

图 3.54 附加圈梁

2. 构造柱

构造柱是从构造角度考虑而设置的，构造柱在墙体内部与水平设置的圈梁相连，形成了具有较大刚度的空间骨架，极大地增强了建筑的整体刚度，提高了墙体抵抗变形的能力，如图 3.55 所示。

图 3.55　构造柱与圈梁整浇，形成空间骨架

构造柱一般设置在建筑物的四角、内外墙体交接处、楼梯间、电梯间及某些较长墙体的中部。构造柱的设置要求见表 3－3。

表 3－3　多层砖房构造柱设置要求

<table>
<tr><th colspan="4">房屋层数</th><th colspan="2" rowspan="2">设置部位</th></tr>
<tr><th>6 度</th><th>7 度</th><th>8 度</th><th>9 度</th></tr>
<tr><td>4、5</td><td>3、4</td><td>2、3</td><td></td><td rowspan="3">外墙四角，错层部位横墙与外纵墙交接处，大房间内外墙交接处，较大洞口两侧</td><td>7 度、8 度时，楼、电梯间的四角；隔 15m 或单元横墙与外纵墙交接处</td></tr>
<tr><td>6、7</td><td>5</td><td>4</td><td>2</td><td>隔开间横墙(轴线)与外墙交接处；山墙与内纵墙交接处；7～9 度时，楼、电梯间的四角</td></tr>
<tr><td>8</td><td>6、7</td><td>5、6</td><td>3、4</td><td>内墙(轴线)与外墙交接处；内墙的局部较小墙垛处；7～9 度时，楼、电梯间的四角；9 度时内纵墙与横墙(轴线)交接处</td></tr>
</table>

构造柱在施工时，应先绑扎钢筋，而后砌砖墙，并留出马牙槎，最后浇注混凝土构造柱，如图 3.56 所示。构造柱的构造要求如下：

(1) 构造柱最小截面可采用 240mm×180mm，纵向钢筋宜采用 4ϕ12，箍筋间距不宜大于 250mm，且在柱上下端宜适当加密；7 度时超过 6 层、8 度时超过 5 层和 9 度时，构造柱纵向钢筋宜采用 4ϕ14，箍筋间距不宜大于 200mm；房屋四角的构造柱可适当加大截面及配筋。

(2) 构造柱与墙体连接处应砌成马牙槎，即沿高度方向每 300mm 高伸出 60mm，每 300mm 高再退回 60mm。马牙槎从每层柱脚开始，应先退后进，并应沿墙高每隔 500mm 设 2ϕ6 拉结筋，每边伸入墙内不宜小于 1m，如图 3.57 所示。

(3) 构造柱与圈梁连接处，构造柱的纵筋应穿过圈梁，保证构造柱的纵筋上下贯通。

图 3.56　构造柱施工过程

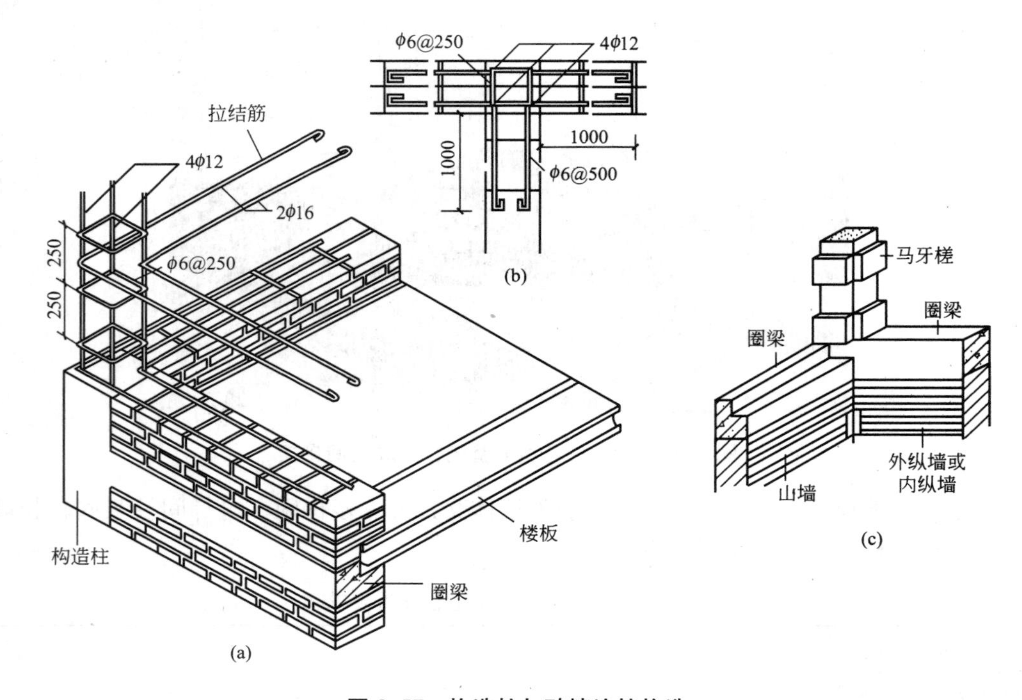

图 3.57　构造柱与砖墙连接构造

(a) 墙角转角处；(b) 内墙角交接处；(c) 构造柱截面

(4) 构造柱可不单独设置基础，但应伸入室外地面下 500mm，或与埋深小于 500mm 的基础圈梁相连。

3.2　混凝土主体工程施工技术

【引例 15】

武汉市某在建工程如图 3.58 所示。

工程概况牌

工程名称	武汉关南福星医药园项目	工程地点	光谷大道58号
建设单位	武汉银湖金权科技开发有限公司	设计单位	中南建筑设计院股份有限公司
监理单位	武汉南亚建设监理有限公司	施工单位	湖北京奥建设工程有限公司
结构形式	框剪	建筑面积	89478m²
层数	三十层 二十七层	建筑高度	99.10m/ 93.8m
开工日期	2010年9月20日	计划竣工日期	2012年5月8日
工程造价	6704.2682万元	施工许可证号	

图 3.58　工程全貌、工程概况

【观察思考】

(1) 思考该工程的结构形式、垂直运输机械及卸料平台位置。

(2) 附着式塔吊及它与建筑物的拉结。

特别提示

混凝土工程施工包括混凝土制备、运输、浇注、养护等施工过程。要保证混凝土的质量，除了充分了解混凝土的特性、正确选择原材料、合理的配合比设计外，核心问题是保证混凝土各施工工艺过程的质量。

3.2.1 混凝土的制备

1. 混凝土的施工配料

混凝土由水泥、粗骨料、细骨料和水组成，有时掺加外加剂、矿物掺合料。保证原材料的质量是保证混凝土质量的前提。

1) 混凝土施工配制强度确定

混凝土配合比应根据混凝土强度等级、耐久性和工作性能等按国家现行标准《普通混凝土配合比设计规程》，确定有需要时，还需满足抗渗性、抗冻性、水化热低等要求。

混凝土的强度等级按规范规定为 14 个，C15、C20、C25、C30、C35、C40、C45、C50、C55、C60、C65、C70、C75、C80。C50 及其以下为普通混凝土；C60～C80 为高强混凝土。

2) 混凝土的施工配料

影响混凝土质量的因素主要有两方面：一是称量不准；二是未按砂、石骨料实际含水率的变化进行施工配合比的换算。

(1) 施工配合比换算。混凝土实验室配合比是根据完全干燥的砂、石骨料制定的，但实际使用的砂、石骨料一般都含有一些水分，而且含水量又会随气候条件发生变化。所以施工时应及时测定现场砂、石骨料的含水量，并将混凝土的实验室配合比换算成在实际含水量情况下的施工配合比。

设实验室配合比为：水泥：砂子：石子$=1:x:y$，水灰比为 W/C，并测得砂子的含水量为 W_x，石子的含水量为 W_y，则施工配合比应为：$1:x(1+W_x):y(1+W_y)$。

按实验室配合比 $1m^3$ 混凝土水泥用量为 C(kg)，计算时确保混凝土水灰比不变(W 为用水量)，则换算后材料用量为：

水泥：$C'=C$

砂子：$G'_{砂}=Cx(1+W_x)$

石子：$G'_{石}=Cy(1+W_y)$

水：$W'=W-CxW_x-CyW_y$

【引例 16】

设混凝土实验室配合比为 1：2.56：5.55，水灰比为 0.65，每 $1m^3$ 混凝土的水泥用量为 275kg，测得砂子含水量为 3%，石子含水量为 1%，则施工配合比为：

$$1:2.56(1+3\%):5.55(1+1\%)=1:2.64:5.60$$

每 m^3 混凝土材料用量为：

水泥：275kg

砂子：275×2.64＝726kg

石子：275×5.60＝1540kg

水：275×0.65－275×2.56×3%－275×5.55×1%＝142.4kg

(2) 施工配料。

求出每立方米混凝土材料用量后，还必须根据工地现有搅拌机出料容量确定每次需用几整袋水泥，然后按水泥用量来计算砂石的每次拌用量。如采用JZ250型搅拌机，出料容量为0.25m³，则上例每搅拌一次的装料数量如下：

水泥：275×0.25＝68.75kg(取用一袋半水泥，即75kg)

砂子：726×75/275＝198kg

石子：1540×75/275＝420kg

水：142.4×75/275＝38.8kg

为严格控制混凝土的配合比，原材料的数量应采用质量计量，必须准确。其质量偏差不得超过以下规定。水泥、混合材料为±2%；细骨料为±3%；水、外加剂溶液±2%。各种衡量器应定期校验，经常保持准确。骨料含水量应经常测定，雨天施工时，应增加测定次数。

2. 混凝土搅拌

1) 混凝土搅拌机选择

混凝土搅拌机按其搅拌原理分为自落式搅拌机和强制式搅拌机两类，见表3-4。根据其构造的不同，又可分为若干种。

表3-4 混凝土搅拌机类型

自落式			强制式			
鼓筒式	双锥式		立轴式			卧轴式（单轴双轴）
	反转出料	倾翻出料	涡桨式	行星式		
				定盘式	盘转式	

自落式搅拌机搅拌筒内壁装有叶片，搅拌筒旋转，叶片将物料提升一定高度后自由下落，各物料颗粒分散拌和均匀，是重力拌和原理，宜用于搅拌塑性混凝土。

强制式搅拌机分立轴式和卧轴式两类。强制式搅拌机是在轴上装有叶片，通过叶片强制搅拌装在搅拌筒中的物料，使物料沿环向、径向和竖向运动，拌和成均匀的混合物，是剪切拌和原理。强制式搅拌机拌和强烈，多用于搅拌干硬性混凝土、低流动性混凝土和轻骨料混凝土。

混凝土搅拌机以其出料容量(m³)×1000标定规格。常用为150L、250L、350L等数种。

【观察思考】

如图3.59所示，试指出混凝土搅拌机位置。

2) 搅拌制度

搅拌制度包括搅拌时间、投料顺序和进料容量等。

(1) 混凝土搅拌时间。搅拌时间应从全部材料投入搅拌筒起，到开始卸料为止所经历的时间。它与搅拌质量密切相关。搅拌时间过短，混凝土不均匀，强度及和易性将下降；搅拌时间过长，不但降低搅拌的生产效率，同时会使不坚硬的粗骨料，在大容量搅拌机中因脱角、破碎等而影响混凝土的质量。对于加气混凝土也会因搅拌时间过长而使所含气泡减少，混凝土搅拌的最短时间可按表 3－5 采用。

图 3.59 现场搅拌混凝土

表 3－5 混凝土搅拌最短时间

混凝土坍落度/cm	搅拌机机型	最短时间/s		
		搅拌机容量＜250L	250～500L	＞500L
≤3	自落式 强制式	90 60	120 90	150 120
120＞3	自落式 强制式	90 60	90 60	120 90

(2) 投料顺序。投料顺序应考虑的因素主要包括提高搅拌质量，减少叶片、衬板的磨损，减少拌合物与搅拌筒的黏结，减少水泥飞扬，改善工作环境，提高混凝土强度，节约水泥等方面综合考虑。常用一次投料法、二次投料法和水泥裹砂法等。

① 一次投料法：是将砂、石、水泥和水一起同时加入搅拌筒中进行搅拌。为了减少水泥的飞扬和水泥的粘罐现象，对自落式搅拌机常采用的投料顺序是将水泥夹在砂、石之间，最后加水搅拌。

② 二次投料法：预拌水泥砂浆法是先将水泥、砂和水加入搅拌筒内进行充分搅拌，成为均匀的水泥砂浆后，再加入石子搅拌成均匀的混凝土；预拌水泥净浆法是先将水泥和水充分搅拌成均匀的水泥净浆后，再加入砂和石搅拌成混凝土。

③ 水泥裹砂法：这种混凝土就是在砂子表面造成一层水泥浆壳。主要采取两项工艺措施，一是对砂子的表面湿度进行处理，使其控制在一定范围内。二是进行两次加水搅拌，第一次先将处理过的砂子、水泥和部分水搅拌，使砂子周围形成黏着性很高的水泥糊包裹层；第二次再加入水及石子，经搅拌，部分水泥浆便均匀地分散在已经被造壳的砂子及石子周围。

(3) 进料容量。进料容量是将搅拌前各种材料的体积累积起来的容量，又称干料容量。进料容量约为出料容量的 1.4～1.8 倍(通常取 1.5 倍)。进料容量超过规定容量的 10%以上，就会使材料在搅拌筒内无充分的空间进行掺合，影响混凝土拌合物的均匀性；反之，如装料过少，则又不能充分发挥搅拌机的效能。

(4) 搅拌要求。严格控制混凝土施工配合比。在搅拌混凝土前，搅拌机应加适量的水运转，使拌筒表面润湿，然后将多余水排干；搅拌好的混凝土要卸尽；混凝土搅拌完毕或预计停歇 1h 以上时，应将混凝土全部卸出，倒入石子和清水，搅拌 5～10min，把粘在料筒上的砂浆冲洗干净后全部卸出。

3.2.2 混凝土的运输

混凝土拌合物运输的基本要求是：不产生离析现象；保证混凝土浇筑时具有设计规定的坍落度；在混凝土初凝之前能有充分时间进行浇筑和捣实；保证混凝土浇筑能连续进行。

1. 混凝土运输的时间

混凝土应以最少的转运次数和最短的时间，从搅拌地点运至浇筑地点，并在初凝之前浇筑完毕。普通混凝土从搅拌机中卸出后到浇筑完毕的延续时间不宜超过表 3－6 的规定。如需进行长距离运输可选用混凝土搅拌运输车。

表 3－6　混凝土从搅拌机中卸出到浇筑完毕的延续时间(min)

混凝土强度等级	气温/℃	
	≤25	＞25
≤C30	120	90
＞C30	90	60

2. 凝土运输工具

运输混凝土的工具要不吸水、不漏浆，方便快捷。混凝土运输分为地面运输、垂直运输和楼面运输 3 种情况。

混凝土地面运输工具有双轮手推车、机动翻斗车、混凝土搅拌运输车和自卸汽车。如采用预拌(商品)混凝土运输距离较远时，多用混凝土搅拌运输车和自卸汽车。

混凝土搅拌运输车为长距离运输混凝土的有效工具，它有一搅拌筒斜放在汽车底盘上，在预拌混凝土搅拌站装入混凝土后，在运输过程中搅拌筒可进行慢速转动进行拌和，以防止混凝土离析，运至浇筑地点，搅拌筒反转即可迅速卸出混凝土。

混凝土垂直运输，多用塔式起重机加料斗、混凝上泵、快速提升斗和井架。

混凝土泵是一种有效的混凝土运输和浇筑工具，可以一次完成水平及垂直运输，将混凝土直接输送到浇筑地点。常用的混凝土输送管为钢管，也有橡胶和塑料软管。直径为 75～200mm、每段长约 3m，还配有 45°、90°等弯管和锥形管，弯管、锥形管和软管的流动阻力大，计算输送距离时要换算成水平换算长度。垂直输送时，在立管的底部要增设逆流阀，以防止停泵时立管中的混凝土反压回流。

图 3.60　混凝土输送管

【引例 17】

图 3.60 所示工程为现场搅拌混凝土，泵送。

【观察思考】

泵送混凝土对原材料的要求？

泵送混凝土对原材料的要求如下。

① 粗骨料，碎石最大粒径与输送管内径之比不宜大于 1∶3；卵石不宜大于 1∶2.5。

② 砂，以天然砂为宜，砂率宜控制在 40%～50%，通过 0.315mm 筛孔的砂不少于 15%。

③ 水泥，最少水泥用量为 300kg/m³，坍落度宜

为 80～180mm，混凝土内宜适量掺入外加剂。泵送轻骨料混凝土的原材料选用及配合比，应通过试验确定。

泵送混凝土施工中应注意的问题如下。

① 输送管的布置宜短直，尽量减少弯管数，转弯宜缓，管段接头要严密，少用锥形管。

② 混凝土的供料应保证混凝土泵能连续工作，不间断；正确选择骨料级配，严格控制配合比。

③ 泵送前，为减少泵送阻力，应先用适量与混凝土内成分相同的水泥浆或水泥砂浆润滑输送管内壁。

④ 泵送过程中，泵的受料斗内应充满混凝土，防止吸入空气形成阻塞。

⑤ 防止停歇时间过长，若停歇时间超过 45min，应立即用压力或其他方法冲洗管内残留的混凝土。

⑥ 泵送结束后，要及时清洗泵体和管道。

⑦ 用混凝土泵浇注的建筑物，要加强养护，防止龟裂。

3.2.3 混凝土的浇注与捣实

混凝土的浇注与捣实工作包括布料摊平、捣实和抹面修整等工序。它对混凝土的密实性和耐久性、结构的整体性和外形正确性等都有重要影响。

1. 混凝土的浇注

1）混凝土浇注的一般规定

(1) 混凝土浇注前不应发生初凝和离析现象，如果已经发生，可以进行重新搅拌，使混凝土恢复流动性和黏聚性后再进行浇注。

(2) 混凝土自高处倾落时的自由倾落高度不宜超过 2m。若混凝土自由下落高度超过 2m(竖向结构 3m)，要沿溜槽或串筒下落，如图 3.61(a)、图 3.61(b)所示。当混凝土浇注深度超过 8m 时，则应采用带节管的振动串筒，即在串筒上每隔 2～3 节管安装一台振动器，如图 3.61(c)所示。

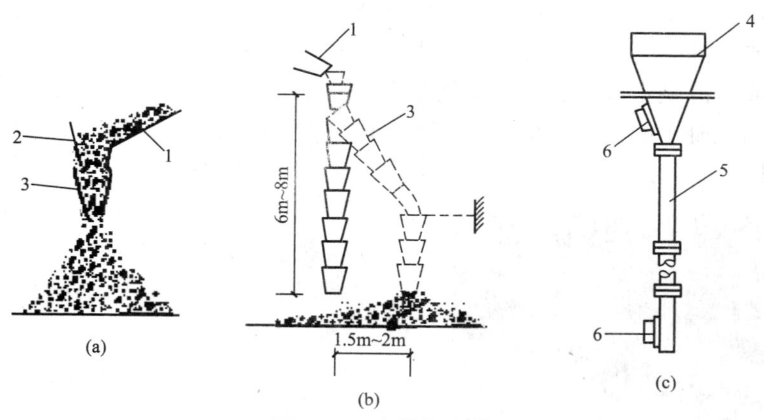

图 3.61 溜槽与串筒

(a) 溜槽；(b) 串筒；(c) 振动串筒

1—溜槽；2—挡板；3—串筒；4—漏斗；5—节管；6—振动器

(3) 为了使混凝土振捣密实，必须分层浇注，每层浇注厚度与捣实方法、结构的配筋情况有关，应符合表 3－7 中规定。

表 3－7　混凝土浇注层厚度

项次	捣实混凝土的方法		浇注层厚度/mm
1	插入式振动		振动器作用部分长度的 1.25 倍
2	表面振动		200
3	人工捣固	（1）在基础或无筋混凝土和配筋稀疏的结构中 （2）在梁、墙、板、柱结构中 （3）在配筋密集的结构中	250 200 150
4	轻骨料混凝土	插入式振动 表面振动(振动时需加荷)	300 200

（4）混凝土的浇注工作应尽可能连续进行，如果上下层或前后层混凝土浇注必须间歇，其间歇时间应尽量缩短，并要在前层（下层）混凝土凝结（终凝）前，将次层混凝土浇注完毕。间歇的最长时间应按所用水泥品种及混凝土凝结条件确定。即混凝土从搅拌机中卸出，经运输、浇注及间歇的全部延续时间不得超过表 3－6 规定，当超过时，应按留置施工缝处理。

（5）浇注竖向结构混凝土前，应先在底部填筑一层 50～100mm 厚、与混凝土内砂浆成分相同的水泥砂浆，然后再浇注混凝土。

（6）施工缝的留设与处理。施工缝宜留在结构受剪力较小且便于施工的部位。柱应留水平缝，梁、板应留垂直缝。柱子的施工缝宜留在基础与柱子的交接处的水平面上，或梁的下面，或吊车梁牛腿的下面，或吊车梁的上面，或无梁楼盖柱帽的下面。框架结构中，如果梁的负筋向下弯入柱内，施工缝也可设置在这些钢筋的下端，以便于绑扎。高度大于 1m 的混凝土梁的水平施工缝，应留在楼板底面以下 20～30mm 处，当板下有梁托时，留在梁托下部；单向平板的施工缝，可留在平行于短边的任何位置处；对于有主次梁的楼板结构，宜顺着次梁方向浇注，施工缝应留在次梁跨度的中间 1/3 范围内。

（7）施工缝的处理方法。在施工缝处继续浇注混凝土时，应除去表面的水泥薄膜、松动的石子和软弱的混凝土层，并加以充分湿润和冲洗干净，不得积水。浇注时，施工缝处宜先铺水泥浆或与混凝土成分相同的水泥砂浆一层，厚度为 10～15mm，以保证接缝的质量。待已浇注的混凝土的强度不低于 1.2MPa 时才允许继续浇注。

【引例 18】

图 3.62　后浇带

图 3.62 所示为楼板上的后浇带。

【观察思考】

后浇带与施工缝有区别吗？后浇带中钢筋如何处理？

2）框架结构混凝土的浇注

框架结构一般按结构层划分施工层和在各层划分施工段分别浇注，一个施工段内的每排柱子应从两端同时开始向中间推进，不可从一端开始向另一端推进，预防柱子模板逐渐受推倾斜使误差积累难以纠正。每一施工层的梁、板、柱结构，先浇注柱和墙，并连续浇注到顶。停歇一段时间(1～1.5h)后，柱和墙有一定强度再浇注梁板混凝土。梁板混凝土应同时浇注，只有梁高1m以上时，才可以单独先行浇注。梁与柱的整体连接应从梁的一端开始浇注，快到另一端时，反过来先浇另一端，然后两段在凝结前合拢。

【引例19】

如图3.63所示的剪力墙、端柱。

【观察思考】

图3.63中墙及柱面上的PVC管有何作用，拉结筋的作用是什么？另外与图3.64中的紧固件有何联系？

图3.63　剪力墙及端柱

图3.64　紧固件

特别提示

如图3.64所示，此紧固件用于墙、柱，作为对拉螺栓，穿于图3.63中PVC管内，可重复使用。

特别提示

如图3.65所示，此工程结构形式为框架结构，其中梁的一边侧模已拆、一边未拆。上层未支模板的柱。另外，图3.66所示的紧固件用于固定梁侧模板(称步步紧)。

图3.65　框架结构混凝土浇注

图3.66　紧固件

图 3.67　梁底支称及外脚手架

【观察思考】

如图 3.67 所示，此工程结构形式为框架结构，图中为立柱式钢管脚手架，扣件有对接扣件、旋转扣件、直角扣件，注意平时应多实践、多观察。

3）大体积混凝土结构浇注

（1）大体积混凝土结构浇注方案（图 3.68）。为保证结构的整体性，混凝土应连续浇注，要求每一处的混凝土在初凝前就被后部分混凝土覆盖并捣实成整体，根据结构特点不同，可分为全面分层、分段分层、斜面分层等浇注方案。

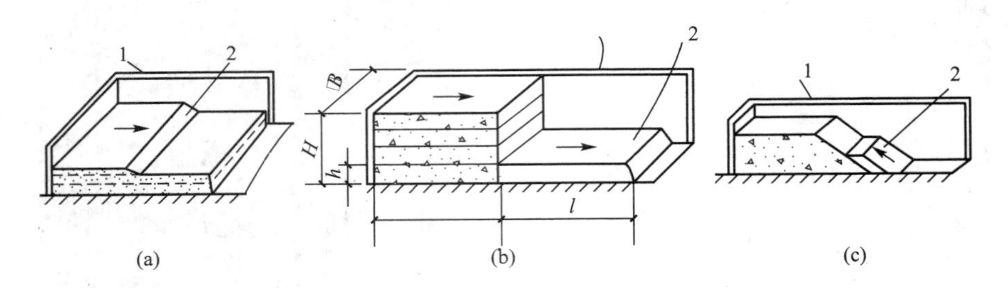

图 3.68　大体积混凝土浇注方案图

（a）全面分层；（b）分段分层；（c）斜面分层

1—模板；2—新浇注的混凝土

① 全面分层：当结构平面面积不大时，可将整个结构分为若干层进行浇注，即第一层全部浇注完毕后，再浇注第二层，逐层连续浇注，直到结束。为保证结构的整体性，要求次层混凝土在前层混凝土初凝前浇注完毕。

② 分段分层：当结构平面面积较大时，全面分层已不适应，这时可采用分段分层浇注方案。即将结构分为若干段落，每段又分为若干层，先浇注第一段各层，然后浇注第二段各层，逐段逐层连续浇注，直至结束。为保证结构的整体性，要求次段混凝土应在前段混凝土初凝前浇注并与之捣实成整体。

③ 斜面分层：当结构的长度超过厚度的 3 倍时，可采用斜面分层的浇注方案。这时，振捣工作应从浇注层斜面下端开始，逐渐上移，且振动器应与斜面垂直。

（2）温度裂缝的预防。早期温度裂缝的预防方法主要有：优先采用水化热低的水泥(如矿渣硅酸盐水泥)；减少水泥用量；掺入适量的粉煤灰或在浇筑时投入适量的毛石；放慢浇注速度和减少浇注厚度，采用人工降温措施(用低温水拌制，养护时用循环水冷却)；浇注后应及时覆盖，以控制内外温差，减缓降温速度，尤应注意寒潮的不利影响；必要时，取得设计单位同意后，可分块浇注，块和块间留 1m 宽后浇带，待各分块混凝土干缩后，再浇注后浇带。分块长度可根据有关手册计算，当结构厚度在 1m 以内时，分块长度一般为 20～30m。

（3）泌水处理。大体积混凝土另一特点是上、下浇注层施工间隔的时间较长，各分层之间易产生泌水层，它将产生混凝土强度降低，酥软、脱皮起砂等不良后果。采用自流方式和抽吸方法排除泌水，会带走一部分水泥浆，影响混凝土的质量。泌水处理措施主要有：同一结构中使用两种不同坍落度的混凝土；在混凝土搅和物中掺减水剂。

2. 混凝土的密实成形

混凝土密实成形的途径有以下3种。

(1) 利用机械外力(如机械振动)来克服拌合物的黏聚力和内摩擦力而使之液化、沉实；

(2) 在拌合物中适当增加用水量以提高其流动性，使之便于成形，然后用离心法、真空作业法等将多余的水分和空气排出；

(3) 在拌合物中掺入高效能减水剂，使其坍落度大大增加，可自流成形。

下面仅介绍机械振捣密实成形。

振动机械按其工作方式分为内部振动器、表面振动器、外部振动器和振动台，如图3.69所示。

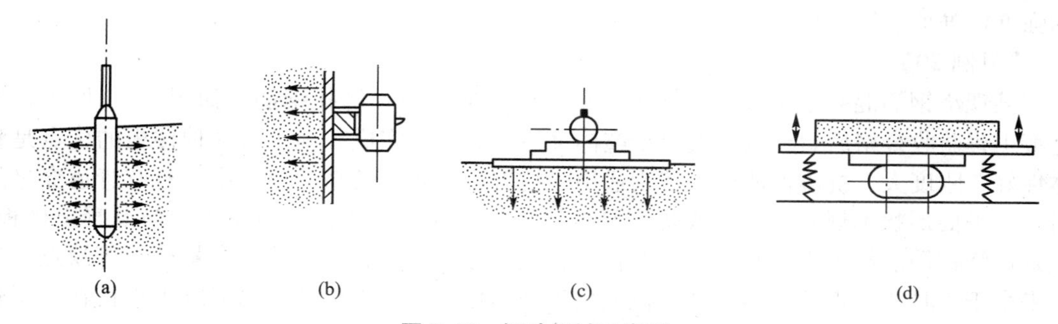

图3.69 振动机械示意图

(a) 内部振动器；(b) 外部振动器；(c) 表面振动器；(d) 振动台

(1) 内部振动器又称插入式振动器，多用于振实梁、柱、墙、厚板和大体积混凝土等厚大结构。用插入式振动器振动混凝土时，应垂直插入，并插入下层混凝土50mm，以促使上下层混凝土结合成整体。每一振点的振捣延续时间，应使混凝土捣实(即表面呈现浮浆和不再沉落为限)。

(2) 表面式振动器又称平板振动器，它适用于楼板、地面等薄型构件。这种振动器在无筋或单层钢筋结构中，每次振实的厚度不大于250mm；在双层钢筋的结构中，每次振实厚度不大于120mm。

(3) 外部振动器。又称附着式振动器，它通过螺栓或夹钳等固定在模板外部，是通过模板将振动传给混凝土拌合物，因而模板应有足够的刚度。它宜用于振捣断面小且钢筋密的构件。

3.2.4 混凝土的养护

混凝土养护方法分自然养护和蒸汽养护。

1. 自然养护

自然养护是指利用平均气温高于5℃的自然条件，用保水材料或草帘等对混凝土加以覆盖后适当浇水，使混凝土在一定的时间内在湿润状态下硬化。

(1) 开始养护时间。当最高气温低于25℃时，混凝土浇筑完后应在12h以内加以覆盖和浇水；最高气温高于25℃时，应在6h以内开始养护。

(2) 养护天数。浇水养护时间的长短视水泥品种定，硅酸盐水泥、普通硅酸盐水泥和矿渣硅酸盐水泥拌制的混凝土，不得少于7d；火山灰质硅酸盐水泥和粉煤灰硅酸盐水泥拌制的混凝土或有抗渗性要求的混凝土，不得少于14d。

(3) 浇水次数。养护初期，水泥的水化反应较快，需水也较多，在气温高、湿度低时，也应增加洒水的次数。

(4) 喷洒塑料薄膜养护。将过氯乙烯树脂塑料溶液用喷枪洒在混凝土表面上，溶液挥发后在混凝土表面形成一层塑料薄膜，使混凝土与空气隔绝，阻止其水分的蒸发以保证水化作用的正常进行。

2. 蒸汽养护

蒸汽养护就是将构件放置在有饱和蒸汽或蒸汽空气混合物的养护室内，在较高的温度和相对湿度的环境中进行养护，以加速混凝土的硬化，使混凝土在较短的时间内达到规定的强度标准值。

【引例20】

某现浇钢筋混凝土楼板正在施工，现场已完成支模、绑扎钢筋，如图3.70所示，经隐蔽工程验收合格后，将进行混凝土整体浇注、养护，完成其施工。这种楼板的优点是整体性好、刚度大、抗震性能好，特别适用于抗震设防要求较高的建筑中，对有管道穿过的房间、平面形状不规整的房间或防水要求较高的房间，都适合采用现浇钢筋混凝土楼板。但是现浇钢筋混凝土楼板有施工工期较长、现场湿作业多、需要消耗大量模板等缺点。近年来由于工具式模板的采用、现场机械化程度的提高，使得现浇钢筋混凝土楼板在高层建筑中得到较普遍的应用。

【观察思考】

观察板面负弯矩钢筋、梁板混凝土一起浇注。

图3.70　现浇楼板施工方法

3.2.5　混凝土结构质量缺陷与修补

混凝土结构质量问题主要有蜂窝、麻面、露筋、孔洞等。蜂窝是指混凝土表面无水泥浆，露出石子深度大于5mm，但小于保护层厚度的缺陷。露筋是指主筋没有被混凝土包裹而外露的缺陷，但梁端主筋锚固区内不允许有露筋。孔洞是深度超过保护层厚度，但不超过截面面积1/3的缺陷。混凝土结构质量缺陷的修补方法主要有以下几种：

1. 表面抹浆修补

对于数量不多的小蜂窝、麻面、露筋、露石的混凝土表面，主要是保护钢筋和混凝土不受侵蚀，可用1∶2～1∶2.5水泥砂浆抹面修整。在抹砂浆前，须用钢丝刷或加压力的水清洗润湿，抹浆初凝后要加强养护工作。

对结构构件承载能力无影响的细小裂缝，可将裂缝处加以冲洗，用水泥浆抹补。如果裂缝开裂较大较深时，应将裂缝附近的混凝土表面凿毛，或沿裂缝方向凿成深为15～20mm、宽为100～200mm的V形凹槽，扫净并洒水湿润，先刷水泥净浆一层，然后用1∶2～1∶2.5水泥砂浆分2～3层涂抹，总厚度控制在10～20mm，并压实抹光。

2. 细石混凝土填补

当蜂窝比较严重或露筋较深时，应除掉附近不密实的混凝土和突出的骨料颗粒，用清水洗刷干净并充分润湿后，再用比原强度等级高一级的细石混凝土填补并仔细捣实。对孔洞事故的补强，可在旧混凝土表面采用处理施工缝的方法处理，将孔洞处疏松的混凝土和突出的石子剔凿掉，孔洞顶部要凿成斜面，避免形成死角，然后用水刷洗干净，保持湿润72h后，用比原混凝土强度等级高一级的细石混凝土捣实。混凝土的水灰比宜控制在0.5以内，并掺水泥用量万分之一的铝粉，分层捣实，以免新旧混凝土接触面上出现裂缝。

3. 水泥灌浆与化学灌浆

对于影响结构承载力，或者防水、防渗性能的裂缝，为恢复结构的整体性和抗渗性，应根据裂缝的宽度、性质和施工条件等，采用水泥灌浆或化学灌浆的方法予以修补。一般对宽度大于0.5mm的裂缝，可采用水泥灌浆；宽度小于0.5mm的裂缝，宜采用化学灌浆。

3.2.6 混凝土施工质量的检查内容和要求

1. 混凝土质量的检查内容

混凝土质量的检查包括施工过程中的质量检查和养护后的质量检查。施工过程的质量检查，即在制备和浇筑过程中对原材料的质量、配合比、坍落度等的检查，每一工作班至少检查二次，遇有特殊情况还应及时进行检查。混凝土的搅拌时间应随时检查。

混凝土养护后的质量检查，主要包括混凝土的强度(主要指抗压强度)、表面外观质量和结构构件的轴线、标高、截面尺寸和垂直度的偏差。如设计上有特殊要求时，还需对其抗冻性、抗渗性等进行检查。

2. 混凝土质量的检查要求

1）混凝土的抗压强度

混凝土的抗压强度应在边长为150mm的立方体试件，在温度为20±3℃和相对湿度为90%以上的潮湿环境或水中的标准条件下，经28d养护后试验确定。

2）试件取样要求

评定结构或构件混凝土强度质量的试块，应在浇筑处随机抽样制成，不得挑选。试件留置规定为：

(1) 拌制100盘且不超过100m³的同配合比的混凝土，其取样不得少于一次；

(2) 每工作班拌制的同配合比的混凝土不足100盘时，其取样不得少于一次；

(3) 每一现浇楼层同配合比的混凝土，其取样不得少于一次；

(4) 同一单位工程每一验收项目中同配合比的混凝土其取样不得少于一次。每次取样应至少留置一组标准试件，同条件养护试件的留置组数根据实际需要确定。

预拌混凝土除应在预拌混凝土厂内按规定取样外，混凝土运到施工现场后，尚应按上述的规定留置试件。若有其他需要，如为了抽查结构或构件的拆模、出厂、吊装、预应力张拉和放张，以及施工期间临时负荷的需要，还应留置与结构或构件同条件养护的试块，试块组数可按实际需要确定。

3) 确定试件的混凝土强度代表值

每组3个试件应在同盘混凝土中取样制作，并按下列规定确定该组试件的混凝土强度代表值。

(1) 取3个试件强度的平均值。

(2) 当3个试件强度中的最大值或最小值之一与中间值之差超过中间值的15%时，取中间值。

(3) 当3个试件强度中的最大值和最小值与中间值之差均超过中间值的15%时，该组试件不应作为强度评定的依据。

4) 混凝土结构强度的评定

应按下列要求进行。

混凝土强度应分批进行验收。同一验收批的混凝土应由强度等级相同、生产工艺和配合比基本相同的混凝土组成，对现浇混凝土结构构件，尚应按单位工程的验收项目划分验收批，每个验收项目应按现行国家标准GB 50300—2001《建筑安装工程质量验收统一标准》确定。对同一验收批的混凝土强度，应以同批内标准试件的全部强度代表值来评定。

当对混凝土试件强度的代表性有怀疑时，可采用非破损检验方法或从结构、构件中钻取芯样的方法，按有关标准的规定，对结构构件中的混凝土强度进行推定，作为是否应进行处理的依据。

混凝土表面外观质量要求，不应有蜂窝、麻面、孔洞、露筋、缝隙及夹层、缺棱掉角和裂缝等。现浇混凝土结构的允许偏差应符合规范的规定，当有专门规定时，尚应符合相应规定的要求。

3.3 混凝土主体工程清单编制实务

【引例21】 图3.71所示为现浇混凝土主体工程中各种常见构件，包括柱、梁、板等构件。

图3.71 现浇混凝土构件示意图

【观察思考】

按照《计价规范》的要求，对图中构件应准确列项、计算工程量，并填入分部分项工程量清单与计价表中。

3.3.1 现浇混凝土柱

特别提示

钢筋混凝土柱按照制造和施工方法分为现浇柱和预制柱。现浇钢筋混凝土柱整体性好，但支模工作量大。预制钢筋混凝土柱施工比较方便，但要保证节点连接质量。

1. 清单规范附表(GB 50500—2008)，见表 3-8

表 3-8 现浇混凝土柱(编码：010402)

项目编码	项目名称	项目特征	计量单位	工程量计算规则	工程内容
010402001	矩形柱	(1) 柱高度 (2) 柱截面尺寸 (3) 混凝土强度等级 (4) 混凝土拌合料要求	m^3	按设计图示尺寸以体积计算，不扣除构件内钢筋，预埋铁件所占体积。 柱高： (1) 有梁板的柱高，应自柱基上表面(或楼板上表面)至上一层楼板上表面之间的高度计算 (2) 无梁板的柱高，应自柱基上表面(或楼板上表面)至柱帽下表面之间的高度计算 (3) 框架柱的柱高，应自柱基上表面至柱顶高度计算 (4) 构造柱按全高计算，嵌接墙体部分并入柱身体积 (5) 依附柱上的牛腿和升板的柱帽，并入柱身体积计算	混凝土制作、运输、浇注、振捣、养护
010402001	异形柱				

特别提示

选择柱的截面形式主要根据工程性质和使用要求确定，也要便于施工和制造、节约模板和保证结构的刚性。方形柱和矩形柱的截面模板最省，制作简便，使用广泛，方形适用于接近中心受压柱的情况；矩形是偏心受压柱截面的基本形式；异形柱模板耗量高，制作复杂。

钢筋混凝土柱图一般由柱的立面图、断面图、钢筋详图所组成，如图 3.72 所示。

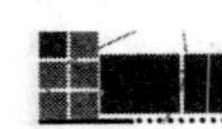

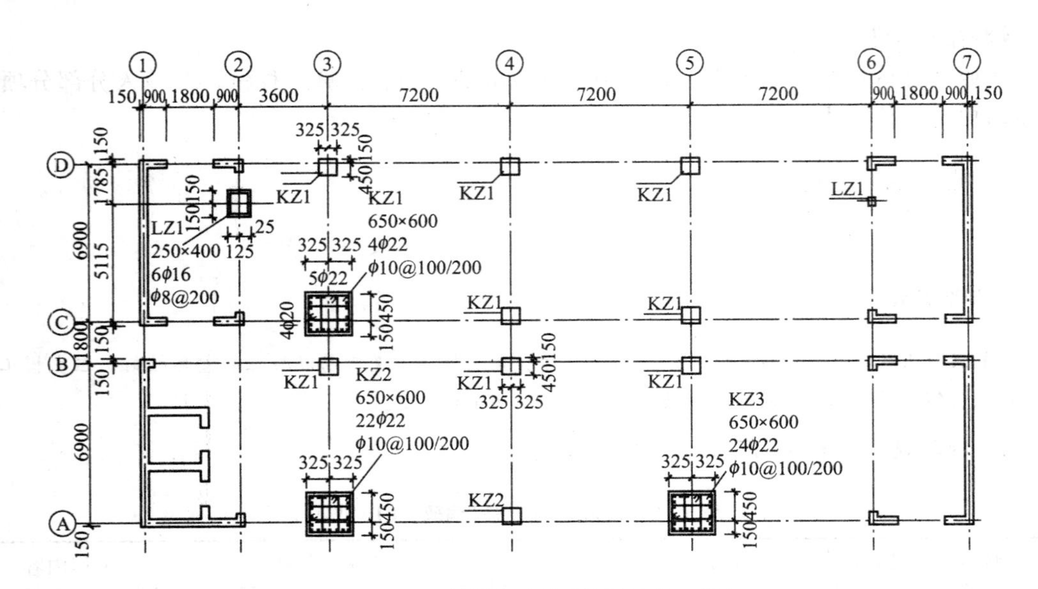

图 3.72　钢筋混凝土柱图(平法施工图)

2. 清单工程量计量方法

柱按图示尺寸以实体体积计算工程量，不扣除构件内钢筋，预埋铁件所占体积。

1）独立柱或框架柱

(1）计算公式为

$$柱体积=柱截面积\times柱高 \tag{3-1}$$

(2）柱高：按柱基上表面或楼板上表面至柱顶上表面的高度计算(图 3.73)。但无梁楼板的柱高，应自柱基上表面或楼板上表面至柱头(帽)的下表面的高度计算(图 3.74)。依附于柱上的牛腿应并入柱身体积内计算。

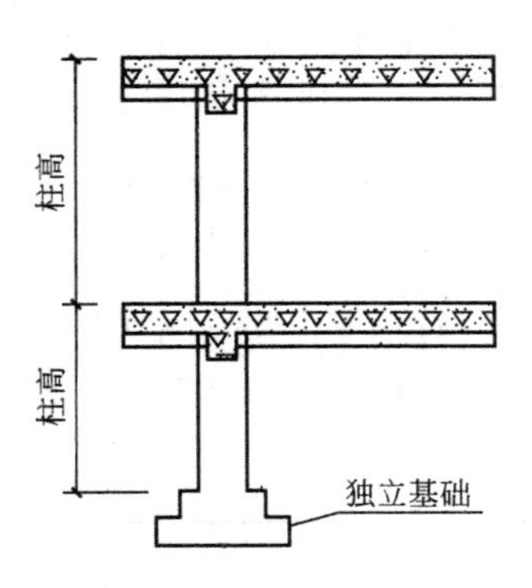

图 3.73　有梁板高度示意图

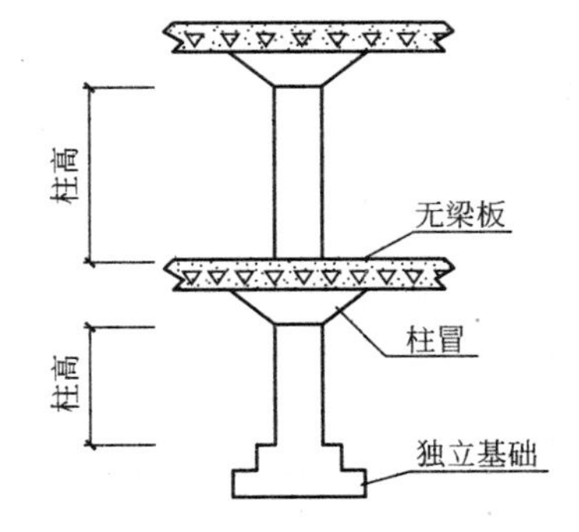

图 3.74　无梁板高度示意图

特别提示

为了充分发挥混凝土抗压强度高的优点，当柱承重较大时，通常采用较高的混凝土标号。

2）构造柱

(1) 构造柱一般是先砌砖后浇混凝土。在砌砖时一般每隔五皮砖(约 300mm)两边各留一马牙槎，槎口宽度为 60mm，如图 3.75 所示，构造柱体积应包含马牙槎部分的体积。

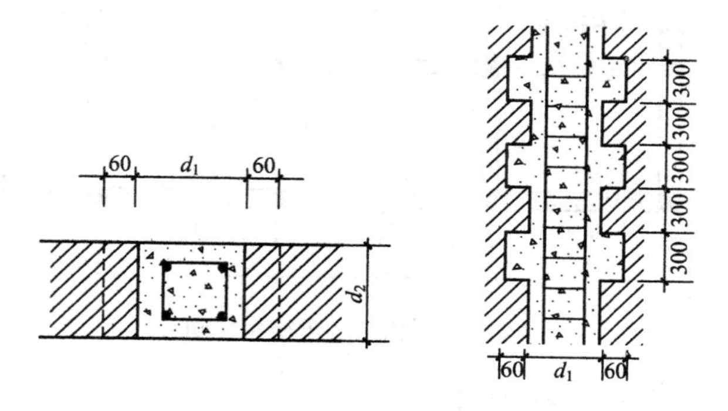

图 3.75 构造柱中马牙槎构造

(2) 计算公式：构造柱(图 3.76)。

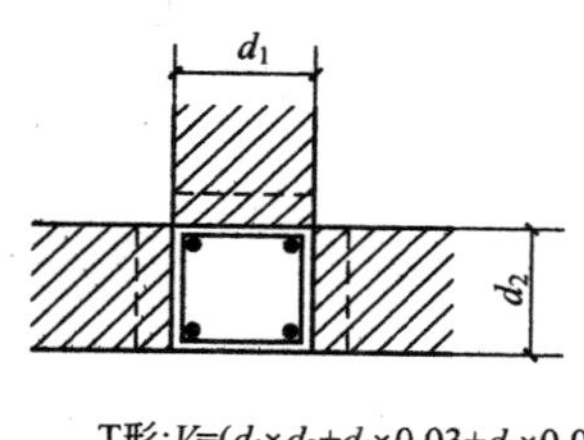

T形: $V=(d_1 \times d_2+d_1 \times 0.03+d_2 \times 0.03 \times 2)H$

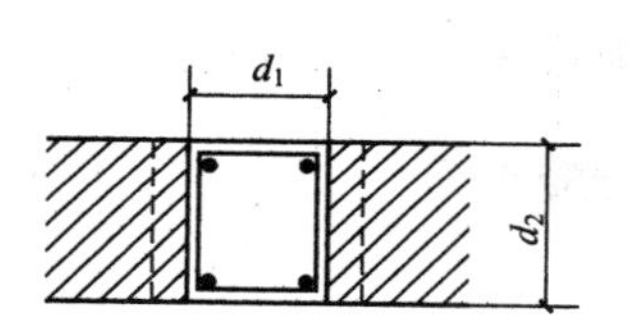

一字形: $V=(d_1 \times d_2+d_2 \times 0.03 \times 2)H$

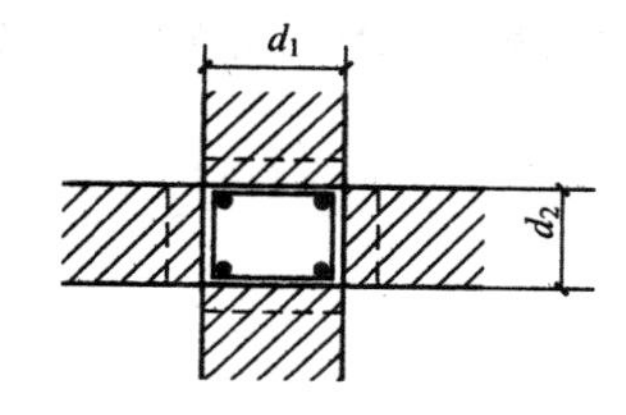

十字形: $V=(d_1 \times d_2+d_1 \times 0.03 \times 2+d_2 \times 0.03 \times 2)H$

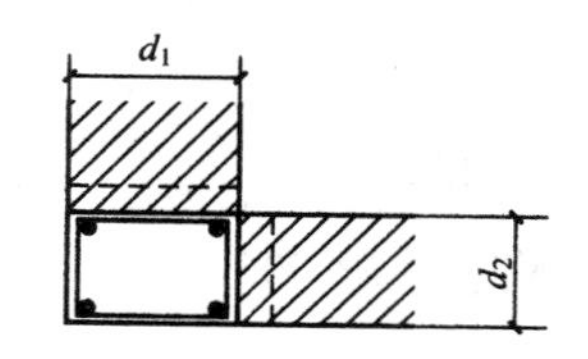

L形: $V=(d_1 \times d_2+d_1 \times 0.03+d_2 \times 0.03)H$

图 3.76 构造柱计算方法

$$V=\text{构造柱截面积}\times\text{柱高}+\text{马牙槎体积} \quad (3-2)$$

(3) 构造柱中的马牙槎体积可按式(3-3)计算。

$$\text{马牙槎体积}=0.03\times\text{与砖墙交接面构造柱边长之和}\times\text{柱高度} \quad (3-3)$$

(4) 柱高度为构造柱柱基上表面至顶层圈梁顶面。

特别提示

构造柱按矩形柱项目编码列项。

【引例 22】

如图 3.77 所示，构造柱高度为 18m，断面尺寸除图中注明外均为 240mm×240mm，计算构造柱体积。

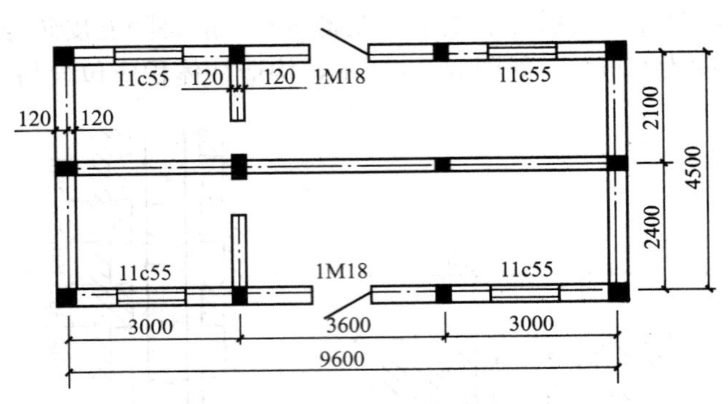

图 3.77 构造柱平面布置图

解：(1) 两面有马牙槎构造柱体积：

$$(0.24\times0.24\times18+0.03\times0.24\times2\times18)\times8=10.366\text{m}^3$$

(2) 三面有马牙槎构造柱体积：

$$(0.24\times0.24\times18+0.03\times0.24\times3\times18)\times4=5.70\text{m}^3$$

构造柱(项目编码：010402001001)体积小计：$9.07+2.33+5.70=16.066\text{m}^3$

3.3.2 现浇混凝土梁

特别提示

钢筋混凝土梁既可作成独立梁，也可与钢筋混凝土板组成整体的梁-板式楼盖，这里的现浇混凝土梁是指独立梁。

1. 清单规范附表

清单规范附表(GB 50500—2008)见表 3-9。

表 3-9 现浇混凝土梁(编码：010403)

项目编码	项目名称	项目特征	计量单位	工程量计算规则	工程内容
010403001	基础梁	(1) 梁底标高 (2) 梁截面 (3) 混凝土强度等级 (4) 混凝土拌合料要求	m^3	按设计图示尺寸以体积计算。不扣除构件内钢筋、预埋铁件所占体积，伸入墙内的梁头、梁垫并入梁体积内。 梁长： (1) 梁与柱连接时，梁长算至柱侧面 (2) 主梁与次梁连接时，次梁长算至主梁侧面	混凝土制作、运输、浇注、振捣、养护
010403002	矩形梁				
010403003	异形梁				
010403004	圈梁				
010403005	过梁				
010403006	弧形、拱形梁				

知识链接

钢筋混凝土梁图一般由梁的立面图、断面图、钢筋详图所组成，如图 3.78 所示。

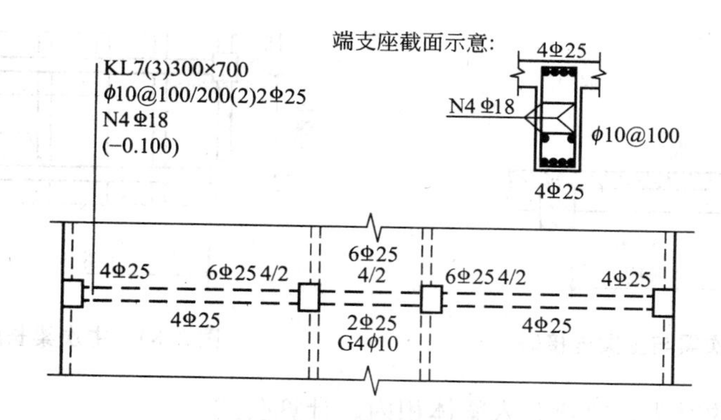

图 3.78　钢筋混凝土梁图

2. *名词解释*

(1) 基础梁：在柱基础之间承受墙身载荷而下部无其他承托者的部件为基础梁，如图 3.79 所示。

(2) 地圈梁：连接地下基础部分与上面墙体建筑部分闭合的一圈钢筋混凝土浇注的梁，如图 3.81 所示。不能称为基础梁，应当按圈梁执行。

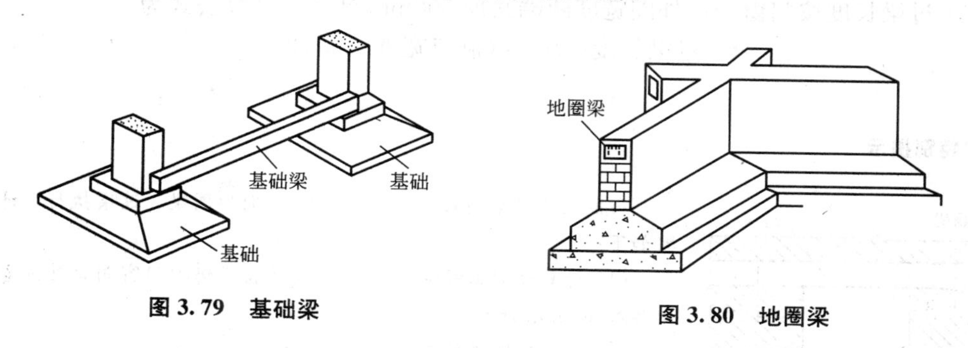

图 3.79　基础梁　　**图 3.80　地圈梁**

(3) 矩形梁：断面为矩形的梁。

(4) 异形梁：断面为梯形或其他变截面的梁。

(5) 圈梁：砌体结构中加强房屋刚度的封闭的梁。

(6) 过梁：门、窗、孔洞上设置的梁。

(7) 弧形梁、拱形梁：水平方向为弧形的梁称为弧形梁；垂直方向为拱形的梁称为拱形梁。

3. *清单工程量计量方法*

按图示尺寸以实体体积计算工程量，不扣除构件内钢筋，预埋铁件所占体积。

(1) 主梁、次梁与柱连接时，梁长算至柱侧面(图 3.81、图 3.83)。

(2) 次梁与主梁连接时，次梁长度算至主梁侧面(图 3.82、图 3.83)。

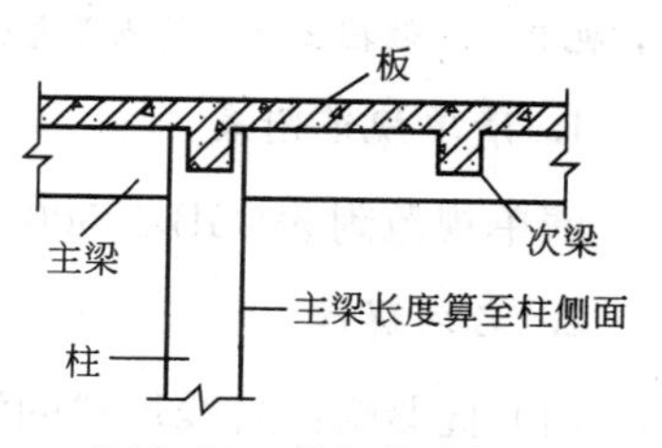

图 3.81　梁与柱连接时

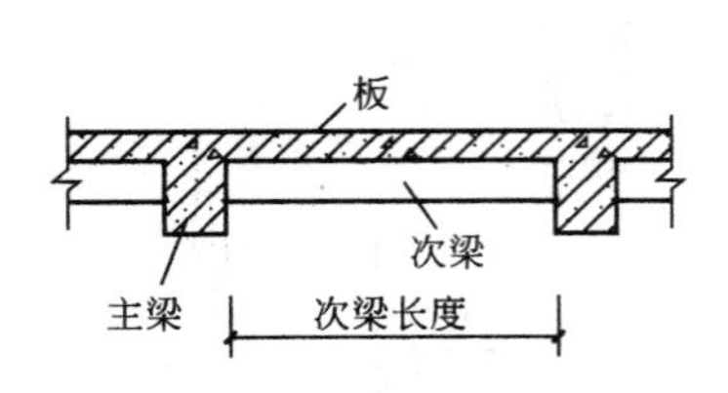

图 3.82 次梁与主梁连接时

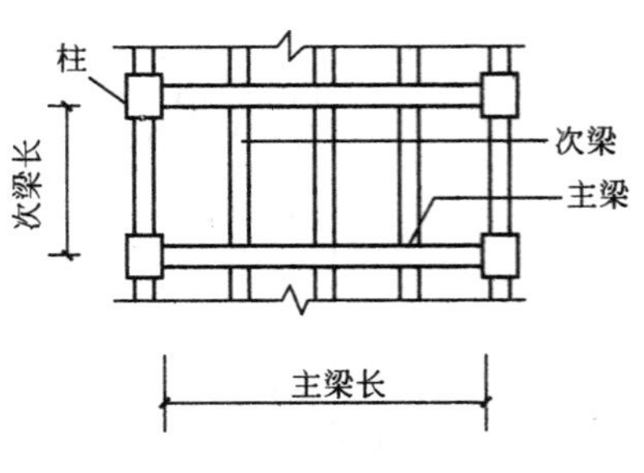

图 3.83 主次梁长度

(3) 伸入墙内的梁头、梁垫并入梁体积内。计算公式

$$梁的体积=S_{梁}\times L_{梁}+V_{梁头(梁垫)} \quad (3-4)$$

(4) 圈梁：按内外墙和不同断面分别计算，且圈梁长度应扣除构造柱部分。计算公式为

$$外墙圈梁体积=外墙圈梁中心线长\times外墙圈梁断面 \quad (3-5)$$

$$内墙圈梁体积=内墙圈梁净长\times内墙圈梁断面 \quad (3-6)$$

(5) 过梁长度按门窗洞口外围宽度两端共加500mm计算，计算公式为

$$过梁长度=S_{梁}\times(洞口宽度+0.5) \quad (3-7)$$

特别提示

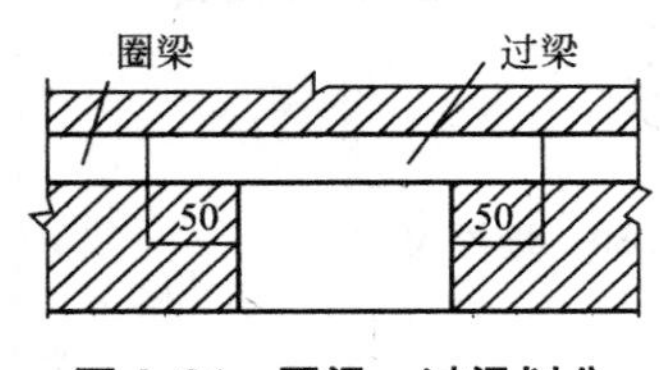

图 3.84 圈梁、过梁划分

当圈梁与过梁连接时(图 3.84)，分别按圈梁、过梁执行，计算步骤如下：

(1) 计算过梁工程量 V_1：其中过梁长度仍按门窗洞口外围宽度两端共加500mm计算。

(2) 计算通圈梁的工程量：$V_2=S\times L_{通圈}$。

(3) 计算圈梁工程量：$V_3=V_2-V_1$。

3.3.3 现浇混凝土墙

特别提示

钢筋混凝土墙，也就是一般常说的剪力墙，多用在框架剪力墙，纯剪力墙结构里面，适用于高层建筑，也有用来做挡土墙。特点是整体性好，强度高。

1. 清单规范附表

清单规范附表(GB 50500—2008)，见表 3-10。

2. 名词解释

(1) 直形墙：直线形状的混凝土墙。

(2) 弧形墙：弧线形状的混凝土墙。

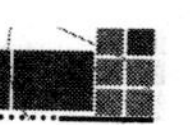

表 3-10　现浇混凝土墙(编码：010404)

项目编码	项目名称	项目特征	计量单位	工程量计算规则	工程内容
010404001	直形墙	(1) 墙类型 (2) 墙厚度 (3) 混凝土强度等级 (4) 混凝土拌合料要求	m^3	按设计图示尺寸以体积计算。不扣除构件内钢筋、预埋铁件所占体积，扣除门窗洞口及单个面积 0.3m^2 以外的孔洞所占体积，墙垛及突出墙面部分并入墙体体积计算内。	混凝土制作、运输、浇筑、振捣、养护
010404002	弧形墙				混凝土制作、运输、浇筑、振捣、养护

3. 计算公式

$$V=墙长\times墙高\times墙厚-\sum(0.3m^3\ 以上门窗及孔洞面积\times墙厚) \qquad (3-8)$$

式中：墙长——外墙按中心线(有柱者算至柱侧)，内墙按净长线(有柱者算至柱侧)。

墙高——从基础上表面算至墙顶。

墙厚——按设计图纸确定。

剪力墙的立面上常因开门开窗，穿行管道而需要开设洞口，剪力墙计算时要注意洞口的扣减。洞口设计时应尽量上下对齐，布置规则，使洞口至墙边及相邻洞口之间形成墙肢，上下洞口之间形成梁。规则成列开洞的剪力墙传力简捷，受力明确，因而经济指标较好。而错洞剪力墙往往受力复杂，洞口角边容易产生明显的应力集中，地震中容易发生震害，钢筋作用得不到充分发挥。

3.3.4　现浇混凝土板

1. 清单规范附表

清单规范附表(GB 50500—2008)，见表 3-11。

表 3-11　现浇混凝土板(编码：010405)

项目编码	项目名称	项目特征	计量单位	工程量计算规则	工程内容
010405001	有梁板	(1) 板底标高 (2) 板厚度 (3) 混凝土强度等级 (4) 混凝土拌合料要求	m^3	按设计图示尺寸以体积计算，不扣除构件内钢筋、预埋铁件及单个面积 0.3m^2 以内的孔洞所占体积，有梁板(包括主、次梁与板)按梁、板体积之和，无梁板按板和柱帽体积之和，各类板伸入墙内的板头并入板体积内，薄壳板的肋、基梁并入薄壳体积内	混凝土制作、运输、浇注、振捣、养护
010405002	无梁板				
010405003	平板				
010405004	拱板				
010405005	薄壳板				
010405006	栏板				

（续）

项目编码	项目名称	项目特征	计量单位	工程量计算规则	工程内容
010405007	天沟、挑檐板	（1）混凝土强度等级 （2）混凝土拌合料要求	m^3	按设计图示尺寸以体积计算	混凝土制作、运输、浇注、振捣、养护
010405008	雨篷、阳台板		m^3	按设计图示尺寸以墙外部分体积计算，包括伸出墙外的牛腿和雨篷反挑檐的体积	
010405009	其他板		m^3	按设计图示尺寸以体积计算	

2. 名词解释

（1）有梁板：由(包括主、次梁)梁和板浇成整体的梁板。

（2）无梁板：不带梁直接支在柱上的板。

（3）平板：平板指的是无柱、梁，直接支承在墙上的板。

（4）拱板：把拱肋拱波结合成整体的板。

（5）薄壳板：壳板厚度与其中曲面最小曲率半径之比不大于1/20的壳体。

（6）栏板：建筑物中起到围护作用的一种构件，供人在正常使用建筑物时防止坠落的防护措施，是一种板状护栏设施，封闭连续，一般用在阳台或屋面女儿墙部位。

（7）天沟、挑檐板：屋面挑出外墙的部分，主要是为了方便做屋面排水，对外墙也起到保护作用。

特别提示

现浇板是在施工现场制作而成，故需要绘制构件详图，指导施工。

3. 清单工程量计量方法

（1）有梁板：按梁与板体积之和计算，如图3.85所示。计算公式为

$$V_{有梁板}=V_{梁}+V_{板} \tag{3-9}$$

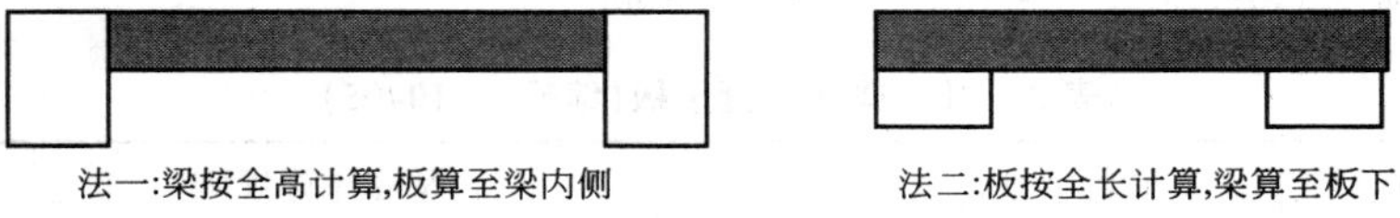

法一:梁按全高计算,板算至梁内侧

法二:板按全长计算,梁算至板下

图3.85　有梁板计算图

（2）无梁板：按板和柱帽的体积之和计算。计算公式为

$$V_{无梁板}=V_{板}+V_{板帽} \tag{3-10}$$

（3）平板：按板的体积计算，当板与圈梁连接时，板算至圈梁的侧面，与混凝土墙连接时，板算至混凝土墙的侧面，支撑在砖墙上的板头体积并入平板混凝土工程量内。

计算公式为

$$V_{平板}=V_{板} \tag{3-11}$$

（4）薄壳板：肋、基梁并入薄壳体积内计算。

（5）天沟、挑檐板：按图示体积计算，与板(包括屋面板、楼板)连接时，以外墙为分界线，与圈梁(包括其他梁)连接时，以梁外边线为分界线，外墙边线以外为挑檐天沟。

特别提示

(1) 有梁板中的弧形梁，仍按有梁板执行。

(2) 梁、板整浇的框架梁外的悬挑部分，并入有梁板工程量内计算。

(3) 在房屋开间上设置梁，而现浇板二边或三边由墙(包括钢筋混凝土墙)承重者，不能视为有梁板，执行平板项目，其工程量按梁及平板体积之和计算。

(4) 有多种板连接时，应以墙的中心线为分界线，分别列项计算。

(5) 预制板间补现浇板缝，是指设计图纸中，空心板之间板缝宽度(指下口宽度)在2cm以上、15cm以内的现浇混凝土板带，可按其他板执行。

【引例23】

某工程挑檐天沟如图3.86所示，计算该挑檐天沟工程量。

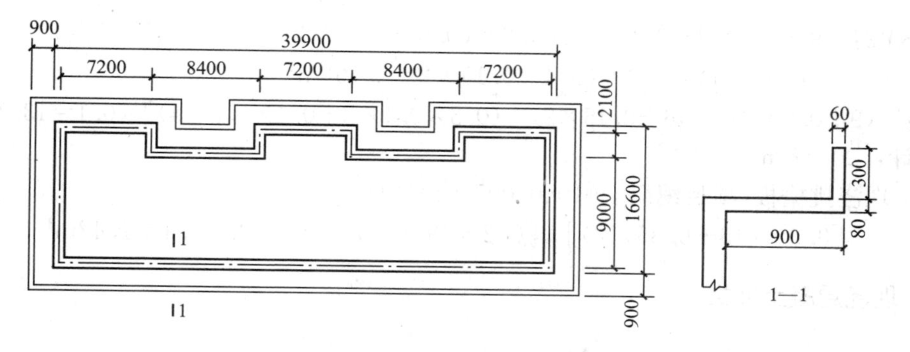

图3.86 挑檐天沟图

解： 挑檐板体积＝{[(39.9＋11.6)×2＋2.1×4]×0.9＋0.9×0.9×4}×0.08＝8.28m^3

天沟壁体积＝{[(39.9＋11.6)×2＋2.1×4＋0.9×8]×0.06—0.06×0.06×4}×0.3
＝2.13m^3

挑檐天沟(项目编码：010405007001)工程量小计：10.41m^3

【引例24】

如图3.87所示现浇钢筋混凝土单层厂房，屋面板顶面标高5.0m，柱基础顶面标高－0.5m，柱截面尺寸：Z_3＝300mm×400mm，Z_4＝400mm×400mm，Z_5＝300mm×400mm(柱中心与轴线重合)，屋面板厚100mm，设计采用C20混凝土。试计算现浇构件的混凝土。

解： (1) 现浇柱(项目编码：010402001001)计算：

Z_3：0.3×0.4×5.5×4＝2.64m^3

Z_4：0.4×0.5×5.5×4＝4.40m^3

Z_5：0.3×0.4×5.5×4＝2.64m^3

小计：9.68m^3

(2) 现浇有梁板(项目编码：01040501001)计算：

WKL1：(16－0.15×2－0.4×2)×0.2×(0.5－0.1)×2＝2.38m^3

WL1：(16－0.15×2－0.3×2)×0.2×(0.4－0.1)×2＝1.82m^3

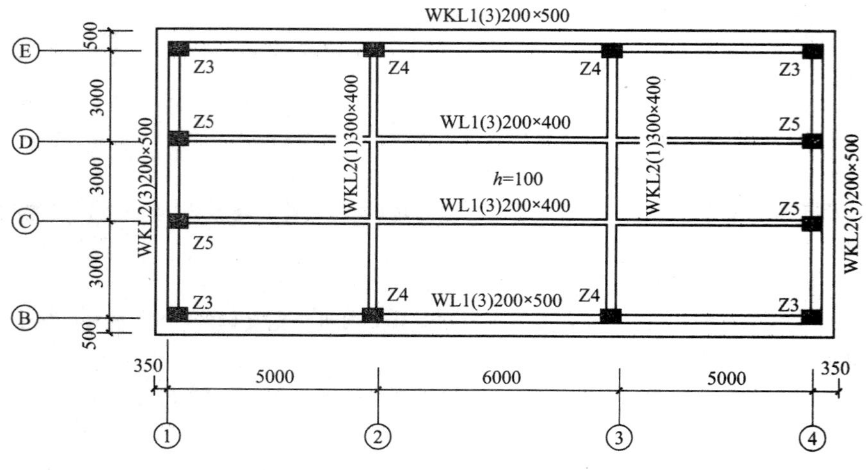

图 3.87　结构平面布置图

WKL2：(9－0.2×2－0.4×2)×0.2×(0.5－0.1)×2
　　　+(9－0.4)×0.3×(0.4－0.1)×2＝2.796m^3

板：[(9+0.2×2)×(16+0.15×2)－(0.3×0.4×8+0.4×0.5×4)]×0.1＝13.73m^3

小计：20.726m^3

(3) 现浇挑檐板(项目编码：010405007001)计算：

{[0.3×(16+0.35×2)]+[0.2×(9+0.5×2)]}×2×0.1＝1.42m^3

3.3.5　现浇混凝土楼梯

知识链接

楼梯是建筑垂直交通的一种主要解决方式，用于楼层之间和高差较大时的交通联系。高层建筑尽管采用电梯作为主要垂直交通工具，但是仍然要保留楼梯供火灾时逃生之用。

1. 清单规范附表

清单规范附表(GB 50500—2008)见表 3－12。

表 3－12　现浇混凝土楼梯(编码：010406)

项目编码	项目名称	项目特征	计量单位	工程量计算规则	工程内容
010406001	直形楼梯	(1) 混凝土强度等级 (2) 混凝土拌合料要求	m^2	按设计图示尺寸以水平投影面积计算。不扣除宽度小于 500mm 的楼梯井，伸入墙内部分不计算	混凝土制作、运输、浇注、振捣、养护
010406002	弧形楼梯				

2. 清单工程量计量方法方法

按水平投影面积计算，包括休息平台、平台梁、斜梁和楼梯的连接梁。当整体楼梯与现浇楼板无梯梁连接时，以楼梯的最后一个踏步边缘加 300mm 计算。

【引例 25】　如图 3.88 所示为直形楼梯，C25 钢筋混凝土，计算该楼梯清单工程量及编列项目清单。

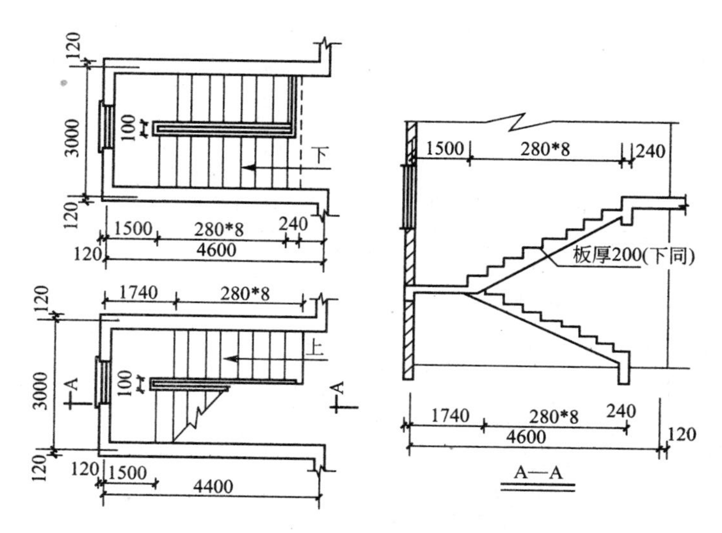

图 3.88 楼梯平、剖面

解：(1) 因休息平台外为墙体，按墙内净面积计算，(不包括嵌入墙内的平台梁)，楼梯井宽度小于 500mm，不予扣除。因上下两跑在平台上错开，故按单跑楼梯乘以每跑宽度计算工程量：

$$第一跑长度 L=2.24+1.74-0.12=3.86\text{m}$$

$$第二跑长度 L=1.5-0.12+2.24+0.24=3.86\text{m}$$

$$S=3.86\times 2 跑\times(3-0.24)/2=10.65\text{m}^2$$

(2) 编列项目清单见表 3-13。

表 3-13 分部分项工程量清单与计价表

序号	项目编码	项目名称	计量单位	工程数量	金额	
					综合单价	合价
1	010406001001	直形楼梯：C25 钢筋混凝土，底板厚 0.2m	m^2	10.65		

3.3.6 现浇混凝土其他构件

1. 清单规范附表(GB 50500—2008)

清单规范附表见表 3-14。

表 3-14 现浇混凝土其他构件(编码：010407)

项目编码	项目名称	项目特征	计量单位	工程量计算规则	工程内容
010407001	其他构件	(1) 构件的类型 (2) 构件截面 (3) 混凝土强度等级 (4) 混凝土拌合料要求	m^3 (m^2、m)	按设计图示尺寸以体积计算。不扣除构件内钢筋、预埋铁件所占体积	混凝土制作、运输、浇注、振捣、养护

（续）

项目编码	项目名称	项目特征	计量单位	工程量计算规则	工程内容
010407002	散水、坡道	(1) 垫层厚度 (2) 面层厚度 (3) 混凝土强度等级 (4) 混凝土拌合料要求 (5) 垫层材料种类 (6) 填塞材料种类	m^2	按设计图示尺寸以面积计算。不扣除单个 $0.3m^2$ 以内的孔洞所占面积	(1) 地基夯实 (2) 垫层铺筑、夯实 (3) 混凝土制作、运输、浇注、振捣、养护 (4) 变形缝填塞
010407003	电缆沟、地沟	(1) 沟截面 (2) 垫层厚度 (3) 混凝土强度等级 (4) 混凝土拌合料要求 (5) 垫层材料种类 (6) 防护材料种类	m	按设计图示以中心线长度计算	(1) 挖运土石 (2) 垫层铺筑、夯实 (3) 混凝土制作、运输、浇注、振捣、养护 (4) 刷防护材料

2. 清单工程计量方法

现浇混凝土小型池槽、压顶、扶手、垫块、台阶、门框等，应按其他构件项目编码列项。其中扶手、压顶(包括伸入墙内的长度)应按延长米计算，台阶应按水平投影面积计算。

【引例 26】

某工程现浇阳台结构如图 3.89 所示，试计算阳台工程量。

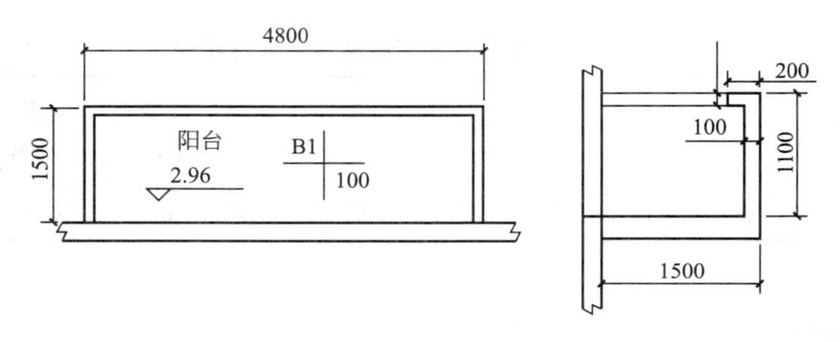

图 3.89 阳台结构图

解：(1) 阳台工程量：(项目编号：010405008001)

$$体积 = 1.5\times4.8\times0.10=0.72m^3$$

(2) 现浇阳台栏板工程量：(项目编号：010405006001)

$$栏板体积=[(1.5\times2+4.8)-0.1\times2]\times(1.1-0.1)\times0.1=0.76m^3$$

(3) 现浇阳台扶手工程量：(项目编号：010407001001)

$$阳台扶手体积=(1.5\times2+4.8)-0.2\times2=7.4m$$

3.3.7 现浇混凝土后浇带

清单规范附表(GB 50500—2008)，见表 3-14。

表 3-14 后浇带(编码：010408)

项目编码	项目名称	项目特征	计量单位	工程量计算规则	工程内容
010408001	后浇带	(1) 部位 (2) 混凝土强度等级 (3) 混凝土拌合料要求	m^3	按设计图示尺寸以体积计算	混凝土制作、运输、浇注、振捣、养护

特别提示

后浇带是按照设计或施工规范要求，在基础底板、墙、梁、板相应位置留设临时施工缝，将结构暂时划分为若干部分，经过构件内部收缩，在若干时间后再浇捣该施工缝混凝土，将结构连成整体，如图 3.90 所示。后浇带适用于基础、梁、墙、板的后浇带。在有防水要求的部位设置后浇带，应考虑止水带。

图 3.90 后浇带

小 结

本章知识按照造价员编制现浇混凝土工程量清单的程序，结合施工技术和构造知识，从识图到算量来完成工程量清单的编制，据此要求学生学习清单编制需要掌握的有关知识，从现浇混凝土构件的识图方法、构造特点、施工技术到工程量清单的编制方法，层层递进，最终能依据施工图纸独立完成现浇混凝土工程清单的编制。

复习思考题

1. 楼板的设计要求有哪些?
2. 现浇钢筋混凝土楼板主要有哪几种类型? 其特点及应用如何?
3. 阳台的结构布置形式有哪几种?
4. 楼梯的净高一般指什么? 有何规定?
5. 当建筑物底层楼梯平台下设有出入口时，为增加净高，常采取哪些措施?
6. 现浇钢筋混凝土楼梯的结构形式有哪些? 其特点及应用如何?
7. 圈梁的作用是什么? 一般设置在什么位置?

8. 构造柱应设置在什么位置？简述构造柱的构造要求。
9. 混凝土实验室配合比和施工配合比有什么区别？
10. 框架结构混凝土浇筑的施工要点有哪些？
11. 构造柱应按什么柱子编码列项？
12. 简述现浇混凝土矩形梁的计算方法。
13. 简述现浇混凝土有梁板的计算方法，请举例说明。
14. 简述现浇混凝土直形楼梯的计算方法。
15. 现价混凝土其他构件计算中，哪些构件采用 m^2 计算？请举例说明。

项目4

预制混凝土工程

教学目标

掌握预制装配式混凝土结构构造，了解预制构件类型、熟悉预制构件之间的连接构造、能识读装配式楼板结构施工图、熟悉装配整体式楼板的概念及特点、熟悉小型构件装配式楼梯的构造，了解中型、大型装配式楼梯的构造；熟悉预制混凝土工程的施工技术，构件制作的工艺方案、成形及养护方法；熟练掌握各种预制混凝土构件的算量方法，并能独立编制分部分项工程量清单与计价表。

教学要求

知识要点	能力要求	相关知识	所占分值（100分）	自评分数
预制装配式混凝土工程识图与构造	了解结构布置类型及特点；熟悉预制构件之间的连接；能熟练阅读装配式楼板结构施工图；熟悉装配整体式楼板的概念及特点；熟悉小型构件装配式楼梯的构造；了解中型、大型装配式楼梯的构造	结构布置、预制板类型、构件之间的连接；板缝调整、施工图识读；叠合板、叠合梁的构造；构件形式、构件之间的连接	30	
预制混凝土构件制作	掌握预制构件制作的施工技术，把握施工要点	预制构件制作的工艺方案、成形及养护方法。	30	
预制混凝土工程清单编制实务	能熟练掌握各种预制混凝土构件的算量方法，并能独立编制分部分项工程量清单与计价表	预制混凝土柱、梁、屋架、板、楼梯及其他预制构件的算量方法及清单编制要求	40	

章节导读

预制装配式钢筋混凝土结构(如预制楼板、楼梯等)，是将预制构件在预制场或现场大批量的预制成形，然后在施工现场装配连接而成，(某预制装配式楼板施工如图 4.1 所示)。这种结构可节省模板，有利于工业化生产、机械化施工并缩短工期，但装配式结构整体性、抗震性能较差，近来在地震设防地区的应用受到限制。

4.1 预制装配式混凝土工程识图与构造

4.1.1 预制装配式钢筋混凝土楼板

图 4.1 预制楼板施工方法

【引例 1】

某预制装配式楼板正在铺设预制空心板，如图 4.1 所示，预制板搁置在梁(或墙)上，要满足一定搁置构造要求。板与板之间的板缝的连接。

【观察思考】

装配式楼板整体性差，必须采取加强措施，以提高楼板的整体性。思考应该如何加强板与墙(或梁)、板与板等构件之间的连接。

装配式楼板目前广泛采用预制板、现浇梁或预制板和预制梁在现场装配连接而成。目前广泛采用的是铺板式楼盖，即将预制楼板铺设在支承梁或支承墙上而构成。

1. 结构平面布置

根据墙体支承情况不同，装配式楼盖有横墙承重、纵墙承重、纵横墙承重和内框架承重 4 种不同的结构布置方案，如图 4.2 所示。

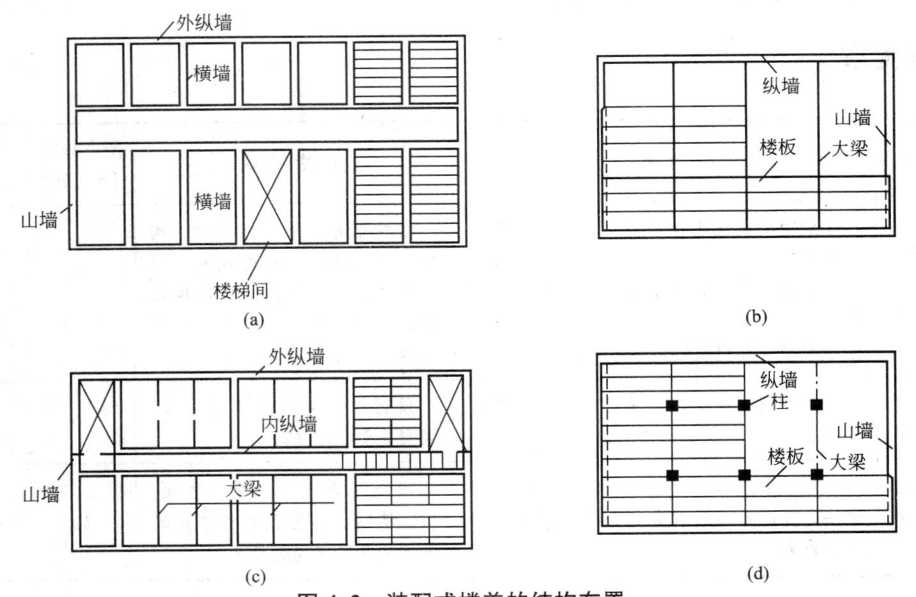

图 4.2 装配式楼盖的结构布置

(a) 横墙承重；(b) 纵墙承重；(c) 纵横墙承重；(d) 内框架承重

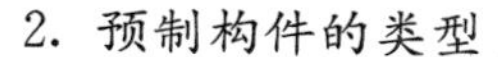

2. 预制构件的类型

1）预制板

预制板一般为通用定型构件。根据板的施工工艺不同有预应力和非预应力两类，根据板的形状不同又分为实心板、空心板、槽形板和T形板等类型。

实心板具有制作简单、上下板面平整、施工方便等特点，如图4.3所示，但其材料用量较多、自重大、刚度小、隔声差，常用于跨度不大的走道板、楼梯平台板、地沟盖板等。板的两端支承在墙或梁上，板厚一般为50～80mm，跨度在2.4m以内为宜，板宽500～900mm。

空心板具有板面平整、用料省、自重轻、刚度大、受力性能好、隔声、隔热效果好等优点，如图4.4所示，在民用建筑中应用较广泛，但其制作较复杂，板面不能随意开洞。板的跨度为2.4～7.2m，其中2.4～4.2m较经济，宽度为500～1500m，厚度为120～240mm。

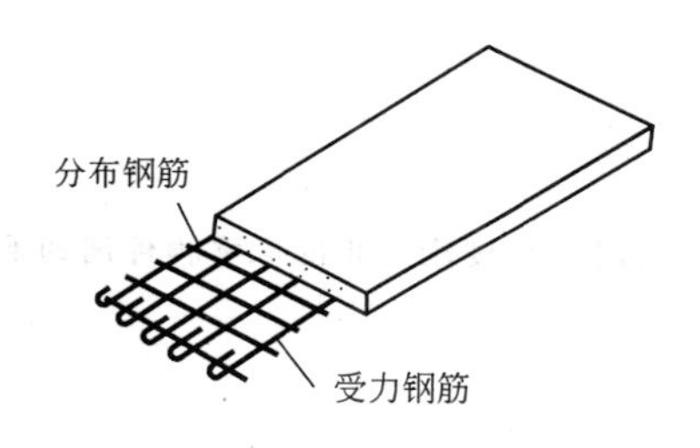

图4.3 预制实心板

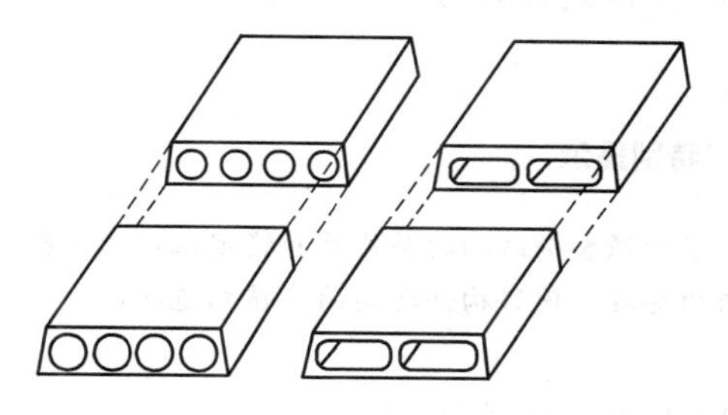

图4.4 预制空心板

槽形板是一种梁板结合的预制构件，如图4.5所示，即在实心板的两侧及端部设有边肋，当板的跨度较大时，则在板的中部每隔1500mm增设横肋一道。一般槽形板的跨度为3～7.2m，板宽为500～1200mm，板肋高为150～300mm，板厚仅30～50mm。槽形板减轻了板的自重，具有省材料、便于在板上开洞等优点，但隔声效果差。

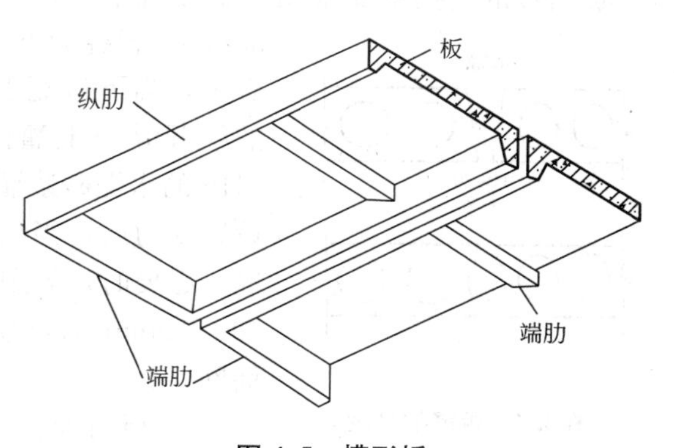

图4.5 槽形板

槽形板做楼板时，有正槽板(肋向下)和反槽板(肋向上)两种。正槽板受力合理，但板底不平，正槽板用料省、自重轻、便于开洞，但隔声、隔热效果较差，一般用于对顶棚要求不高的工业厂房中；反槽板受力性能较差，但可提供平整的顶棚，可与正槽板组成双层楼盖，在两层槽板中间填充保温材料，具有良好的保温性能，可用在寒冷地区的屋盖中。

T形板有单T板和双T板两种，如图4.6所示，单T板具有受力性能好、制作简便、布置灵活、开洞自由、能跨越较大空间等特点，是通用性很强的构件；双T板的宽度和跨度在预制时可根据需要加以调整，且整体刚度较大、承载力大，但自重大、对吊装有较高要求。T形板可用于楼板、屋面板和外墙板。

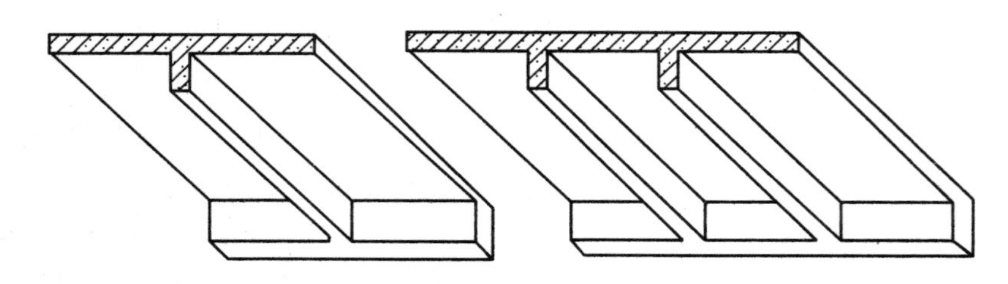

图 4.6　T 形板

2）楼盖梁

楼盖梁可分为预制和现浇两种。预制梁一般为单跨梁，主要是简支梁或外伸梁。其截面形式有矩形、T 形、倒 T 形、L 形、十字形和花篮形等，矩形截面梁由于其外形简单、施工方便，应用较广泛。

3. 铺板式楼盖的连接构造

为了加强整个结构的整体性和稳定性，保证各个预制构件之间以及楼盖与其他承重构件间的共同工作，必须妥善处理好构件之间的连接构造问题。

1）板与板的连接

板与板的连接主要采用填实板缝来处理，如图 4.7 所示，板缝的上口宽度不宜小于 30mm，板缝的下口宽度以 10mm 为宜。填缝材料与板缝宽度有关，当下口宽度＞20mm 时，填缝材料一般用不低于 C15 的细石混凝土灌注；当下口宽度≤20mm 时，宜用不低于 M15 的水泥砂浆灌注；当板缝过宽(≥50mm)时，应在板缝内设置受力筋。当楼面有振动载荷时，宜在板缝内设置拉结钢筋；必要时，采用 C20 的细石混凝土在预制板上设置厚度为 40～50mm 的整浇层，内配 ϕ4@150 或 ϕ6@200 的双向钢筋网。

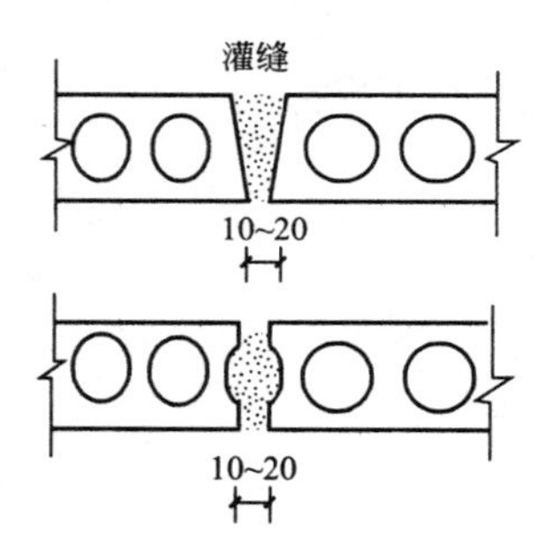

图 4.7　板缝的处理

2）板与墙、梁的连接

板与墙的连接，分支承墙和非支承墙两种情况，如图 4.8 所示。

预制板搁置于墙、梁上时，应采用 10～20mm 厚不低于 M5 的水泥砂浆坐浆。板在梁上的支承长度不应小于 80mm，板端在外墙上的支承长度不应小于 120mm，伸进内墙的长度不应小于 100mm。当楼面板跨度较大或对楼面的整体性要求较高时，应在板的支座上部板缝中设置拉结钢筋与墙或梁连接，如图 4.8(a)、(b)、(c)所示。当采用空心板时，板端孔洞须用混凝土块或砖块堵塞密实，以防止端部被压碎。

板与非支承墙和梁的连接，一般采用细石混凝土灌缝处理。当板跨≥4.8m 时，应在板的跨中设置不小于 ϕ6@500 的钢筋锚拉，以加强预制板与墙体的连接，如图 4.8(d)、(e)所示。

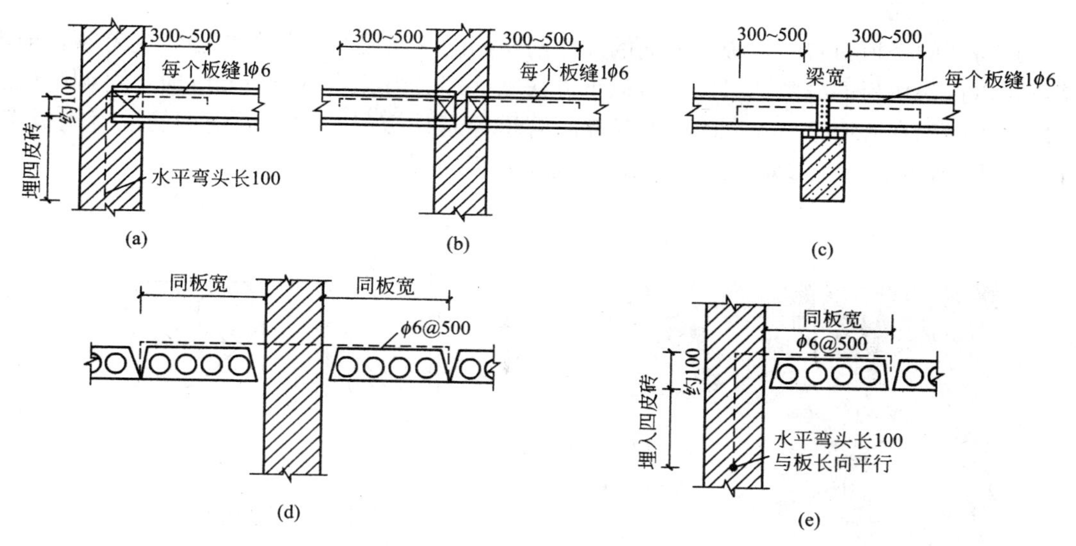

图 4.8 板与墙、梁的连接构造

(a) 板与山墙连接；(b) 板与承重墙连接；(c) 板与梁连接；(d)、(e) 板与非承重墙连接

特别提示

预制板是两边支承的单向板，搁置时，应把板的两短边支承在墙或梁上，板的纵向长边应靠墙布置，否则会形成三边支承的板，导致板开裂，如图 4.9 所示。

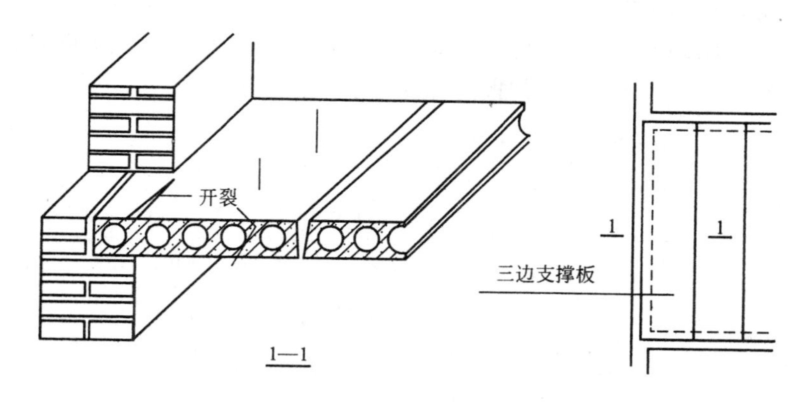

图 4.9 板三边支承时的后果(开裂)

3）梁与墙的连接

一般情况下，预制梁在墙上的支承长度不应小于 180mm，而且在支承处应坐浆 10～20mm 厚。必要时，在预制梁端设置拉结钢筋。

【引例 2】

某建筑装配式楼盖在靠墙(梁)处有一竖向水管穿越楼板，此处无法搁置预制板，只能采用现浇钢筋混凝土板带填实缝隙，如图 4.10 所示。

【观察思考】

如果此处没有管道，但缝隙较小又不足以排一块板，该怎样处理？

4）板缝调整

在房间的楼板布置时，板宽方向的尺寸与房间的平面尺寸之间可能会产生差额，即出现不足以排一块板的缝隙，可以通过以下方法来处理。当缝隙小于 60mm 时，可调整板缝宽度；当缝隙在 60～200mm 时，或有竖向管道穿越楼板时，则设现浇钢筋混凝土板带，如图 4.11 所示；当缝隙大于 200mm 时，需调整板的规格。

图 4.10 竖管穿越楼板时的处理

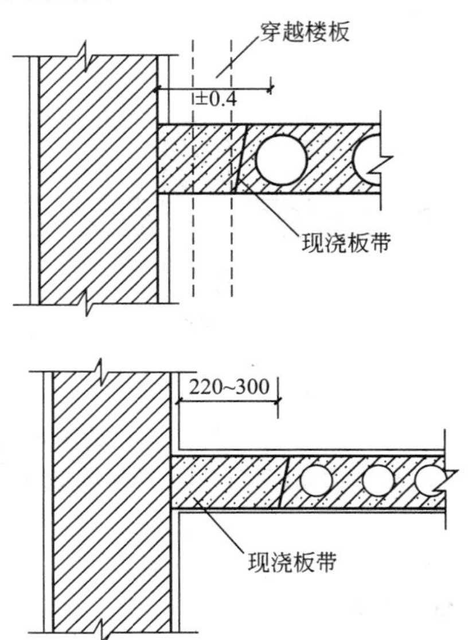

图 4.11 现浇板带

5）预制楼板结构施工图的识读

预制楼板中，预制板的数量、代号和编号以及板的铺设方向、板缝的调整和钢筋配置情况等均通过结构平面图反映，预制板的标注方法举例如下：

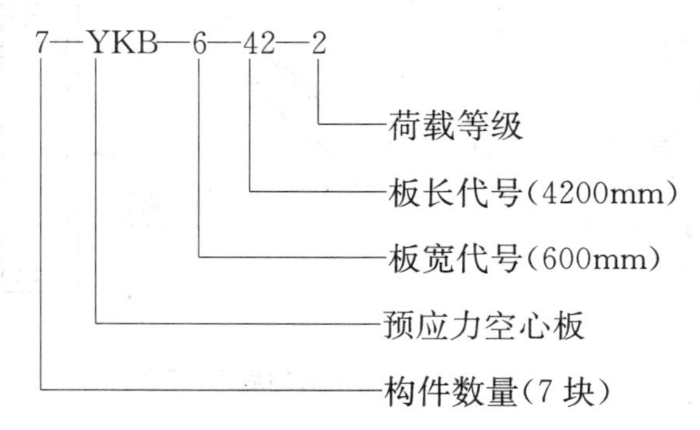

预制板在平面图中一般有两种表示方式，一种是用细实线画出板的布置示意图；另一种是在板的布置区域画上对角线，并注写预制板的数量、规格、代号等，如图 4.12 所示。

【引例 3】

现浇楼板整体性好、刚度大、抗震性能好，但施工工期较长、现场湿作业多、需要消耗大量模板；预制装配式楼板可缩短工期、节省模板，但整体性差、抗震性能较差。可有一种楼板兼有二者的优点？

【观察思考】

比较现浇整体式楼板、预制装配整体式楼板的特点及应用情况。

4.1.2 装配整体式楼板

装配整体式楼板是采用部分预制构件，经现场安装，再整体浇筑混凝土面层所形成的楼板。兼有现浇整体式楼板和装配式楼板的特点，这种楼板可节省模板，施工速度快，整体性也较好，但施工比较复杂。

1. 叠合楼板

叠合楼板是由预制薄板和现浇钢筋混凝土层叠合而成的装配整体式楼板。预制板既是楼板结构的一部分，又是现浇层的永久性模板。

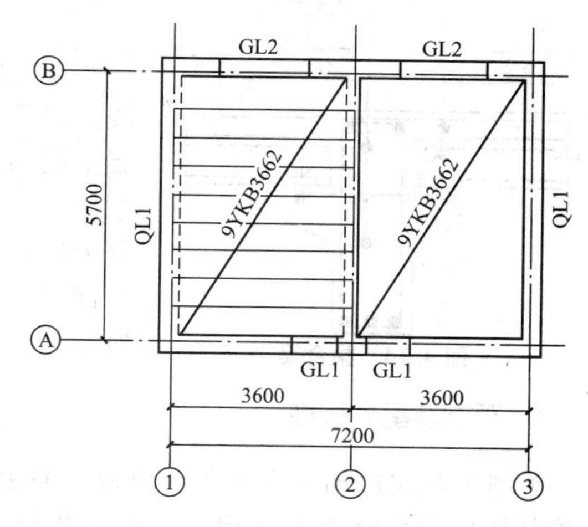

图 4.12　预制楼板平面布置图

叠合楼板的预制板部分通常采用预应力或非预应力薄板。为了保证预制薄板与叠合层有较好的连接，薄板上表面需做处理，如将薄板表面作刻槽处理、板面露出较规则的三角形结合钢筋等，如图 4.13(a)所示。

预制薄板跨度一般为 4～6m，最大可达 9m，板宽一般为 1.1～1.8m，板厚通常不小于 50mm。现浇叠合层厚度一般为 100～120mm，以大于或等于薄板厚度的两倍为宜。叠合楼板的总厚度一般为 150～250mm，如图 4.13(b)所示。

叠合楼板的预制板，也可采用钢筋混凝土空心板，此时现浇叠合层的厚度较薄，一般为 30～50mm，如图 4.13(c)所示。

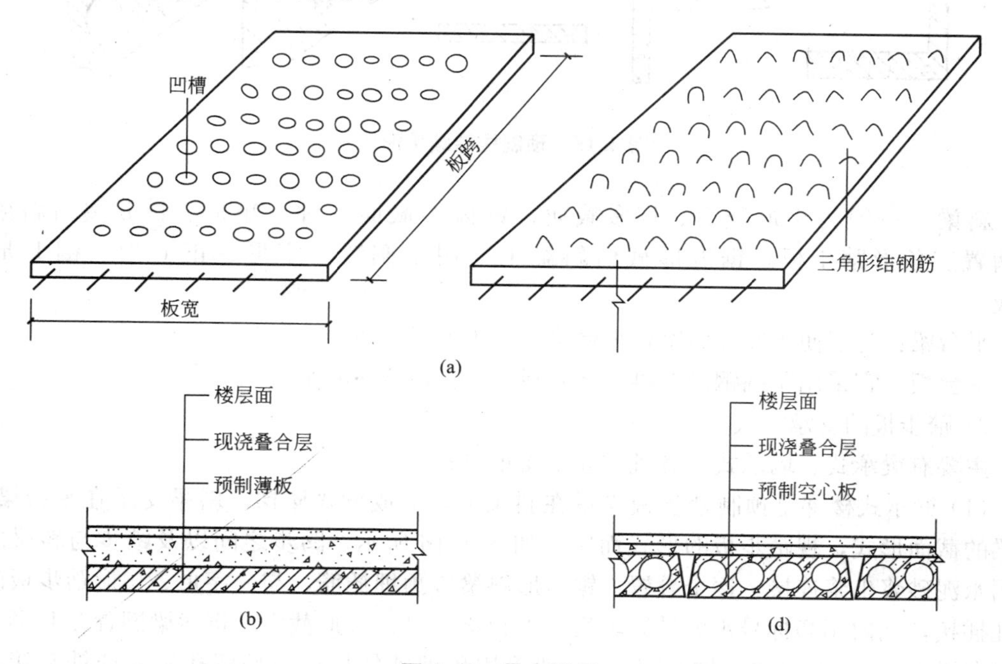

图 4.13　叠合楼板

(a) 预制薄板表面处理；(b)预制薄板叠合楼板；(c)预制空心板叠合楼板

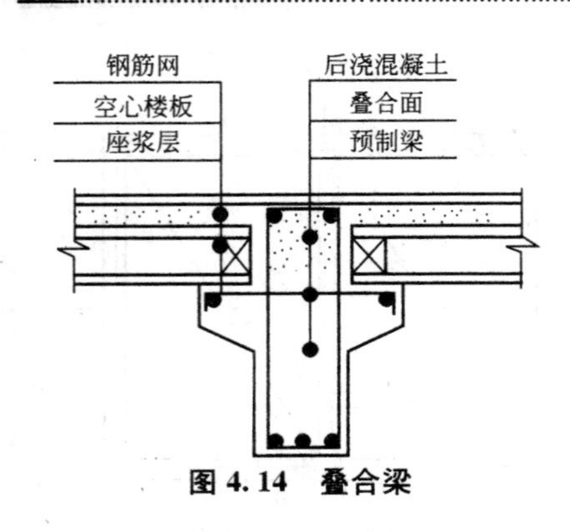

图 4.14 叠合梁

2. 预制叠合梁

为更好地加强楼盖和房屋的整体性，可分两次浇注混凝土梁，第一次在预制厂内进行，将钢筋混凝土梁的部分预制，再运到施工现场吊装就位；第二次在施工现场进行，当预制板搁置在梁的预制部分上后，再与板上面的钢筋混凝土面层一起浇注梁上部的混凝土，使板和梁连成整体，如图 4.14 所示。

4.1.3 预制装配式楼梯

预制装配式楼梯有利于节约模板、缩短工期，但整体性较差。预制装配式楼梯根据预制构件大小分为小型构件装配式楼梯、中型构件装配式楼梯和大型构件装配式楼梯。

1. 小型构件装配式楼梯

小型构件装配式楼梯是将梯段、平台分割为若干构件，每一个构件体积小、重量轻、易于制作、便于运输和安装，适用于施工现场只有小型吊装设备的房屋。

1) 梯段及平台的预制构件形式

预制踏步板：预制踏步板断面形式有一字形、正 L 形、倒 L 形、三角形等，如图 4.15 所示。

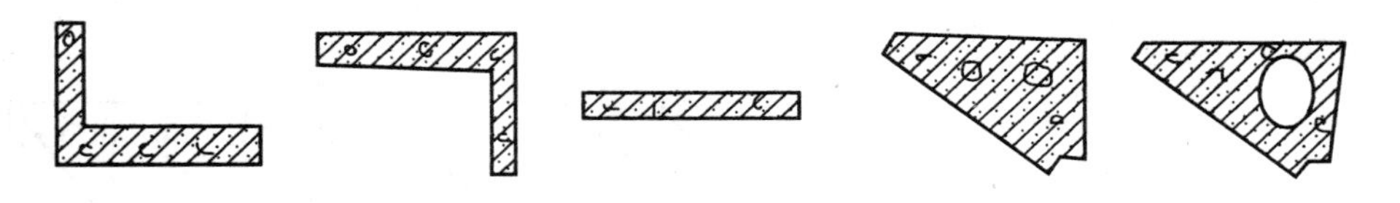

图 4.15 预制楼梯踏步形式

斜梁：一般为矩形截面、L 形截面、锯齿形截面 3 种。矩形、L 形截面斜梁用于搁置三角形踏步板，锯齿形截面斜梁主要用于搁置一字形、正 L 形、倒 L 形踏步板。

平台梁：为了便于安装斜梁，平台梁一般为 L 形截面。

平台板：宜采用预制钢筋混凝土空心板、槽形板或实心平板。

2) 踏步板的支承方式

主要有梁承式、墙承式、悬挑式 3 种支承方式。

(1) 梁承式楼梯是预制踏步板支承在斜梁上，形成梁式楼梯，斜梁支承在平台梁上。斜梁的截面形式，视踏步板的形式而定，如图 4.16 所示。踏步之间以及踏步与斜梁之间应用水泥砂浆坐浆连接，逐个叠置。锯齿形斜梁应预埋插筋，与一字形、L 形踏步板的预留孔插接，孔内用高标号水泥砂浆填实。平台梁一般为 L 形截面，将斜梁搁置在 L 形平台梁的翼缘上，斜梁与平台梁的连接，一般采用预埋铁件焊接或预留孔洞和插铁套接，如图 4.17 所示。

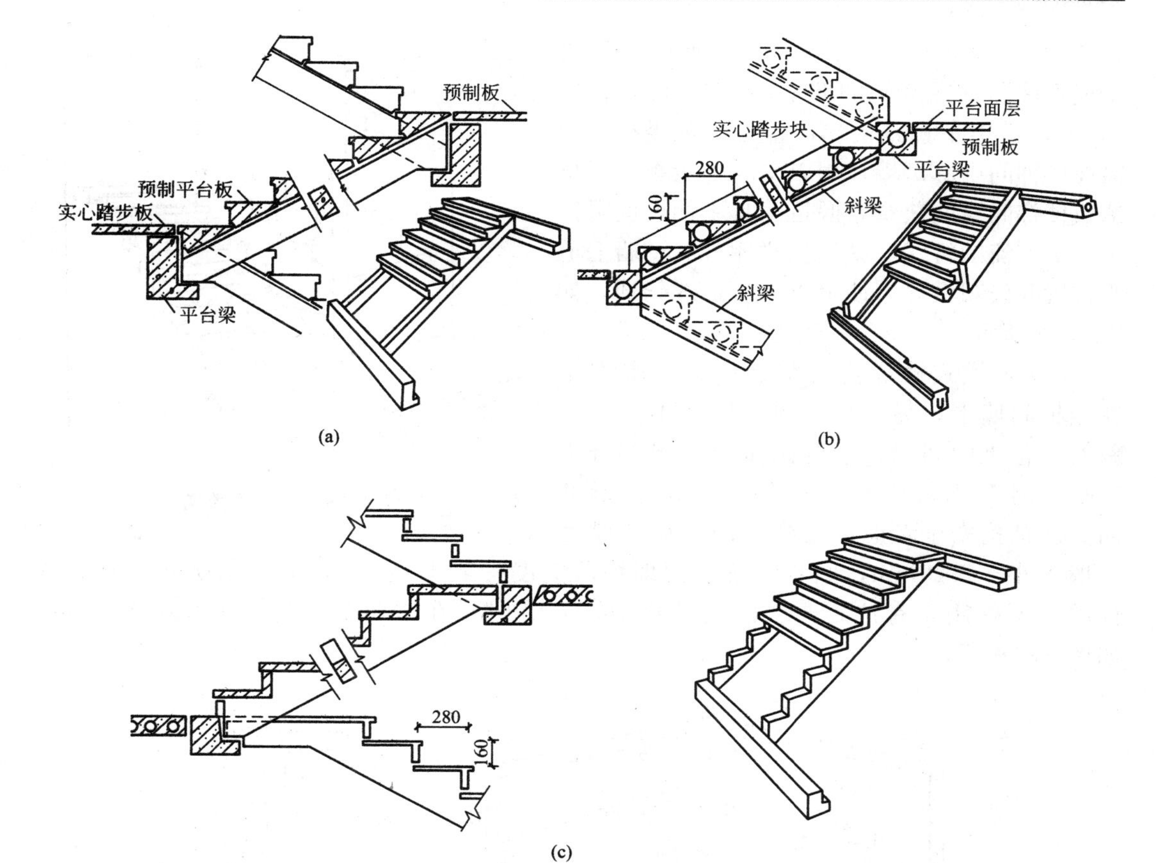

图 4.16 预制梁承式楼梯构造

(a) 三角形踏步与矩形斜梁组合形成梯段(明步)；(b) 三角形踏步与 L 形斜梁组合形成梯段(暗步)；(c) L 形踏步与锯齿形斜梁组合形成梯段

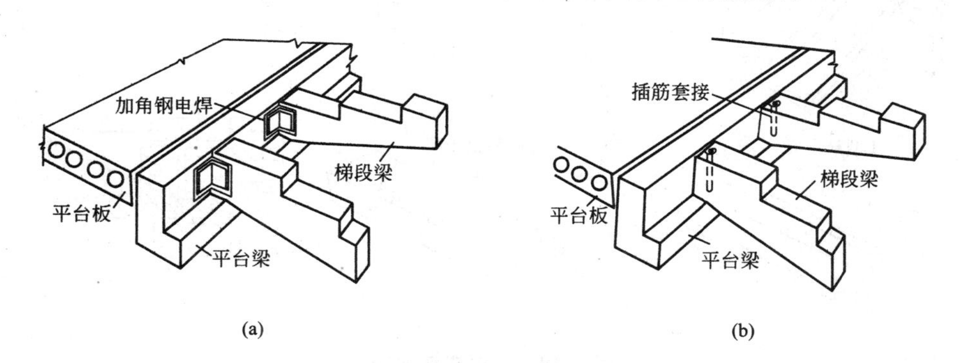

图 4.17 平台梁与斜梁的连接构造

(a) 焊接；(b) 套接

特别提示

为了加强整个结构的整体性和稳定性，保证各个预制构件之间共同工作，必须妥善处理好构件之间的连接构造问题。

(2) 墙承式楼梯是把预制一字形或L形踏步板直接搁置在两侧的墙上，不需要设斜梁。它主要适用于直跑楼梯，若为双跑楼梯，则需在楼梯间中部砌墙，用以支承踏步板，但易造成楼梯间空间狭窄，搬运家具不便，也阻挡了上下人流的视线，易发生碰撞。应在墙上适当位置开设观察孔，使上下人流视线畅通，如图4.18所示。

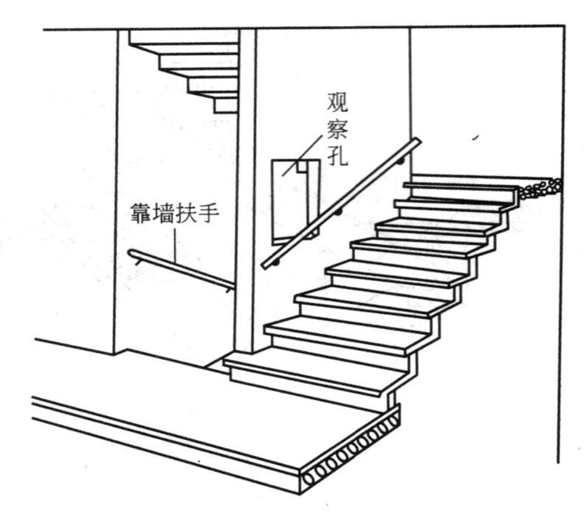

图4.18　墙承式楼梯

(3) 悬挑式楼梯是将踏步板的一端固定在楼梯间墙上，另一端悬挑，同样不需要设斜梁，也无中间墙，预制踏步板挑出部分为L形或倒L形，压在墙内的部分为矩形断面。从结构安全考虑，楼梯间两侧墙体厚度一般不小于240mm，踏步悬挑长度即梯段宽度一般不超过1.5m。悬挑式楼梯整体性差，不能用于有抗震要求的建筑物中，安装时，在踏步板临空一侧设临时支撑，如图4.19所示。

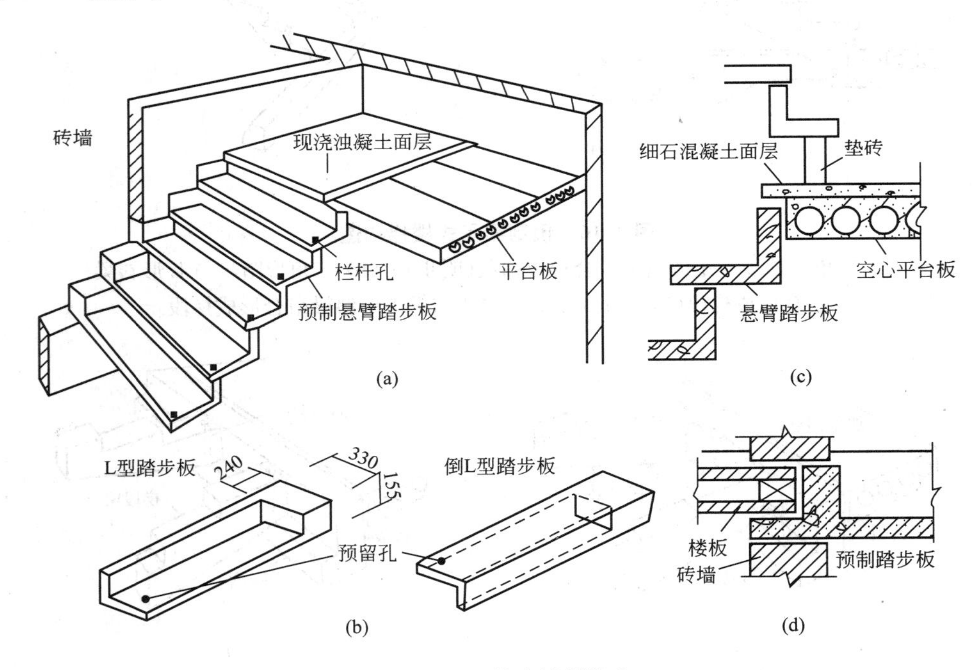

图4.19　悬挑式楼梯构造

(a) 悬臂踏步楼梯示意；(b) 踏步构件；(c) 平台转换处剖面；(d) 预制楼板处构件

(4) 平台板搁置方式。平台板采用预制钢筋混凝土空心板和槽形板时，两端直接支承在楼梯间侧墙上，如图4.20所示。如为梁承式楼梯，平台板还可采用预制实心平板，支承在平台梁和楼梯间的纵墙上，如图4.21所示。

2. 中型构件装配式楼梯

中型构件装配式楼梯一般由楼梯段和带平台梁的平台板组成。

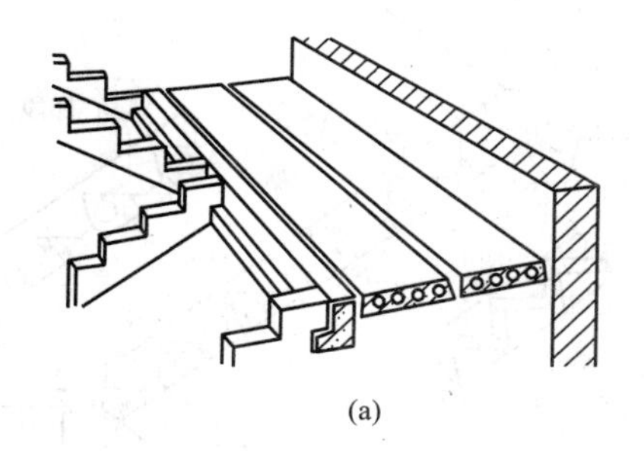
(a)

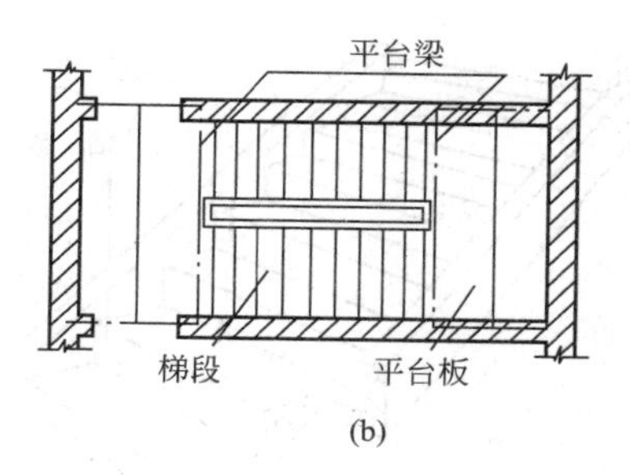

(b)

图 4.20 平台板搁在楼梯间侧墙上

(a) 预制空心板作平台板；(b) 平面图

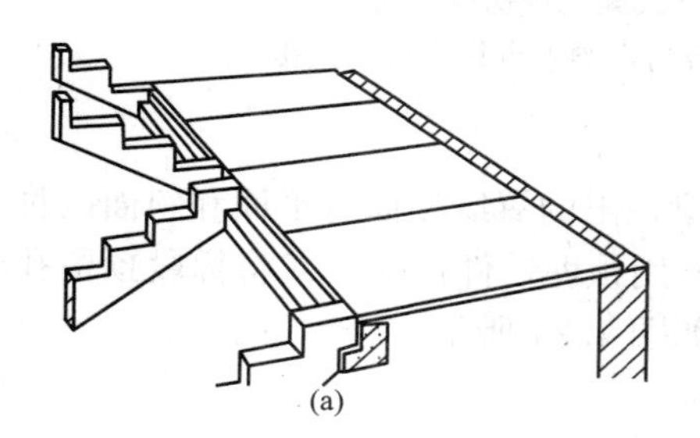
(a)

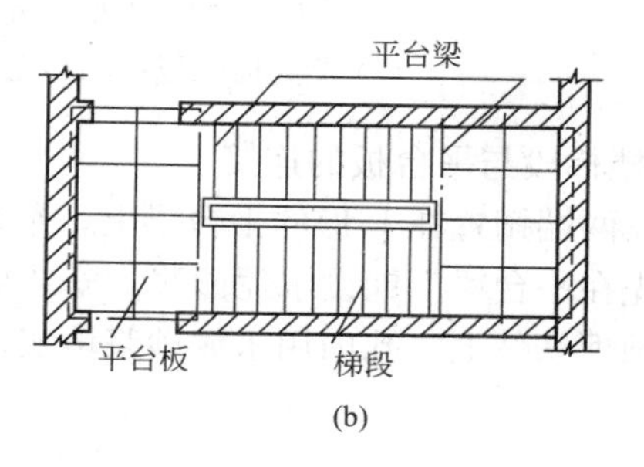

(b)

图 4.21 平台板搁在平台梁和纵墙

(a) 预制实心平板作平台板；(b) 平面图

1) 梯段的形式

整个楼梯段是一个构件，按其结构形式不同可分为板式梯段和梁板式梯段两种。板式梯段两端搁置在平台梁出挑的翼缘上，将梯段载荷直接传递给平台梁，按构造方式不同，板式梯段有实心和空心两种，如图 4.22 所示。梁板式梯段由踏步板和斜梁共同组成一个构件，梁板合一，如图 4.23(a)所示。将踏步根部的踏面与踢面相交处做成斜面，使其平行于踏步底板，这样，在梯板厚度不变的情况下，可将整个梯段底面上升，从而减少混凝土用量，减轻梯段自重。梯段有空心、实心和折板 3 种形式，如图 4.23(b)所示。

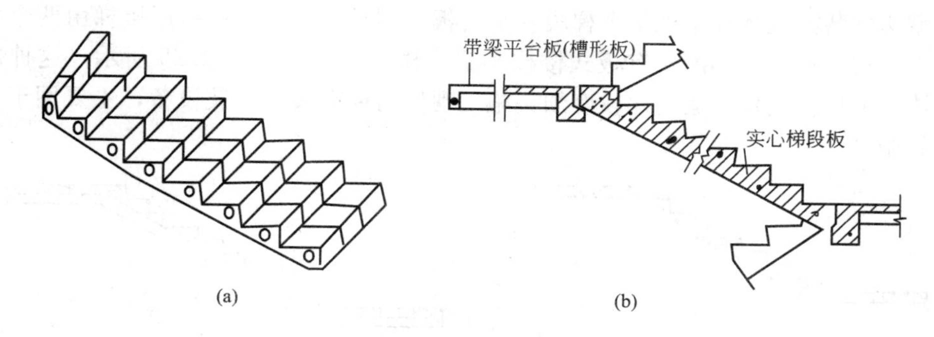

(a) (b)

图 4.22 中型预制装配式板式楼梯构件组合

(a) 板式梯段板；(b) 梯段板与带梁平台板组成板式楼梯

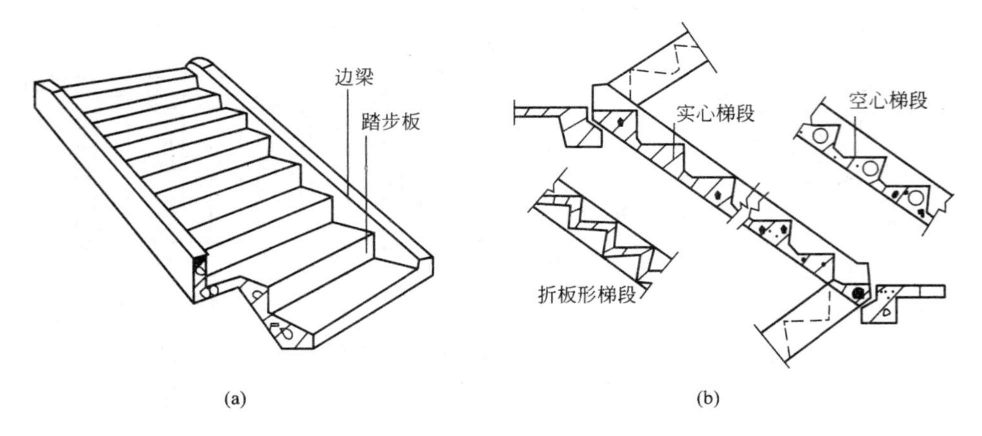

图 4.23　中型预制装配式梁式楼梯构件组合

(a) 梁式梯段板；(b) 梯段板与带梁平台板组成梁式楼梯

2）楼梯段与平台板的连接

梯段两端搁置在 L 形的平台梁上，平台梁挑出的翼缘顶面有平面和斜面两种。梯段安装前应先在平台梁上铺设水泥砂浆，安装后，用预埋铁件焊接，或将梯段预留孔套接在平台梁的预埋铁件上，孔内用水泥砂浆填实，如图 4.24 所示。

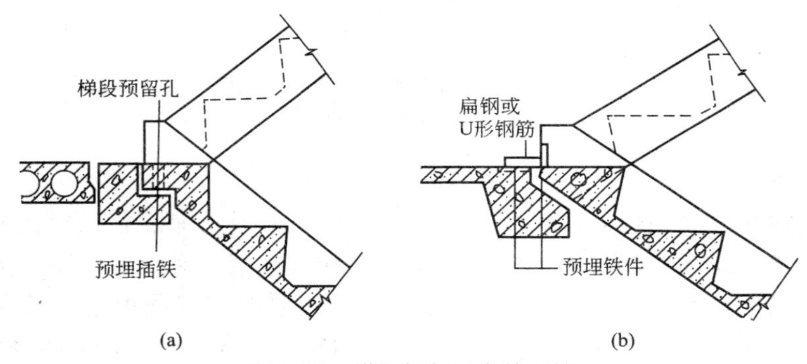

图 4.24　梯段板与平台的连接

(a) 套接；(b) 焊接

3. 大型构件装配式楼梯

大型构件装配式楼梯是把整个梯段和平台板预制成一个构件，每层楼梯由两个相同的构件组成。按结构形式不同，有板式楼梯和梁式楼梯两种，如图 4.25 所示，这种楼梯施工速度快，但构件制作和运输比较麻烦，施工现场需要有大型吊装设备，主要用于大型装配式建筑中。

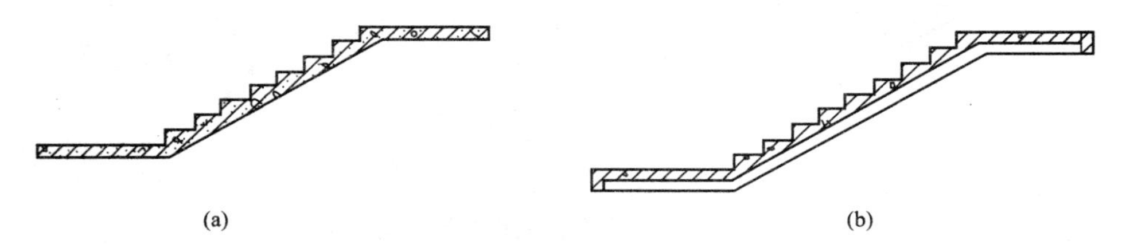

图 4.25　大型预制装配式楼梯构件形式

(a) 大型预制折板式楼梯构件；(b) 大型预制梁板式楼梯构件

4.2 预制混凝土工程施工技术

【引例4】

预制钢筋混凝土楼板有预制实心板、槽形板、空心板等几种类型。在铺设预制板时，要求板的规格、类型越少越好，并应避免三面支撑的板。当板出现板缝差时一般采用调整板缝、现浇板带等方法解决。为了加强整个结构的整体性和稳定性，还必须妥善处理好构件之间的施工技术问题。

【观察思考】

与现浇混凝土相比，在工厂中预制混凝土构件有什么优越性?

4.2.1 构件制作的工艺方案

1. 台座法

台座是表面光滑平整的混凝土地坪、胎膜或混凝土槽。构件的成形、养护、脱模等生产过程都在台座上同一地点进行。构件在整个生产过程中固定在一个地方，而操作工人和生产机器则顺序地从一个构件移至另一个构件，来完成各项生产过程。

用台座法生产构件，设备简单，投资少。但占地面积大，机械化程度较低，生产受气候影响。设法缩短台座的生产周期是提高生产率的重要手段。

2. 机组流水法

首先将整个车间根据生产工艺的要求划分为几个工段，每个工段皆配备相应的工人和机具设备，构件的成形、养护、脱模等生产过程分别在有关的工段循序完成。生产时，构件随同模板沿着工艺流水线，借助于起重运输设备，从一个工段移至下一个工段。分别完成各有关的生产过程，而操作工人的工作地点是固定的。构件随同模板在各工段停留的时间长短可以不同。此法生产效率比台座法高，机械化程度较高，占地面积小，但建厂投资较大、生产过程中运输繁多，宜于生产定型的中小型构件。

3. 传送带流水法

用此法生产，模板在一条呈封闭环形的传送带上移动，生产工艺中的各生产过程(如清理模板、涂刷隔离剂、排放钢筋、预应力筋张拉、浇注混凝土等)在沿传送带循序分布的各个工作区中进行。生产时，模板沿着传送带有序地从一个工作区移至下一个工作区，而各工作区要求在相同的时间内完成各有关生产过程，以此保证有节奏连续生产。此法是目前最先进的工艺方案，效率高，机械化自动化程度高，但设备复杂，投资大，宜于大型预制厂大批量定型构件。

4.2.2 预制构件的成形

预制构件的浇注与现浇构件基本相同，成形过程主要有准备模板、安放钢筋及预埋铁件、运送混凝土、浇注混凝土、捣实及修饰构件表面等。而捣实是保证混凝土构件质量的关键工序之一。常用的捣实方法有振动法、挤压法、离心法等。

1. 振动法

用台座法制作构件，使用插入式振动器或表面振动器捣实。用机组流水法和传送带流

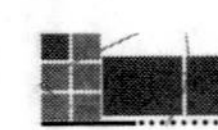

水法制作构件，用振动台振实。

振动台是一个支承在弹性支座上的由型钢焊成的框架平台，平台下设振动机构。振动机构即在转轴上装置偏心块，通过偏心块数量和位置的变化，可得到不同的振幅。振动台有的只有一种振动频率，有的可改变频率。框架平台应有足够的刚度，以保证振幅的均匀一致，否则影响振动效果。

振动时须将模板牢固地固定在振动台上，否则模板的振幅和频率将小于振动台的振幅和频率，最方便的固定方法是利用电磁铁。

在振动成形过程中，如果同时在构件上面施加一定压力，则可加速捣实过程，提高捣实效果，使构件表面光滑。这种生产方法叫振动加压法，如图 4.26 所示。加压的方法分为静态加压和动态加压。前者用一压板加压，后者是在压板上加设振动器加压。压力的数值取决于混凝土的干硬度，常用压力约为 1～3kN/m^2。

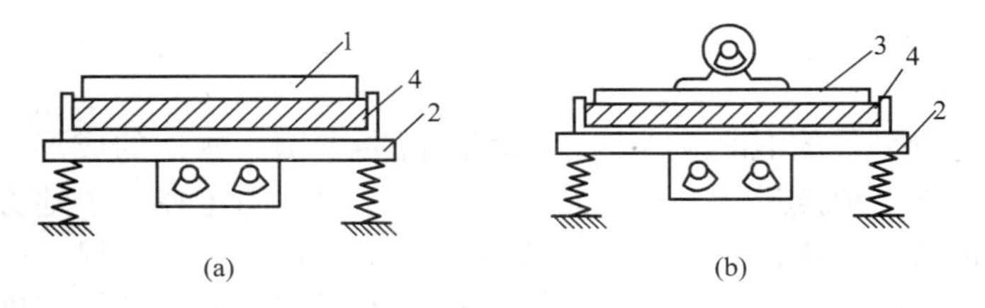

图 4.26 振动加压方法

(a) 静态加压；(b) 动态加压

1—压板；2—振动台；3—振动压板；4—构件

2. 挤压法

采用螺旋挤压机生产预应力混凝土圆孔板的生产技术，目前已趋于完善，挤压机已定型，该机构造如图 4.27 所示。

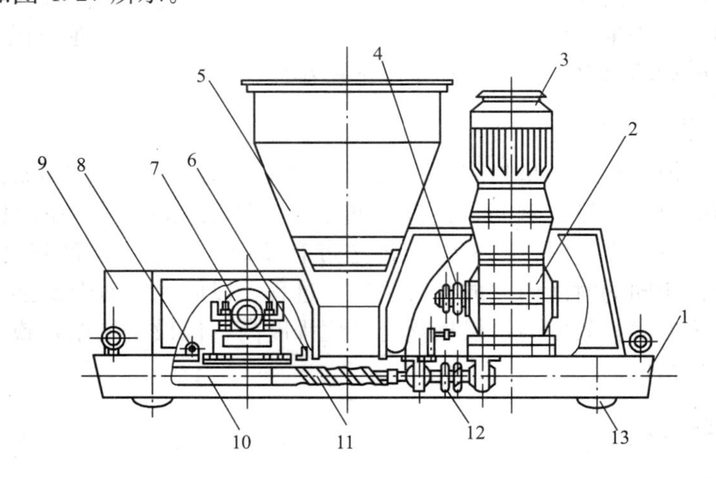

图 4.27 混凝土圆孔板挤压机构造示意图

1—机架及行模；2—减速箱；3—立式电动机；4—上传动链轮；5—受料斗；6—强制板；7—振动器；8—抹光板；9—配重；10—成形管；11—螺旋彩 7；12—下传动链轮；13—导轮

挤压机的工作原理是用旋转螺旋铰刀把由料斗漏下的混凝土向后挤送，在挤送过程中，由于受到振动器的振动和已成形的混凝土空心板的阻力(反作用)而被挤压密实，挤压

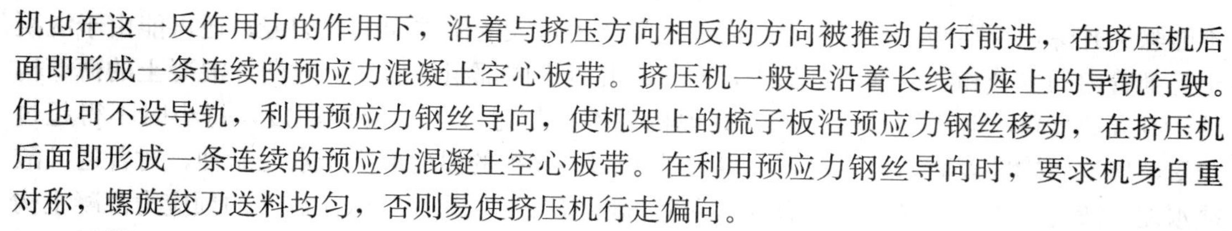

机也在这一反作用力的作用下，沿着与挤压方向相反的方向被推动自行前进，在挤压机后面即形成一条连续的预应力混凝土空心板带。挤压机一般是沿着长线台座上的导轨行驶。但也可不设导轨，利用预应力钢丝导向，使机架上的梳子板沿预应力钢丝移动，在挤压机后面即形成一条连续的预应力混凝土空心板带。在利用预应力钢丝导向时，要求机身自重对称，螺旋铰刀送料均匀，否则易使挤压机行走偏向。

用挤压机连续生产空心板，有两种切断方法。一种是在混凝土达到可以放松预应力筋的强度时，用钢筋混凝土切割机整体切断；另一种是在混凝土初凝前用灰铲手工操作或用气割法、水冲法把混凝土切断，待混凝土达到可以放松预应力筋的强度时，再切断钢丝。目前，一般用后一种方法。

3. 离心法

用离心法制作构件是将装有混凝土的模板放在离心机上(离心机构造如图 4.28 所示)，使模板以一定转速绕自身的纵轴旋转，模板内的混凝土由于离心力作用而远离纵轴，均匀分布于模板内壁，并将混凝土中的部分水分挤出，使混凝土密实。用此法制作的构件，都需有圆形空腔，而外形可为各种形状，如管桩、电杆等。

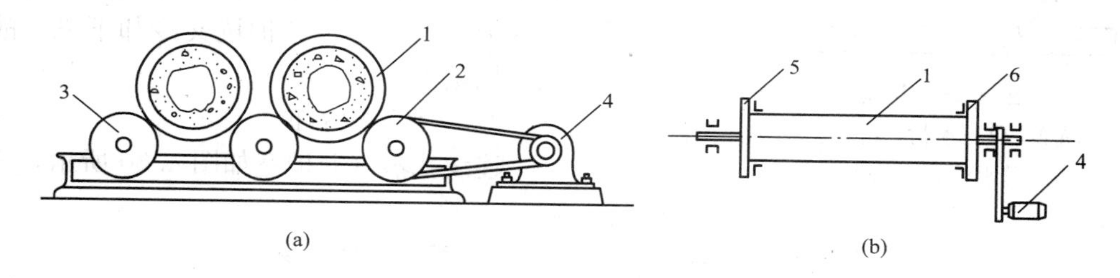

图 4.28　离心机构造示意图

(a) 滚转式离心机；(b) 车床式离心机

1—模板；2—主动轮；3—从动轮；4—电动机；5、6—卡盘

离心机有滚轮式和车床式两类，都具有多级变速装置。离心成形过程分为两个阶段：第一阶段是使混凝土沿模板内壁分布均匀，形成空腔，此时转速不宜太高，以免造成混凝土离析现象；第二阶段是使混凝土密实的阶段，此时可提高转速，增大离心力，压实混凝土。

4.2.3　构件养护

目前预制构件的养护方法有自然养护、蒸汽养护、热拌混凝土热模养护、太阳能养护、远红外线养护等。自然养护成本低，但养护时间长，模板(或台座)周转慢，我国南方地区的台座法生产多用自然养护。近年来应用太阳能进行养护取得较好的效果。

1. 蒸汽养护

蒸汽养护即将构件放在充满饱和蒸汽或蒸汽与空气混合物的养护坑(或窑)内，在较高的温度和湿度的环境中，加速混凝土的硬化，使之在较短时间内达到规定的强度。

蒸汽养护效果与蒸汽养护制度有关，它包括养护前静置时间、升温和降温速度、养护温度、恒温养护时间、相对湿度等。构件成形后要在常温下静置一定时间，然后再进行蒸汽养护，以减少不良的加热养护制度带来的不利影响。对普通硅酸盐水泥制作的构件至少应静置1～2h；火山灰质硅酸盐水泥或矿渣硅酸盐水泥则不需静置。升温或降温都必须平缓地进行，不能骤然升降，否则构件会因表面与内部之间产生过大的温差而引起裂缝；还可能由于混凝土毛细管内的水分和湿空气的热膨胀，而引起混凝土内部组织破坏。对塑性混凝土的薄壁构件，升温速度每小时不得超过25℃，其他构件不得超过20℃。降温速度，每小时不得超过10℃，出池后构件表面与外界温差不得大于20℃。养护的温度取决于水泥品种，对普通硅酸盐水泥一般为80℃，对矿渣硅酸盐水泥可达85～95℃。对采用先张法施工的预应力混凝土构件，养护的最高允许温度应根据设计要求的允许温差(张拉钢筋的温度与台座温度之差)经计算确定。恒温养护时间根据混凝土在不同温度条件下的强度增长曲线来确定，一般为3～8h。应保持适宜的湿度，以防构件内水分蒸发，在恒温阶段应保持90%～100%的相对湿度。

蒸汽养护方法有坑窑、立窑和隧道窑3种。

1) 坑窑蒸汽养护

养护室为间歇式蒸汽养护室，有地下和半地下式(图4.29)两种。构件的装入和吊出利用起重机，坑内可堆放几层构件。坑盖应有良好的保温性能，坑盖与坑壁间的密封性靠水封来保证。因为养护是分几批进行，一个养护周期完毕，养护坑又冷却下来，故蒸汽消耗量大。

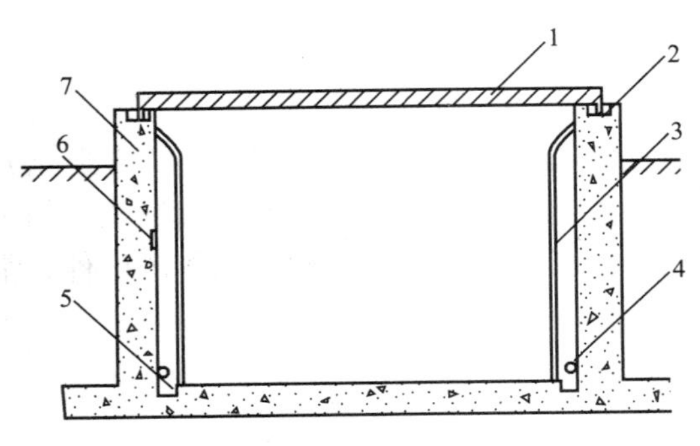

图4.29 坑窑蒸汽养护室

1—坑盖；2—水封；3—槽钢；4—蒸汽管；5—排水沟；6—测温计；7—坑壁

2) 立窑蒸汽养护

连续式蒸汽养护室如图4.30所示，其生

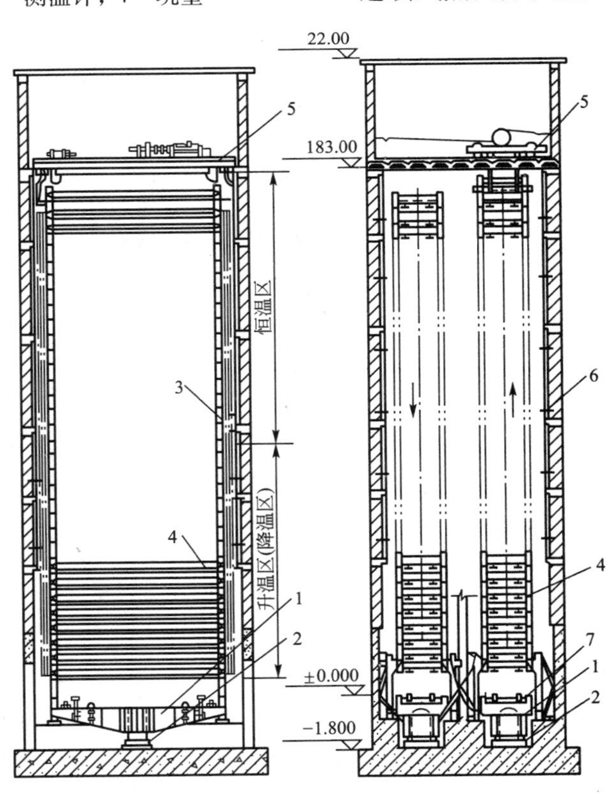

图4.30 立窑蒸汽养护室原理图

1—顶升机；2—油压千斤顶；3—限位滑道；4—钢模；5—横移机；6—蒸汽管道；7—进窑辊道

产工艺同传送带流水法。它是利用蒸汽比空气轻而自动上升的原理，使窑内温度自下而上逐渐增高。构件在窑内上升、横移和下降的过程，即升温、恒温和降温的过程。构件进窑后用顶升机将其逐步向上升起，到顶后用横移机将其横移，然后再使其逐渐下降，到达养护室底部便被送出养护室。每隔一定时间，随着左侧进入一个构件的同时，右侧也送出一个成品，进行连续生产。窑内蒸汽区分上下两部分，上部为恒温区，下部为升温区或降温区。

3）隧道窑蒸汽养护室

隧道窑蒸汽养护可采用间歇式或连续式蒸汽养护室养护。它有水平直线形和折线形两类。前者端部易漏气，室内顶部之间温差较大。折线形隧道窑(图 4.31)是利用蒸汽自动上升原理自然形成升温、恒温和降温区的，它具备立窑蒸汽养护室的热工特点，可连续生产，结构和设备简单，减少一次性投资。

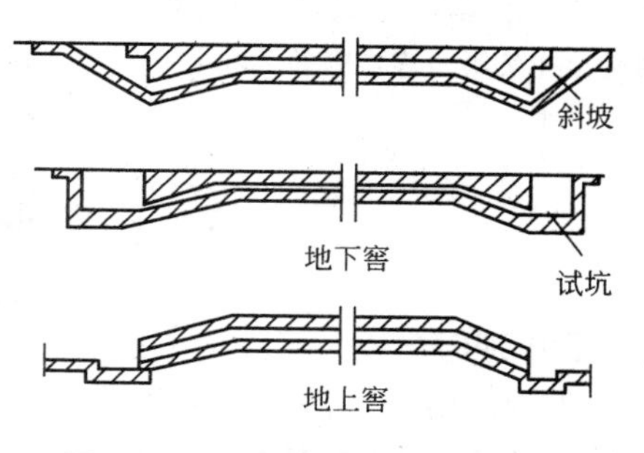

图 4.31 折线形隧道窑蒸汽养护

2. 热拌混凝土热模养护

热拌热模即利用热拌混凝土浇注构件，然后向钢模的空腔内通入蒸汽进行养护。此法与冷拌混凝土进行常压蒸汽养护比较，养护周期大为缩短，节约蒸汽。这是因为用此法养护时，构件不直接接触蒸汽。热量由模板传递给构件，使构件内部冷热对流加速，且因为利用热拌混凝土，使构件内部温差远比常压蒸汽养护时小，而且平衡较快，因而可省去静置工序，缩短升温时间，较快地进入高温养护。

3. 远红外线养护

红外线是用热源(电能、蒸汽、煤气等)加热红外线辐射体而产生的。红外线被吸收到物体内部，被吸收的能量就转变为热，目前常用的辐射体为铁铬铝金属网片、陶瓷板或在碳化硅板上涂远红外辐射材料等。对辐射体的要求是耐高温、不易氧化、辐射率大等。混凝土养护选择辐射体时，还要求其发射的红外线波长与水泥和其水化产物的吸收波长相一致或相近，这样可提高养护效率。

用红外线热辐射进行混凝土养护有许多优点，养护时间短、能量消耗低、有较好的经济效益。

特别提示

在工厂中预制混凝土构件，最大的优越性是有利于质量控制，而在现浇混凝土时，由于条件的限制，很多方面是难以做到的。这种优越性主要体现在以下几个方面：

1）便于预应力钢筋或钢丝的张拉

在楼板、桁条等建筑构件中，常常配有预应力钢筋，这些钢筋不同于普通钢筋，它们在浇注混凝土前预先加上一个外力，将其张拉。钢筋的张拉应力值对所制备构件的力学性能有着相当大的影响，必须严格加以控制。在现场，张拉钢筋常常受到施工条件的限制，即便可以张拉，也可能由于锚固不好，或者模板的松动等原因，使张拉应力松弛而达不到设计的要求。而在预制构件厂中，由于有专门的场地、专用的模具和锚固件以及专用的钢筋张拉设备，因而能比较好地控制钢筋的张拉应力。

2）便于混凝土的质量控制

预制构件厂一般是一些专业性的企业，他们对所生产的构件具有一定的专业知识和较丰富的经验，对混凝土的制备控制比较严格，由于不受场地的限制，成形、振捣都比较容易。因此，比较容易控制混凝土的质量。

3）便于养护

混凝土的养护对混凝土的质量来说是一个十分重要的环节。在施工现场，由于受到条件的限制，一般只是采取自然养护，因而受环境影响较大。而在预制厂中生产预制构件时，由于它是一个独立的构件时，相对于建筑物而言，它的体积要小得多，因而可以采取较灵活的养护方式，如室内养护、蒸汽养护等。

由于上述这些原因，在工厂中预制混凝土构件，比较容易保证质量。

4.3 预制混凝土工程清单编制实务

【引例 5】

预制混凝土构件在清单算量上，不拘泥于只能用体积计算，还可以考虑用根、块、套等单位计算，形式多样、不拘一格。

【观察思考】

在清单的计算方法上，可以选取不同的计量单位计算，那么针对不同的混凝土构件，选择什么计量单位是最合适的？

4.3.1 预制混凝土构件清单编制方法

1. 清单规范附表

清单规范附表（GB 50500—2008）见表 4-1～表 4-7。

表 4-1 预制混凝土柱（编码：010409）

项目编码	项目名称	项目特征	计量单位	工程量计算规则	工程内容
010409001	矩形柱	（1）柱类型 （2）单件体积 （3）安装高度 （4）混凝土强度等级 （5）砂浆强度等级	m^3 （根）	（1）按设计图示尺寸以体积计算，不扣除构件内钢筋、预埋铁件所占体积 （2）按设计图示尺寸以“数量”计算	（1）混凝土制作、运输、浇注、振捣、养护 （2）构件制作、运输 （3）构件安装 （4）砂浆制作、运输 （5）接头灌缝、养护
010409002	异形柱				

表 4-2 预制混凝土梁（编码：010410）

项目编码	项目名称	项目特征	计量单位	工程量计算规则	工程内容
010410001	矩形梁	（1）单件体积 （2）安装高度 （3）混凝土强度等级 （4）砂浆强度等级	m^3 （根）	按设计图示尺寸以体积计算。不扣除构件内钢筋、预埋铁件所占体积	（1）混凝土制作、运输、浇注、振捣、养护 （2）构件制作、运输 （3）构件安装 （4）砂浆制作、运输 （5）接头灌缝、养护
010410002	异形梁				
010410003	过梁				
010410004	拱形梁				
010410005	鱼腹式吊车梁				
010410006	风道梁				

表 4-3 预制混凝土屋架(编码：010411)

项目编码	项目名称	项目特征	计量单位	工程量计算规则	工程内容
010411001	折线形屋架	(1) 屋架的类型、跨度 (2) 单件体积 (3) 安装高度 (4) 混凝土强度等级 (5) 砂浆强度等级	m^3 (根)	按设计图示尺寸以体积计算，不扣除构件内钢筋、预埋铁件所占体积	(1) 混凝土制作、运输、浇注、振捣、养护 (2) 构件制作、运输 (3) 构件安装 (4) 砂浆制作、运输 (5) 接头灌缝、养护
010411002	组合屋架				
010411003	薄腹屋架				
010411004	门式刚架屋架				
010411005	天窗架屋架				

表 4-4 预制混凝土板(编码：010412)

项目编码	项目名称	项目特征	计量单位	工程量计算规则	工程内容
010412001	平板	(1) 构件尺寸 (2) 安装高度 (3) 混凝土强度等级 (4) 砂浆强度等级	m^3 (块)	按设计图示尺寸以体积计算。不扣除构件内钢筋、预埋铁件及单个尺寸300mm×300mm以内的孔洞所占体积，扣除空心板空洞体积	(1) 混凝土制作、运输、浇注、振捣、养护 (2) 构件制作、运输 (3) 构件安装 (4) 升板提升 (5) 砂浆制作、运输 (6) 接头灌缝、养护
010412002	空心板				
010412003	槽形板				
010412004	网架板				
010412005	折线板				
010412006	带肋板				
010412007	大型板				
010412008	沟盖板、井盖板、井圈	(1) 构件尺寸 (2) 安装高度 (3) 混凝土强度等级 (4) 砂浆强度等级	m^3 (块、套)	按设计图示尺寸以体积计算。不扣除构件内钢筋、预埋铁件所占体积	(1) 混凝土制作、运输、浇注、振捣、养护 (2) 构件制作、运输 (3) 构件安装 (4) 砂浆制作、运输 (5) 接头灌缝、养护

表 4-5 预制混凝土楼梯(编码：010413)

项目编码	项目名称	项目特征	计量单位	工程量计算规则	工程内容
010413001	楼梯	(1) 楼梯类型 (2) 单件体积 (3) 混凝土强度等级 (4) 砂浆强度等级	m^3	按设计图示尺寸以体积计算。不扣除构件内钢筋、预埋铁件所占体积，扣除空心踏步板空洞体积	(1) 混凝土制作、运输、浇注、振捣、养护 (2) 构件制作、运输 (3) 构件安装 (4) 砂浆制作、运输 (5) 接头灌缝、养护

表 4-6　其他预制构件(编码：010414)

<table>
<tr><th>项目编码</th><th>项目名称</th><th>项目特征</th><th>计量单位</th><th>工程量计算规则</th><th>工程内容</th></tr>
<tr><td>010414001</td><td>烟道、垃圾道、通风道</td><td>(1) 构件类型
(2) 单件体积
(3) 安装高度
(4) 混凝土强度等级
(5) 砂浆强度等级</td><td rowspan="3">m^3</td><td rowspan="3">按设计图示尺寸以体积计算。不扣除构件内钢筋、预埋铁件及单个尺寸 300mm×300mm 以内的孔洞所占体积，扣除烟道、垃圾道、通风道的孔洞所占体积</td><td rowspan="3">(1) 混凝土制作、运输、浇注、振捣、养护
(2)(水磨石)构件制作、运输
(3) 构件安装
(4) 砂浆制作、运输
(5) 接头灌缝、养护
(6) 酸洗、打蜡</td></tr>
<tr><td>010414002</td><td>其他构件</td><td rowspan="2">(1) 构件的类型
(2) 单件体积
(3) 水磨石面层厚度
(4) 安装高度
(5) 混凝土强度等级
(6) 水泥、石子浆配合比
(7) 石子品种、规格、颜色
(8) 酸洗、打腊要求</td></tr>
<tr><td>010414003</td><td>水磨石构件</td></tr>
</table>

表 4-7　混凝土构筑物(编码：010415)

<table>
<tr><th>项目编码</th><th>项目名称</th><th>项目特征</th><th>计量单位</th><th>工程量计算规则</th><th>工程内容</th></tr>
<tr><td>010415001</td><td>贮水(油)池</td><td>(1) 池类型
(2) 混凝土强度等级
(3) 混凝土拌合料要求
(4) 混凝土拌合料要求</td><td rowspan="4">m^3</td><td rowspan="4">按设计图示尺寸以体积计算，不扣除构件内钢筋，预埋铁件及单个面积 $0.3m^2$ 以内的孔洞所占体积</td><td rowspan="2">混凝土制作、运输、浇注、振捣、养护</td></tr>
<tr><td>010415002</td><td>贮仓</td><td>(1) 类型、高度
(2) 混凝土强度等级
(3) 混凝土拌合料要求</td></tr>
<tr><td>010415003</td><td>水塔</td><td>(1) 类型
(2) 支筒高度、水箱容积
(3) 倒圆锥形罐壳厚度、直径
(4) 混凝土强度等级
(5) 混凝土拌合料要求
(6) 砂浆强度等级</td><td>(1) 混凝土制作、运输、浇注、振捣、养护
(2) 预制倒圆锥形罐壳、组装、提升、就位
(3) 砂浆制作、运输
(4) 接头灌缝、养护</td></tr>
<tr><td>010415004</td><td>烟囱</td><td>(1) 高度
(2) 混凝土强度等级
(3) 混凝土拌合料要求</td><td>混凝土制作、运输、浇注、振捣、养护</td></tr>
</table>

特别提示

预制混凝土构件计算可以辅以预制混凝土构件表，该表主要用于统计和计算预制混凝土构件混凝土工程量以及钢筋、模板用量。在计算结构工程量时，宜一次算出并填入相应表内，并注意标出对应位置，以防漏算。其中，相同型号的预制构件只计算一次，另统计出该构件的各层数量和总数。

2. 其他相关规定

(1) 三角形屋架应按表4－3中预制混凝土折线形屋架项目编码列项。

(2) 不带肋的预制遮阳板、雨篷板、挑檐板、栏板等，应按表4－4中预制混凝土板中平板项目编码列项。

(3) 预制F形板、双T形板、单肋板和带反挑檐的雨篷板、挑檐板、遮阳板等，应按表4－4中预制混凝土板中带肋板项目编码列项。

(4) 预制大型墙板、大型楼板、大型屋面板等，应按表4－4中预制混凝土板中大型板项目编码列项。

(5) 预制钢筋混凝土楼梯。可按斜梁、踏步分别编(第五级编码)码列项。

(6) 预制钢筋混凝土小型池槽、压顶、扶手、垫块、隔热板、花格等，应按表4－6中其他预制构件中其他构件项目编码列项。

(7) 贮水(油)池的池底、池壁、池盖可分别编码(第五级编码)列项。有壁基梁的，应以壁基梁底为界，以上为池槽、以下为池底；无壁基梁的，锥形坡底应算至其上口，池壁下部的八字靴脚应并入池底体积内。无梁池盖的柱高应从池底上表面算至池盖下表面，柱帽和柱座应并在柱体积内。肋形池盖应包括主、次梁体积；球形池盖应以池壁顶面为界，边侧梁应并入球形池盖体积内。

(8) 贮仓立壁和贮仓漏斗可分别编码(第五级编码)列项，应以相互交点水平线为界，壁上圈梁应并入漏斗体积内。

(9) 滑模筒仓按表4－7中贮仓项目编码列项。

(10) 水塔基础、塔身、水箱可分别编码(第五级编码)列项。筒式塔身应以筒座上表面或基础底板上表面为界，柱式(框架式)塔身应以柱脚与基础底板或梁顶为界，与基础板连接的梁应并入基础梁体积内。塔身与水箱应以箱底相连接的圈梁下表面为界，以上为水箱，以下为塔身。依附于塔身的过梁、雨篷、挑檐等，应并入塔身体积内；柱式塔身应不分柱、梁合并计算。依附于水箱壁的柱、梁，应并入水箱体积内。

近年来，预制混凝土以其低廉的成本、出色的性能，成为建筑业的新宠。繁多的样式、重量加上出色的挠曲强度和性能，使其在建筑、装饰、外墙、路障和储水池等领域得到广泛应用。预制混凝土能加快住宅产业化速度，是我国经济体制改革的重点之一。

4.3.2 案例解析

如图4.32所示，计算现浇混凝土基础、柱、梁、板及预应力空心班的混凝土工程量及模板工程量，并填入分部分项工程量清单及措施项目清单表，要求计算过程书写清楚，不考虑预制构件接头灌缝的混凝土及模板工程量。

已知：现浇混凝土基础为C25；其他现浇混凝土构件均为C30；预应力空心板C30：YKB3661：$0.1592m^3$/块；YKB3651：$0.1342m^3$/块；基础顶面标高为－0.3m，板面标高为4.2m。

解：根据规范清单项目划分和设计图示要求，计算下列清单项目(表4－8)。

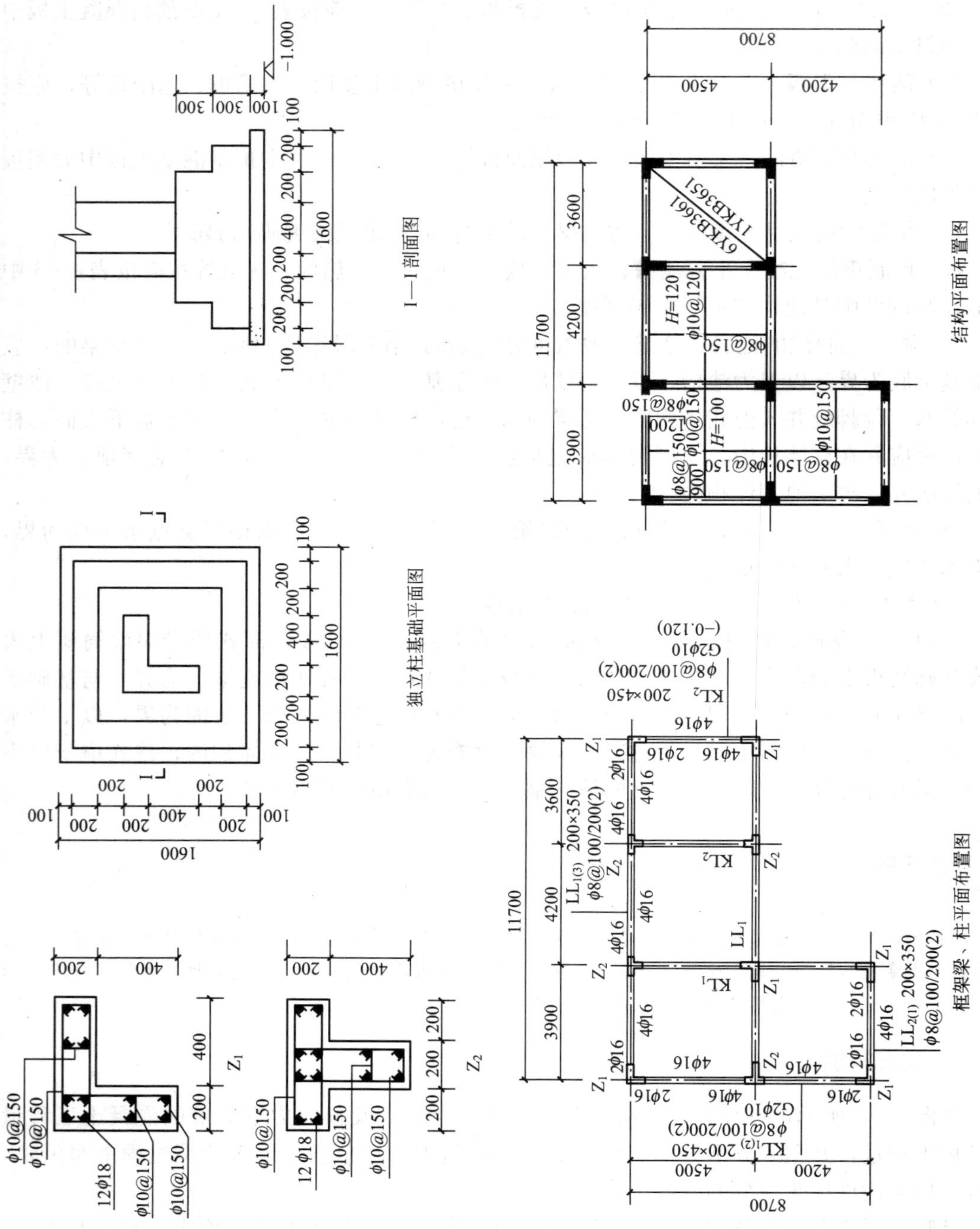

φ10@150
φ10@150
12φ18
φ10@150
φ10@150
200 400
Z1
φ10@150
12φ18
φ10@150
φ10@150
200 200 200
Z2
独立柱基础平面图
I—I 剖面图
1600
100 200 200 400 200 200 100
300 300 100
−1.000
11700
3900 4200 3600
8700
4500 4200
LL1(3) 200×350
φ8@100/200(2)
KL1(2) 200×450
φ8@100/200(2)
G2φ10
KL2 200×450
φ8@100/200(2)
G2φ10
(−0.120)
LL2(1) 200×350
φ8@100/200(2)
KL1
KL2
LL1
4φ16
2φ16
框架梁、柱平面布置图
H=120
φ10@120
H=100
φ8@150
φ10@150
1200
900
6YKB3661
1YKB3651
结构平面布置图

图 4.32　结施图

表 4-8 分部分项工程量清单与计价表

序号	项目编码	项目名称	项目特征	计量单位	工程数量
1	010401002001	独立基础	截面尺寸：1.4×1.4+1×1 混凝土强度等级：C25 石子最大粒径为 40mm	m^3	8.88
2	010402002001	异形柱	截面尺寸：0.2×0.6+0.4×0.2 混凝土强度等级：C30 石子最大粒径为 40mm	m^3	9
3	010403002001	矩形梁	截面尺寸：0.2×0.45、0.2×0.35 混凝土强度等级：C30 石子最大粒径为 40mm	m^3	0.71
4	010405001001	有梁板	板厚 100mm、120mm，板面标高 4.2m 混凝土强度等级：C30 石子最大粒径为 20mm	m^3	7.869
5	010412002001	空心板	混凝土强度等级：C30，板面标高 4.2m 石子最大粒径为 20mm	m^3	1.089

(1) 独立基础混凝土(010401002001)：

工程量＝0.3×(1.4×1.4＋1×1)×10 个＝8.88m^3

(2) 异形柱混凝土(010402002001)：

工程量＝(0.2×0.6＋0.4×0.2)×(4.2＋0.3)×10 根＝9m^3

(3) 矩形梁混凝土(010403002001)：

KL_2：0.2×0.45×(4.5－0.5×2)＝0.315m^3

LL_1：0.2×0.35×(3.6－0.5－0.3)×2 根＝0.392m^3

矩形梁混凝土工程量＝0.315＋0.392＝0.71m^3

(4) 有梁板混凝土(010405001001)：

KL_1：0.2×0.45×(4.5＋4.2－0.6－0.5×2)×2 根＝1.278m^3

KL_2：0.2×0.45×(4.5－0.5×2)＝0.315m^3

LL_1：0.2×0.35×(3.9＋4.2－0.5－0.6－0.3)×2 根＝0.938m^3

LL_2：0.2×0.35×(3.9－0.5×2)＝0.203m^3

板厚 100：0.1×[(3.9－0.2)×(4.5＋4.2－0.2×2)]＝3.071m^3

板厚 120：0.12×[(4.2－0.2)×(4.5－0.2)]＝2.064m^3

有梁板混凝土工程量＝1.278＋0.315＋0.938＋0.203＋3.071＋2.064＝7.869m^3

(5) 空心板(010412002001)工程内容：板制作、运输、安装、接头灌缝。

工程量＝6 块×0.1592＋1 块×0.1342＝1.089m^3

4.4 混凝土清单编制训练

训练目标：

进一步强化现浇混凝土基础、主体工程及预制混凝土工程的清单编制能力，并能将现浇混凝土清单编制方法熟练运用于实际工程项目中，能独立、准确地编制混凝土工程量计算表及分部分项工程量清单与计价表。

训练要求：

知识要点	能力要求	相关知识	所占分值（100分）	自评分数
现浇混凝土基础清单编制方法	强化现浇混凝土基础算量能力，能独立、准确编制工程量计算表及分部分项工程量清单与计价表	项目2　现浇混凝土基础工程	30	
现浇混凝土主体工程清单编制方法	强化现浇混凝土主体工程的算量能力，能独立、准确编制工程量计算表及分部分项工程量清单与计价表	项目3　现浇混凝土主体工程	45	
预制混凝土清单编制方法	强化预制混凝土工程的算量能力，能独立、准确编制工程量计算表及分部分项工程量清单与计价表	项目4　预制混凝土工程	25	

训练导读：

为了让学生完成前面混凝土清单编制内容的学习后，对知识的理解不仅只局限于理论知识，本职业活动要求学生作为一名职业人员，依据真实的施工图纸独立完成混凝土清单编制，这不仅能强化之前学习，理论知识还能提高动手能力，并体会一名真正职业人员的工作要点。

1. 工程概况

(1) 某学院餐饮中心为二层框架结构，总建筑面积1148.7m^2，建筑总高度8.1m，其中底层层高4.2m，二层层高3.9m，墙体采用加气混凝土砌块砌筑，厚为200mm。填充墙门洞、窗洞及设备孔洞的洞顶，均应设置钢筋混凝土过梁。

① 在一般情况下（梁的允许荷载设计值不超过10kN/m），过梁宽同墙厚，支座长度250mm，混凝土强度等级C20。

当洞宽≤1500mm时，梁高100mm底筋2B12，面筋2A10，箍筋A6@150。

当1500mm＜洞宽≤2100mm时、梁高200mm、底筋2B16，面筋2A10，箍筋A6@150。

当2100mm＜洞宽≤3000mm时、梁高300mm、底筋3B16，面筋2B12，箍筋A6@150。

② 当洞顶与结构梁（或圈梁）底的距离小于过梁的高度时，按图4.33施工。当洞边为钢筋混凝土柱（墙）时，须按已确定的过梁标高。截面及配筋，以及在柱（墙）内预埋相应的钢筋待施工过梁时，再将其相互焊接，如图4.34所示。

③ 门窗边距柱（构造柱）边小于240mm时，应按图4.35沿门窗高度范围设置现浇门（窗）垛。厨房，卫生间周边隔墙（除门洞外）下设置翻边，如图4.36所示。

④ 底层内隔墙(非承重120砖墙或轻质砌块墙，高度小于4m)下无基础时，可直接砌置在混凝土地面上时，可按图4.37施工。

⑤ 墙长超过5m时，应在墙中设置构造柱。未定位构造柱为门窗洞口边或墙中，做法如图4.38所示。

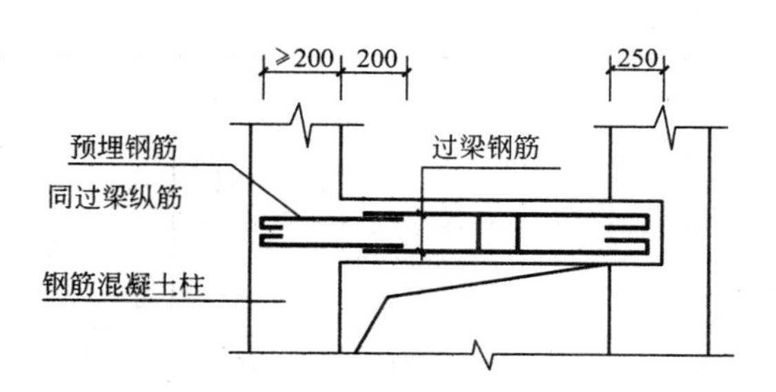

图 4.33 门窗预留插筋作法

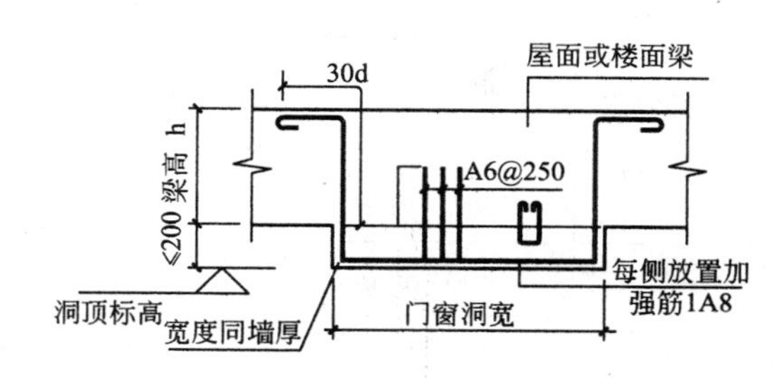

图 4.34 门窗代过梁作法

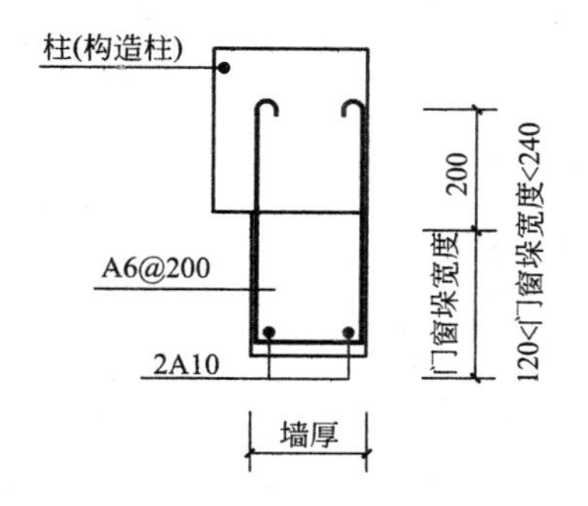

图 4.35 门窗垛大样门窗垛宽度≤120，采用整浇素混凝土

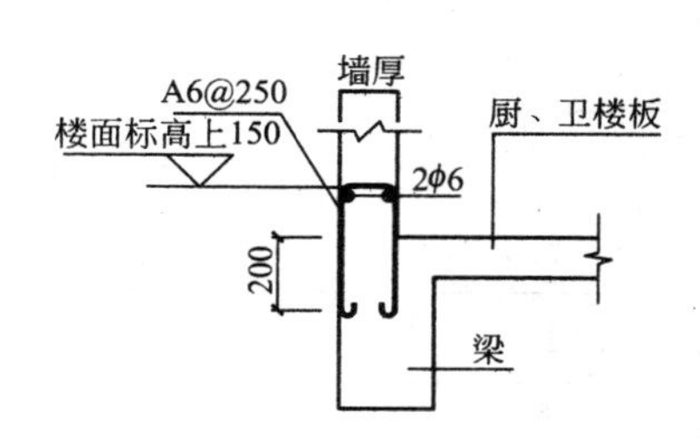

图 4.36 厨、卫隔墙翻边大样

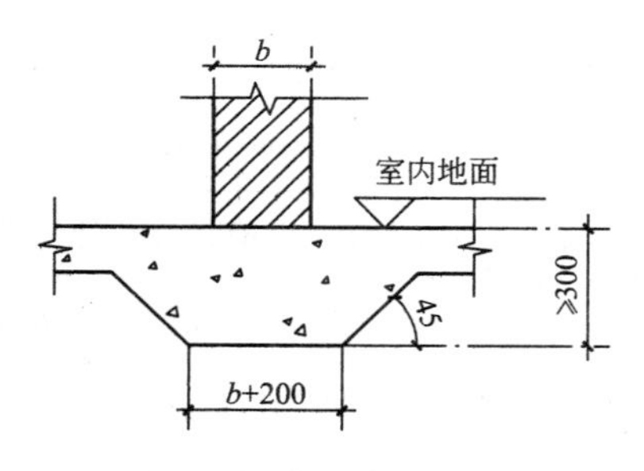

图 4.37 隔墙下基础大样

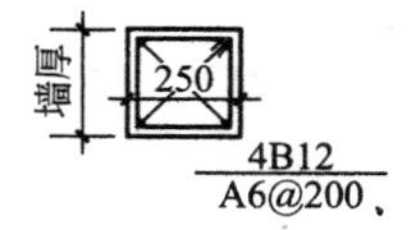

图 4.38 GZ 大样

（2）混凝土强度等级见表 4－9。

表 4－9 混凝土强度等级表

序号	名称	强度等级
1	基础垫层	C10
2	圈梁、构造柱、过梁、压顶	C20
3	柱、梁、板	C25
4	基础、基础梁	C25

（3）门窗明细表见表 4－10。

表 4-10 门窗明细表

门窗名称	洞口尺寸/mm	门窗数量	备 注
C-1	1800×3000	11	单框中空塑钢窗(5+9a+5)(参见 92SJ704(一))
C-1A	1800×2700	14	单框中空塑钢窗(5+9a+5)(参见 92SJ704(一))
C-2	600×1350	2	单框中空塑钢窗(5+9a+5)(参见 92SJ704(一))
C-3	1500×1650	4	单框中空塑钢窗(5+9a+5)(参见 92SJ704(一))
C-4	900×1650	2	单框中空塑钢窗(5+9a+5)(参见 92SJ704(一))
C-5	1500×2700	2	单框中空塑钢窗(5+9a+5)(参见 92SJ704(一))
C-6	4500×3000	1	10 厚双层钢化玻璃固定窗
C-7	2100×3000	1	10 厚双层钢化玻璃固定窗
FM-1	1500×2100	1	乙级防火门　甲方自理
FM-2	1500×2100	1	乙级防火门　甲方自理
GC-1	1800×1200	2	单框中空塑钢窗(5+9a+5)(参见 92SJ704(一))
GC-2	1500×1200	5	单框中空塑钢窗(5+9a+5)(参见 92SJ704(一))
GC-3	600×900	10	单框中空塑钢窗(5+9a+5)(参见 92SJ704(一))
LC-1A	1500×5250	1	单框中空塑钢窗(5+9a+5)(参见 92SJ704(一))
LC-2	600×2950	4	单框中空塑钢窗(5+9a+5)(参见 92SJ704(一))
M-1	1800×2650	1	高级实木门，样式甲方选定，并有设计单位认可.
M-2	1500×2400	11	高级实木门，样式甲方选定，并有设计单位认可.
M-3	1200×2100	1	镶板门(参见 88ZJ601 第 7 页 M11-1224)
M-4	1000×2100	8	夹板门(参见 88ZJ601 第 7 页 M22-1024)
M-5	900×2100	3	夹板门(参见 88ZJ601 第 7 页 M22-0924)
M-6	800×2100	10	夹板门(参见 88ZJ601 第 7 页 M22-0824)
M-4A	1000×2100	1	残疾人专用门(参见 03J926 页 37)

特别提示

一般图纸会给出门窗的数量，但是作为预算员应当对此数量重新核算。

2. 建筑施工图与结构施图

建筑施工图如图 4.39～图 4.41 所示；结构施工图如图 4.42～图 4.50 所示。

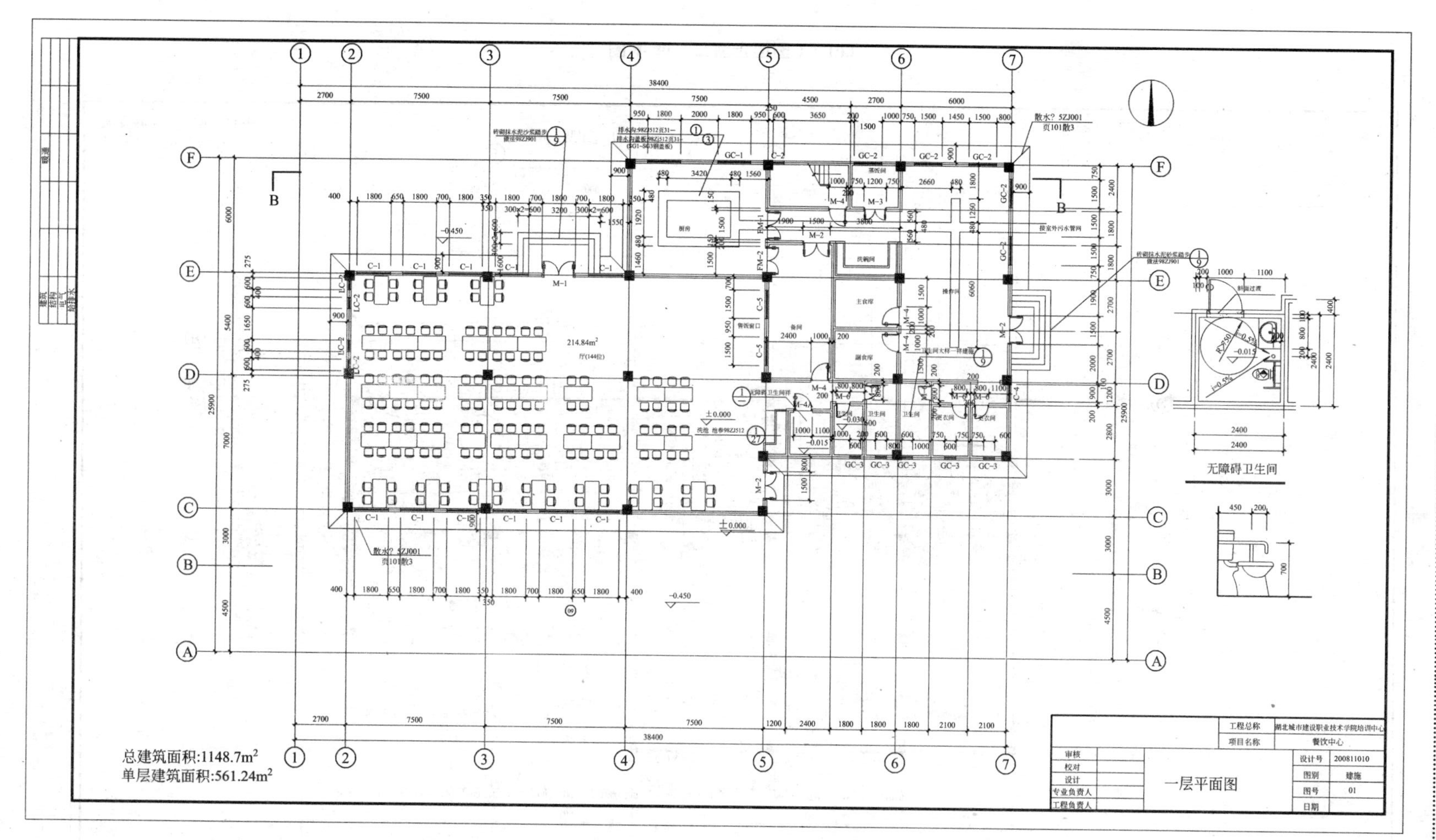

图 4.39 一层平面图 1∶100

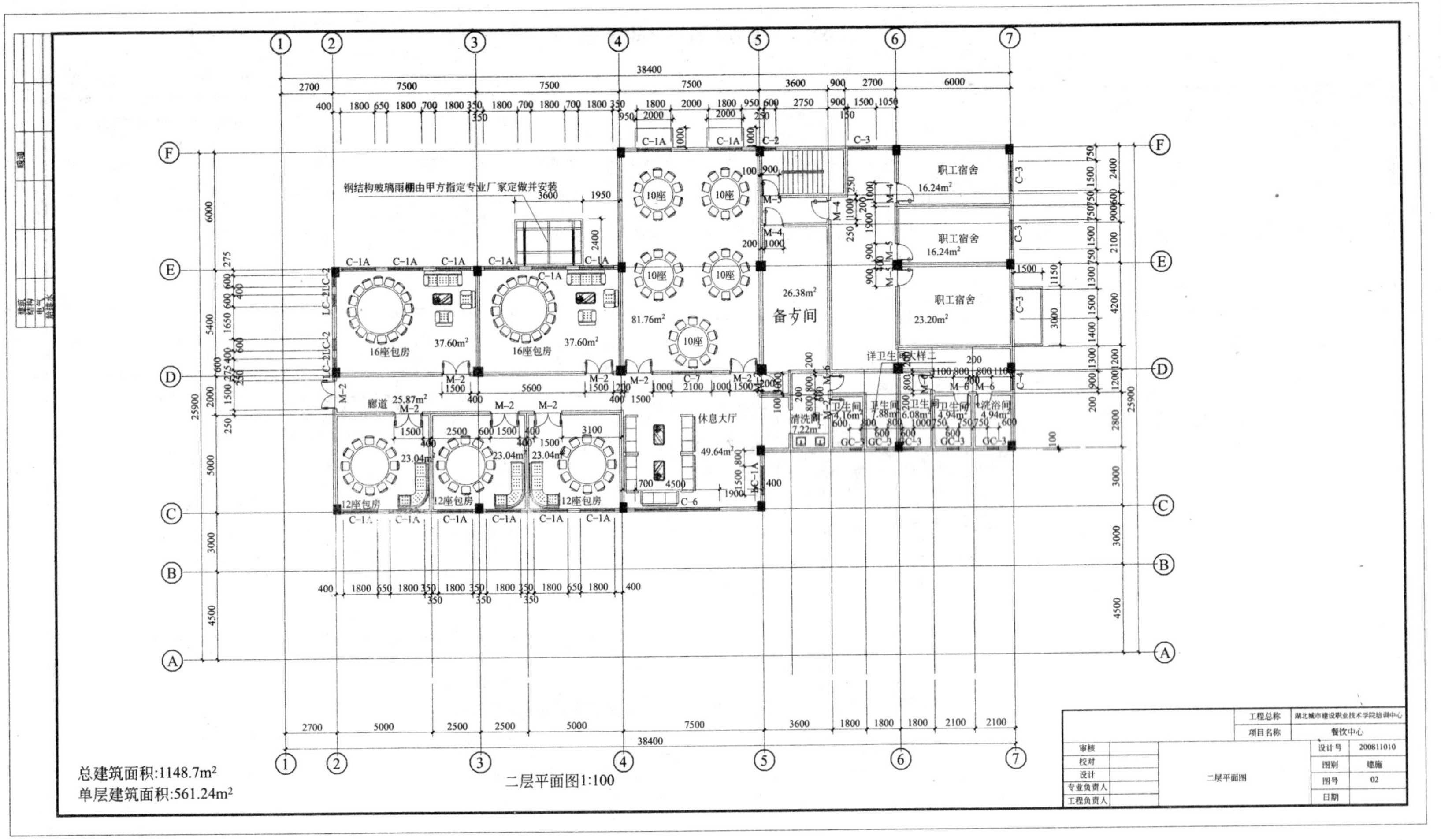

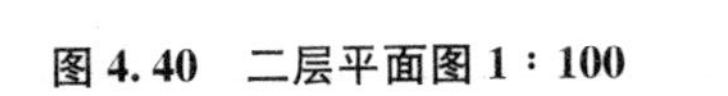
图 4.40　二层平面图 1∶100

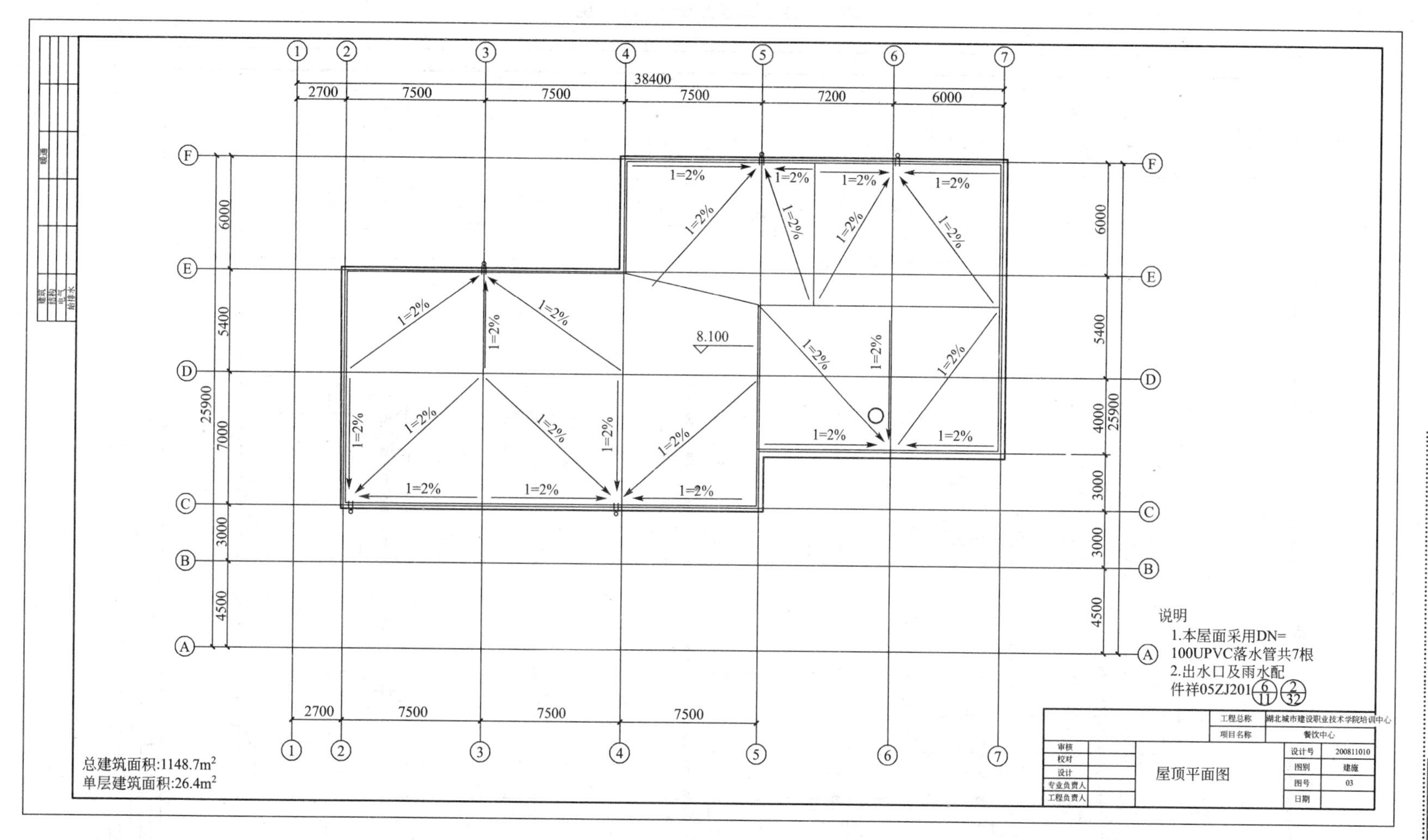

图 4.41 屋顶平面图 1：100

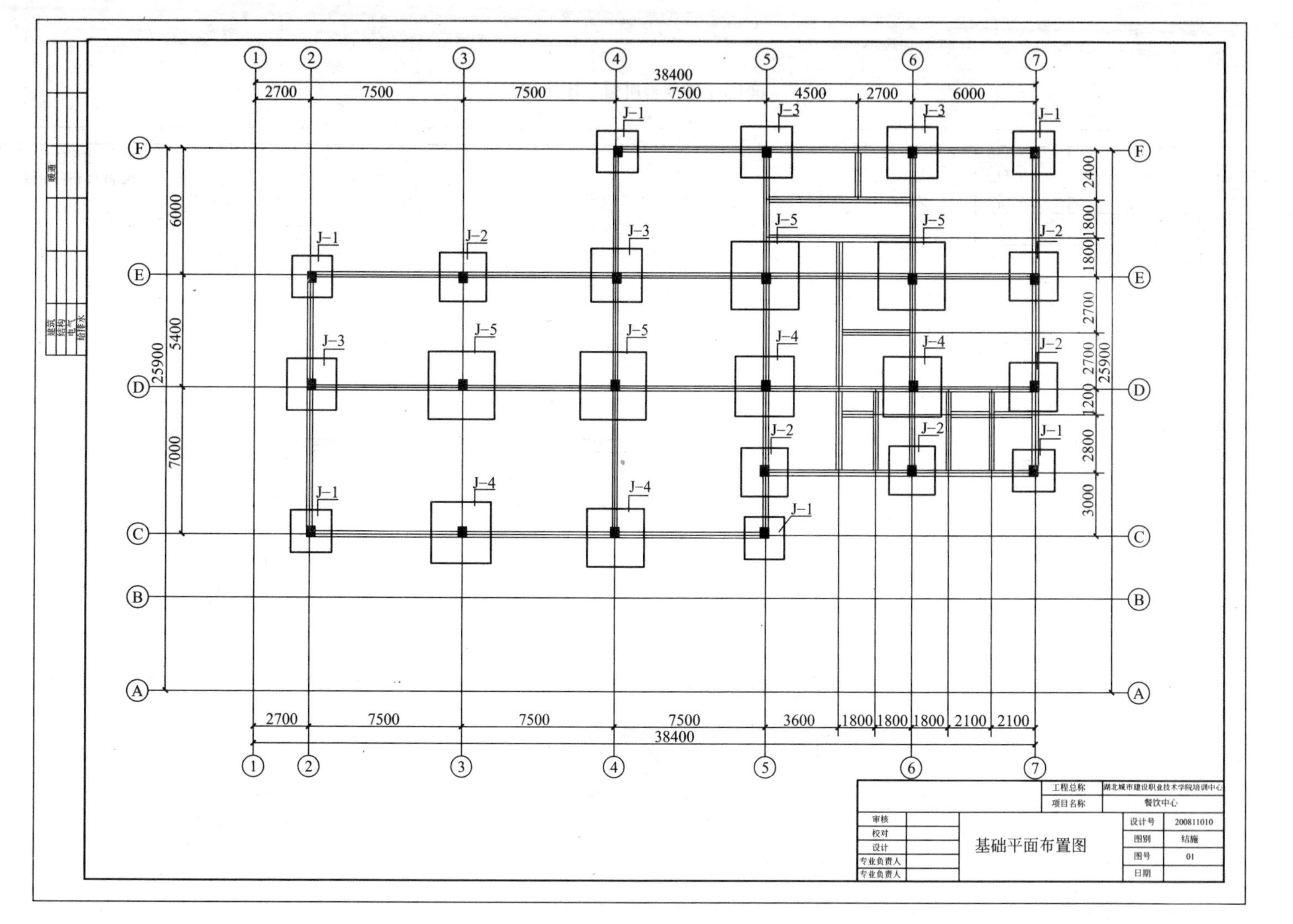

图 4.42　基础平面布置图 1：100

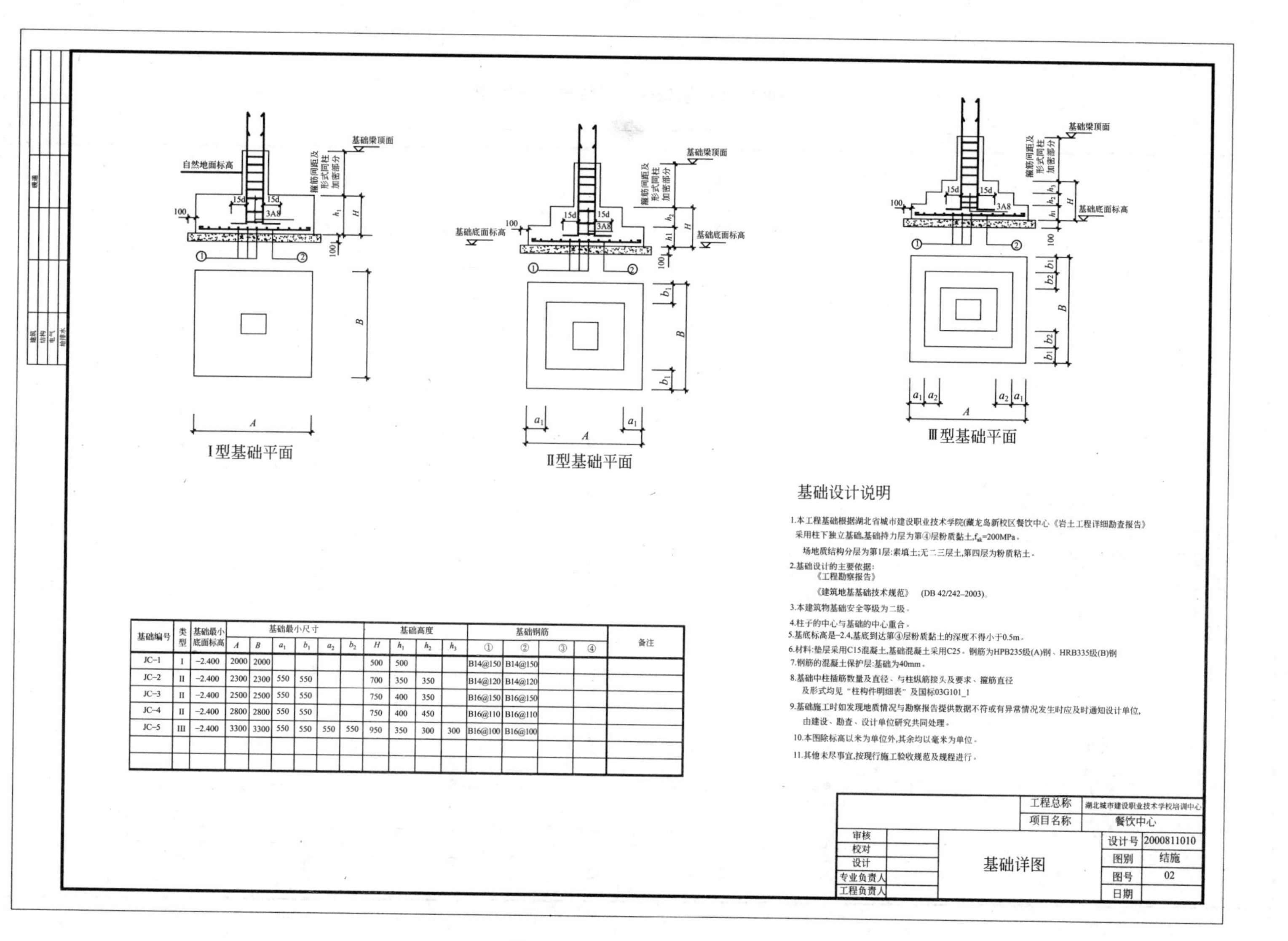

基础编号	类型	基础最小底面标高	基础最小尺寸						基础高度				基础钢筋				备注
			A	B	a_1	b_1	a_2	b_2	H	h_1	h_2	h_3	①	②	③	④	
JC-1	I	−2.400	2000	2000					500	500			B14@150	B14@150			
JC-2	II	−2.400	2300	2300	550	550			700	350	350		B14@120	B14@120			
JC-3	II	−2.400	2500	2500	550	550			750	400	350		B16@150	B16@150			
JC-4	II	−2.400	2800	2800	550	550			750	400	450		B16@110	B16@110			
JC-5	III	−2.400	3300	3300	550	550	550	550	950	350	300	300	B16@100	B16@100			

基础设计说明

1.本工程基础根据湖北省城市建设职业技术学院(藏龙岛新校区餐饮中心《岩土工程详细勘查报告》采用柱下独立基础,基础持力层为第④层粉质黏土,f_{ak}=200MPa。

场地质结构分层为第1层:素填土;无二三层土,第四层为粉质粘土。

2.基础设计的主要依据:

《工程勘察报告》

《建筑地基基础技术规范》 (DB 42/242–2003)。

3.本建筑物基础安全等级为二级。

4.柱子的中心与基础的中心重合。

5.基底标高是−2.4,基底到达第④层粉质黏土的深度不得小于0.5m。

6.材料:垫层采用C15混凝土,基础混凝土采用C25。钢筋为HPB235级(A)钢、HRB335级(B)钢

7.钢筋的混凝土保护层:基础为40mm。

8.基础中柱插筋数量及直径、与柱纵筋接头及要求、箍筋直径及形式均见"柱构件明细表"及国标03G101_1

9.基础施工时如发现地质情况与勘察报告提供数据不符或有异常情况发生时应及时通知设计单位,由建设、勘查、设计单位研究共同处理。

10.本图除标高以米为单位外,其余均以毫米为单位。

11.其他未尽事宜,按现行施工验收规范及规程进行。

图 4.43　基础详图 1∶100

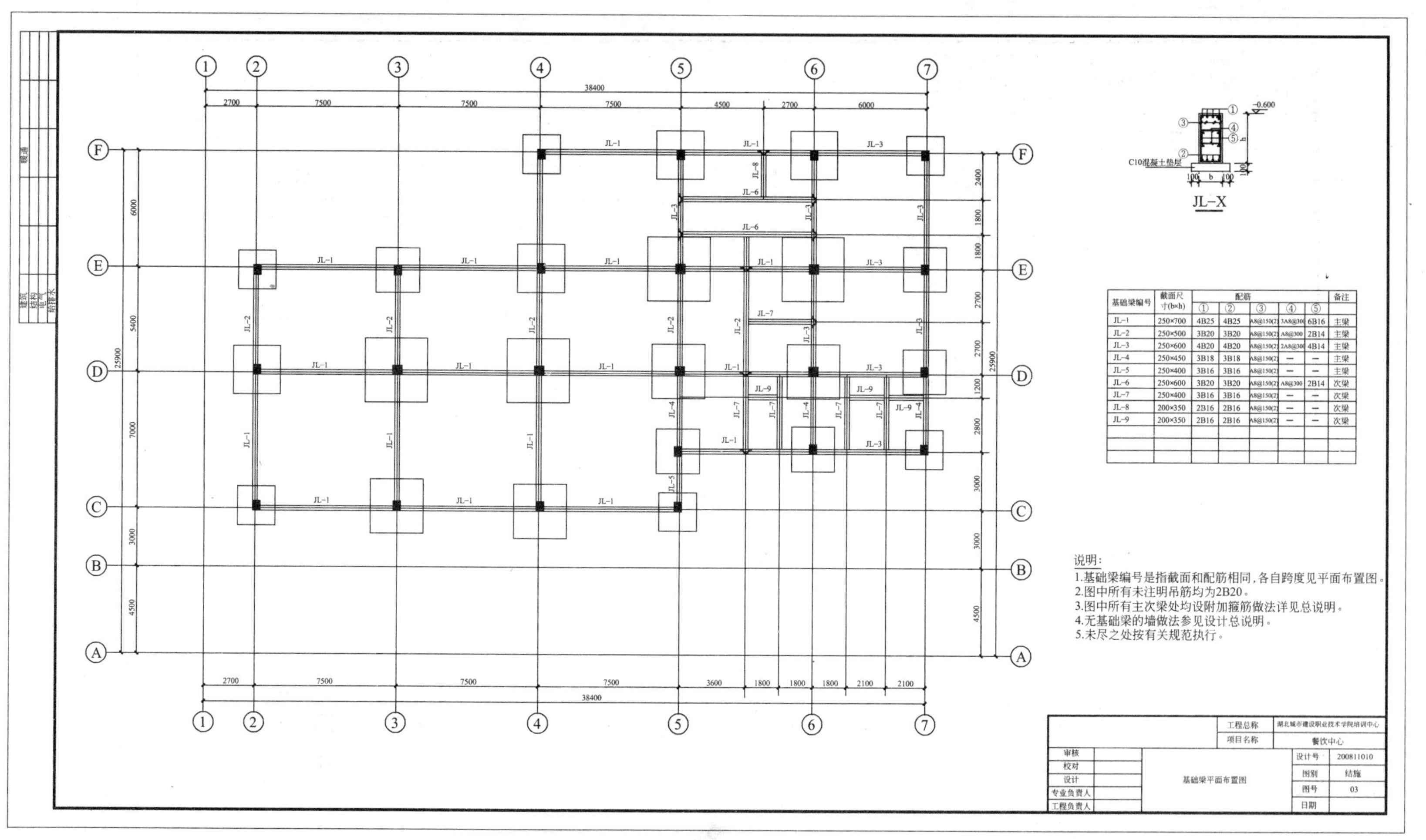

基础梁编号	截面尺寸(b×h)	配筋					备注
		①	②	③	④	⑤	
JL-1	250×700	4B25	4B25	A8@150(2)	3A8@300	6B16	主梁
JL-2	250×500	3B20	3B20	A8@150(2)	A8@300	2B14	主梁
JL-3	250×600	4B20	4B20	A8@150(2)	2A8@300	4B14	主梁
JL-4	250×450	3B18	3B18	A8@150(2)	—	—	主梁
JL-5	250×400	3B16	3B16	A8@150(2)	—	—	主梁
JL-6	250×600	3B20	3B20	A8@150(2)	A8@300	2B14	次梁
JL-7	250×400	3B16	3B16	A8@150(2)	—	—	次梁
JL-8	200×350	2B16	2B16	A8@150(2)	—	—	次梁
JL-9	200×350	2B16	2B16	A8@150(2)	—	—	次梁

图 4.44　基础梁平面布置图 1：100

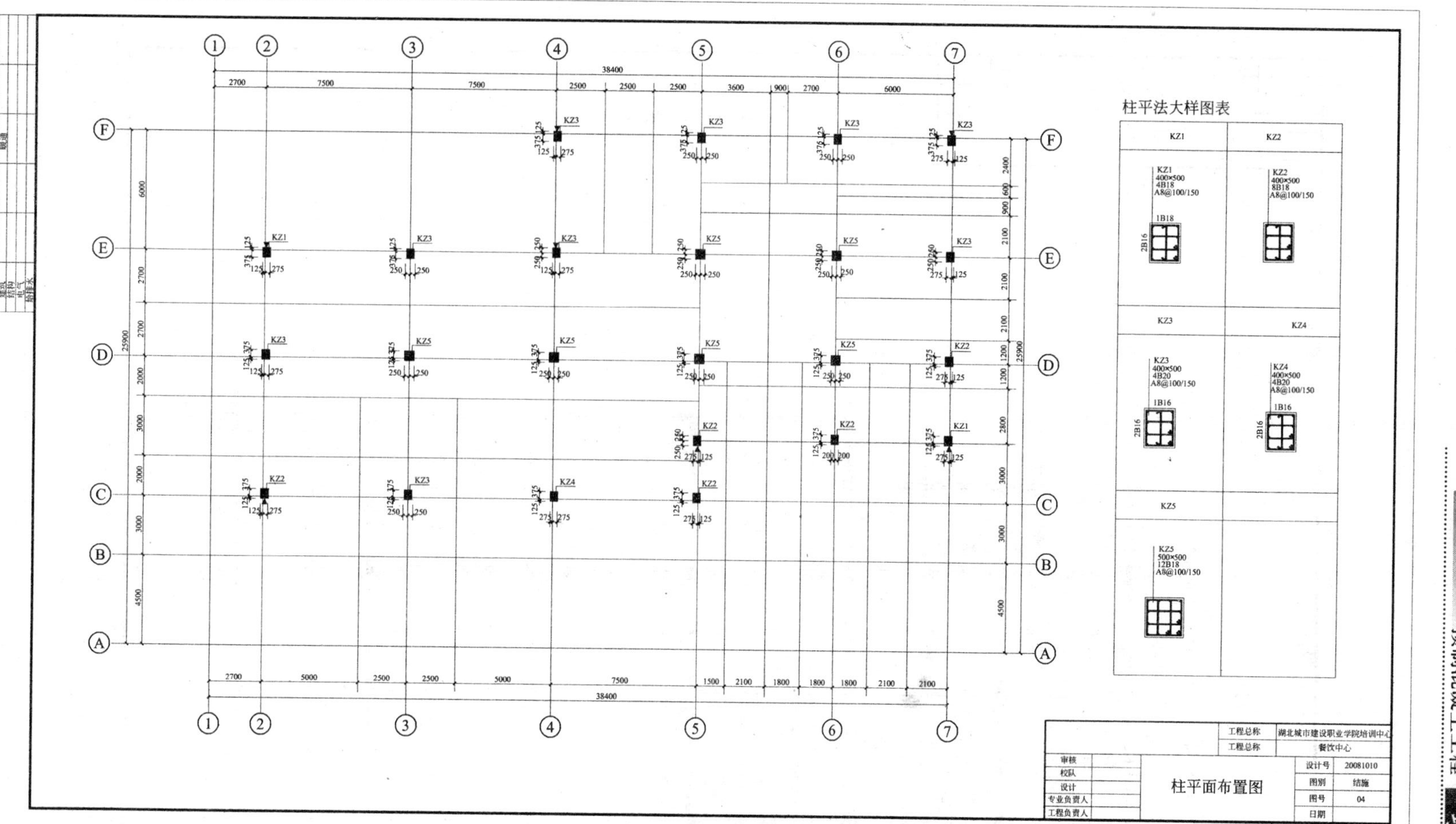

图 4.45 柱平面布置图 1：100

“▲”为沉降观测点

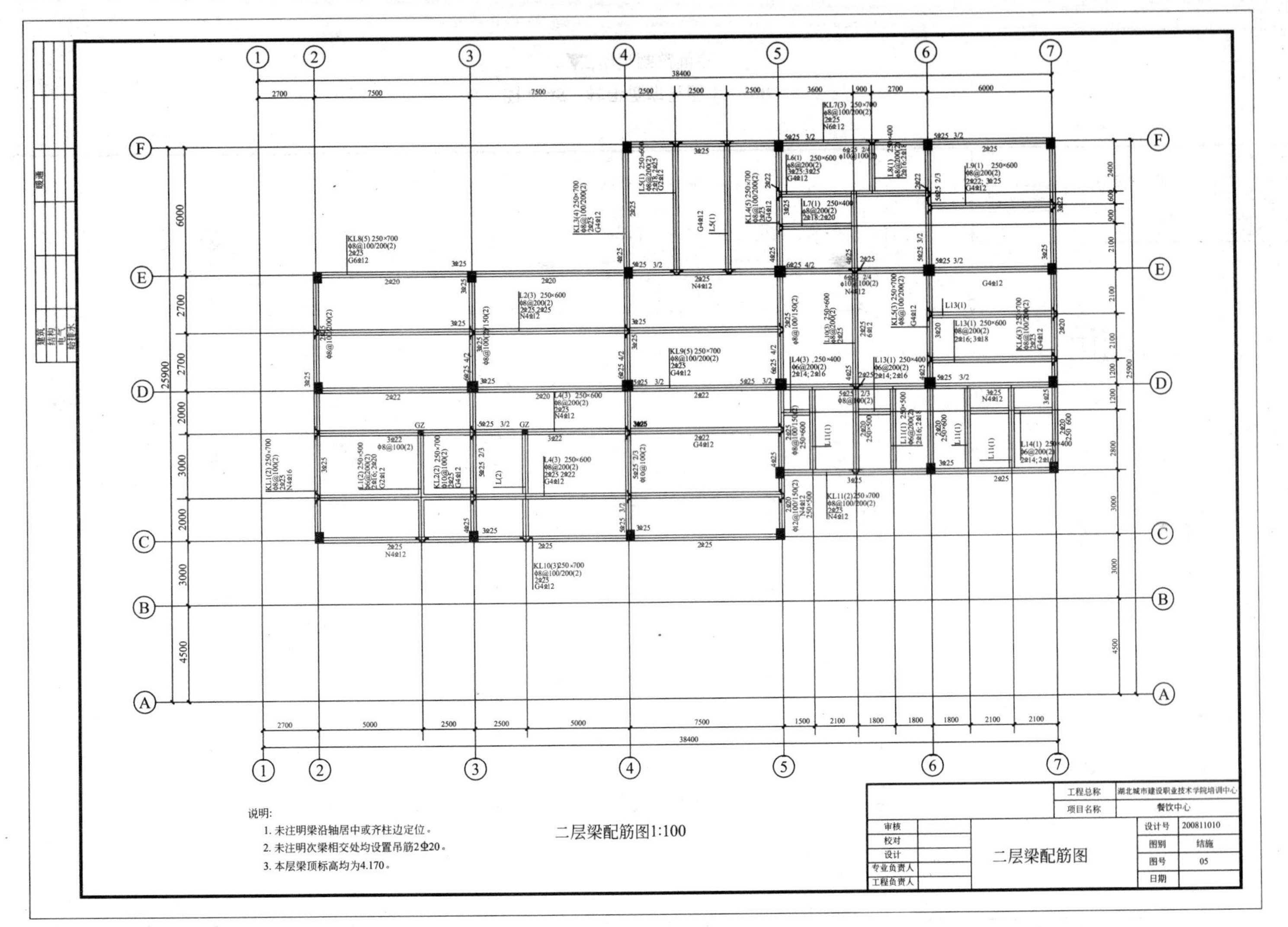

图 4.46　二层梁配筋图 1：100

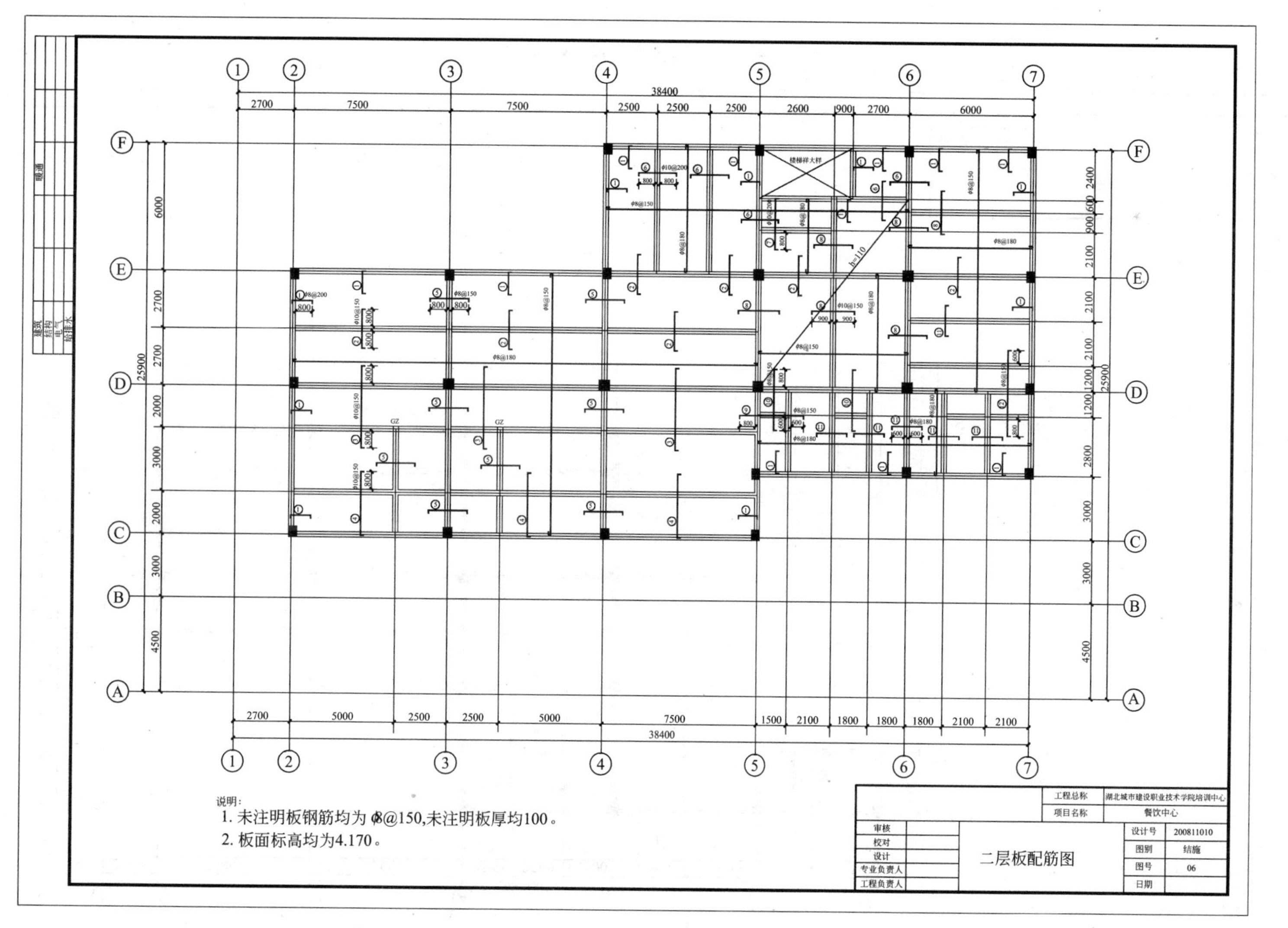

图 4.47 二层板配筋图 1:100

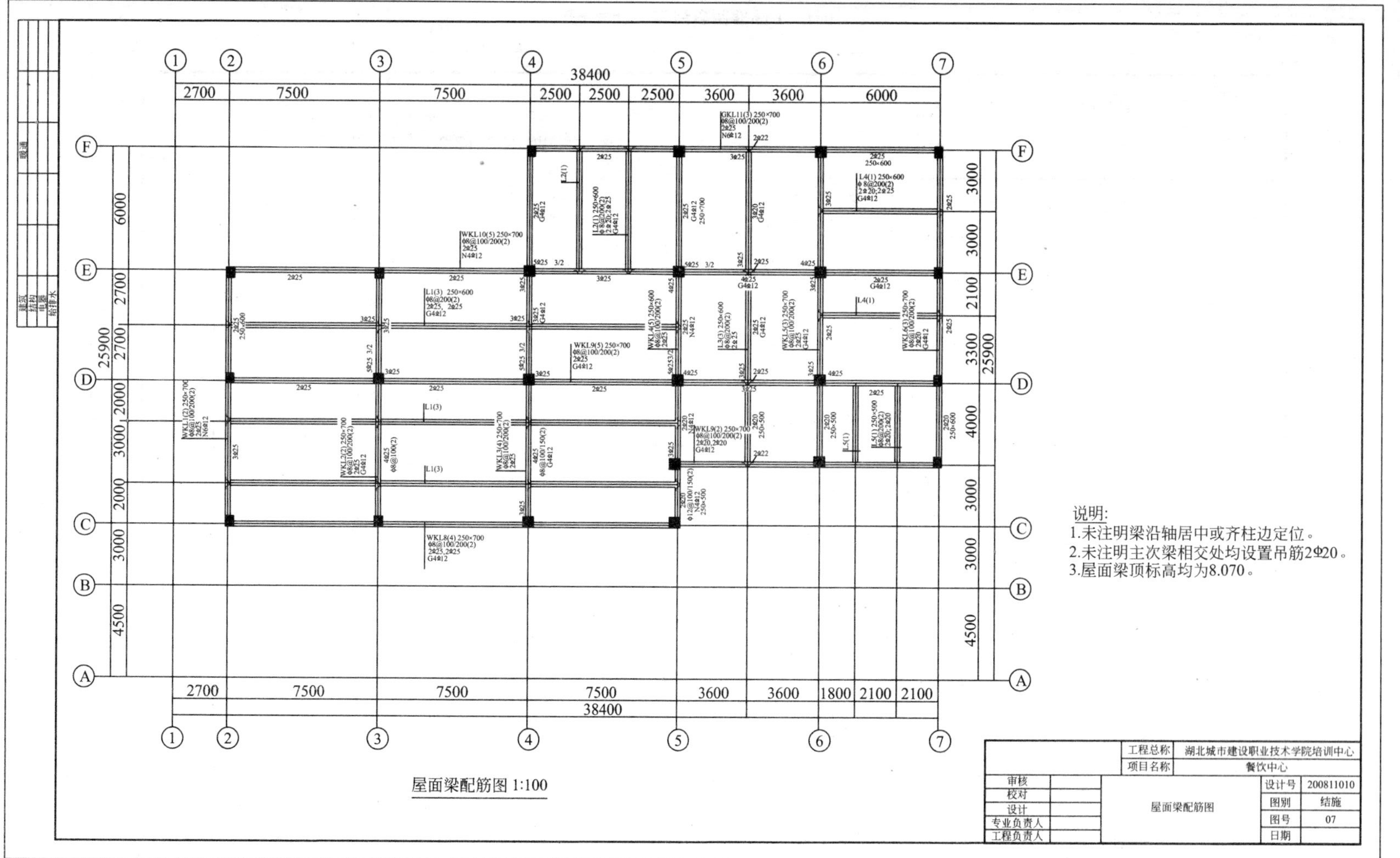

图 4.48 屋面梁配筋图 1：100

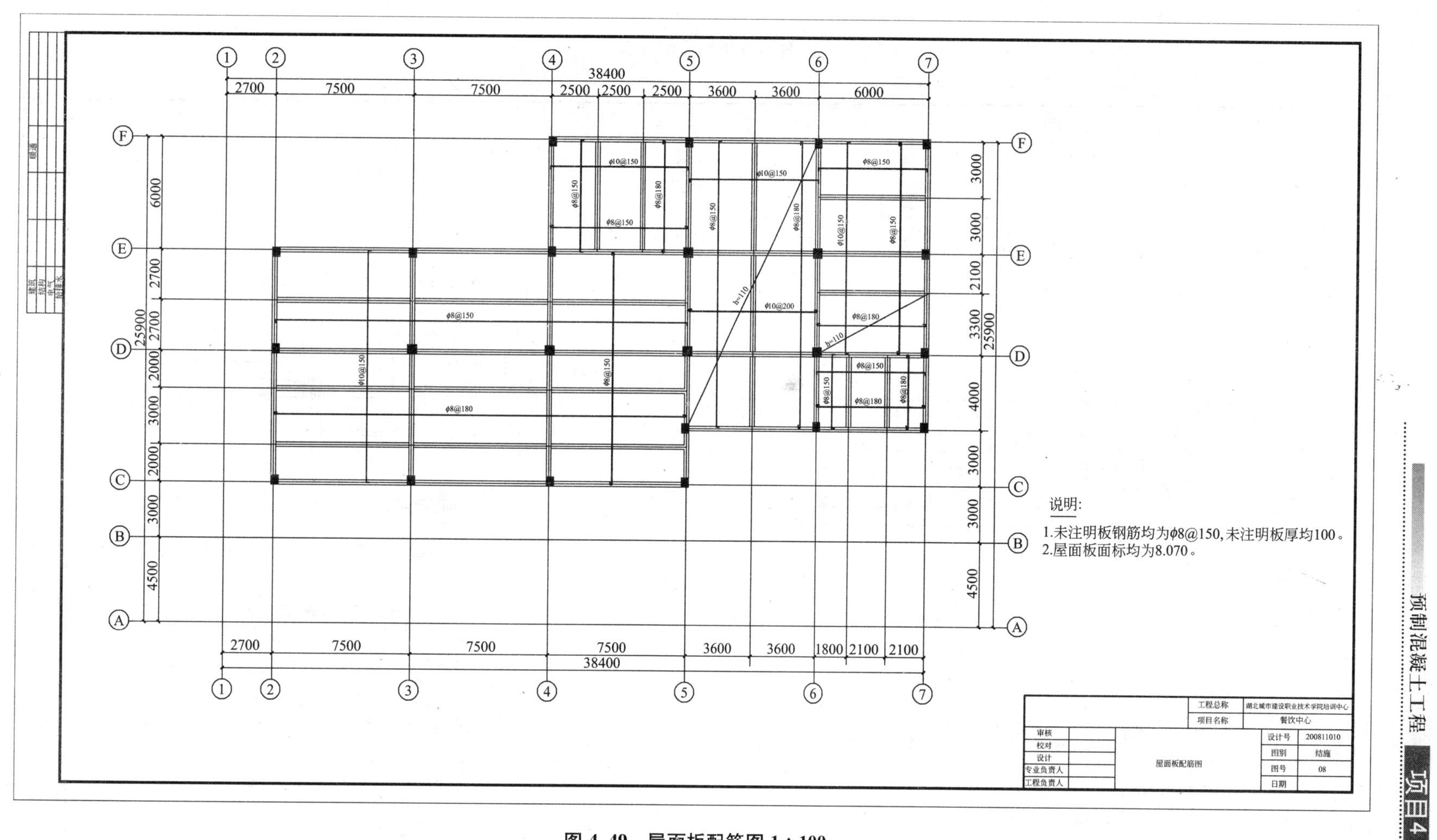

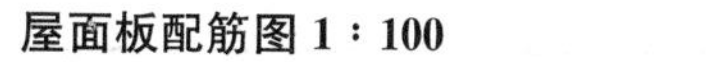

图 4.49 屋面板配筋图 1∶100

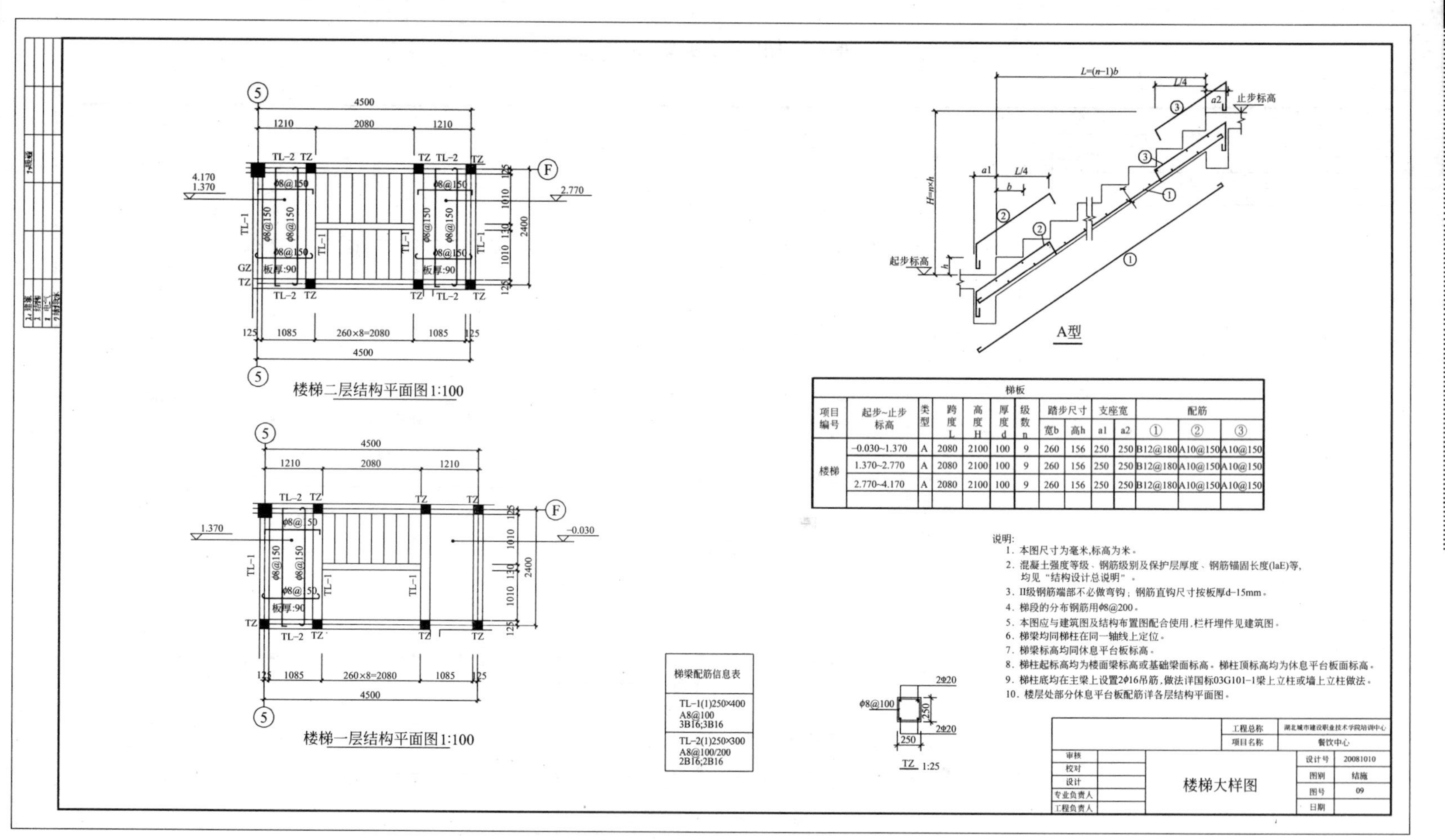
楼梯二层结构平面图1:100
楼梯一层结构平面图1:100
A型
L=(n-1)b
H=n×h
起步标高
止步标高
梯板
项目编号 起步~止步标高 类型 跨度L 高度H 厚度d 级数n 踏步尺寸 宽b 高h 支座宽 a1 a2 配筋 ① ② ③
楼梯 -0.030~1.370 A 2080 2100 100 9 260 156 250 250 B12@180 A10@150 A10@150
1.370~2.770 A 2080 2100 100 9 260 156 250 250 B12@180 A10@150 A10@150
2.770~4.170 A 2080 2100 100 9 260 156 250 250 B12@180 A10@150 A10@150
说明:
1. 本图尺寸为毫米,标高为米。
2. 混凝土强度等级、钢筋级别及保护层厚度、钢筋锚固长度(laE)等,均见“结构设计总说明”。
3. II级钢筋端部不必做弯钩;钢筋直钩尺寸按板厚d-15mm。
4. 梯段的分布钢筋用Φ8@200。
5. 本图应与建筑图及结构布置图配合使用,栏杆埋件见建筑图。
6. 梯梁均同梯柱在同一轴线上定位。
7. 梯梁标高均同休息平台板标高。
8. 梯柱起标高均为楼面梁标高或基础梁面标高。梯柱顶标高均为休息平台板面标高。
9. 梯柱底均在主梁上设置2Φ16吊筋,做法详国标03G101-1梁上立柱或墙上立柱做法。
10. 楼层处部分休息平台板配筋详各层结构平面图。
梯梁配筋信息表
TL-1(1)250×400 A8@100 3B16;3B16
TL-2(1)250×300 A8@100/200 2B16;2B16
TZ 1:25
工程总称 湖北城市建设职业技术学院培训中心
项目名称 餐饮中心
审核 校对 设计 专业负责人 工程负责人
楼梯大样图
设计号 20081010
图别 结施
图号 09
日期

图 4.50　楼梯大样图

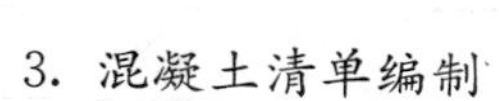

3. 混凝土清单编制

混凝土清单编制见表4－11、表4－12。

表4－11 分部分项工程量清单与计价表

工程名称：　　　　　　　　　　　　　　标段：　　　　　　　　　　　　第　页　共　页

序号	项目编码	项目名称	项目特征描述	计量单位	工程量	金额/元		
						综合单价	合价	其中：暂估价
1	010401006001	垫层	混凝土强度等级：C10 石子最大料径：40mm	m^3	28.58			
2	010401002001	独立基础	混凝土强度等级：C25 石子最大料径：40mm	m^3	77.09			
3	010402001001	矩形柱	混凝土强度等级：C25； 柱截面：500mm×500mm以内； 石子最大料径：40mm	m^3	47.93			
4	010402001002	构造柱	混凝土强度等级：C20 柱截面：200mm×200mm 石子最大料径：40mm	m^3	0.86			
5	010403001001	基础梁	梁底标高：－0.950～1.300 梁截面：250mm×700mm，250mm×500mm，250mm×600mm，250mm×450mm，250mm×400mm，200mm×350mm 混凝土强度等级：C25 石子最大料径：40mm	m^3	37.91			
6	010403005001	过梁	梁截面：200mm×100mm；200mm×200mm；200mm×300mm 混凝土强度等级：C20 石子最大料径：40mm	m^3	4.84			
7	010405001001	有梁板	板厚度：110mm；100mm 混凝土强度等级：C25 石子最大料径：20mm	m^3	200.16			
8	010405008001	雨篷	混凝土强度等级：C20 石子最大料径：20mm	m^3	1.09			
9	010406001001	直形楼梯	混凝土强度等级：C20 石子最大料径：40mm	m^3	13.85			
10	010407001001	其他构件	构件的类型：压顶 混凝土强度等级：C20 石子最大料径：40mm	m	149.6			

（续）

序号	项目编码	项目名称	项目特征描述	计量单位	工程量	金额/元		
						综合单价	合价	其中：暂估价
11	010407002001	散水	混凝土强度等级：C20 石子最大料径：40mm	m^2	101.34			
12	010407002002	坡道	混凝土强度等级：C20	m^2	14.17			

表 4-12　混凝土工程量计算式

序号	项目编码	分部分项工程名称	部位与编号	单位	数量	计算式
1	010401006001	基础垫层		m^3	28.58	∑独立基础垫层＋基础梁垫层
(1)		独立基础垫层	6JC-1	m^3	2.91	$(2+0.2)^2\times0.1\times6$
			5JC-2	m^3	3.13	$(2.3+0.2)^2\times0.1\times5$
			4JC-3	m^3	2.92	$(2.5+0.2)^2\times0.1\times4$
			4JC-4	m^3	3.6	$(2.8+0.2)^2\times0.1\times4$
			4JC-5	m^3	4.9	$(3.3+0.2)^2\times0.1\times4$
(2)		基础梁垫层				
			Ⓒ/②～⑤	m^3	0.95	$(7.5\times3-0.275\times2-0.5-0.4)\times(0.25+0.1\times2)\times0.1$
			Ⓒ/⑤～⑦	m^3	0.56	$(7.2+6-0.125-0.4-0.275)\times(0.25+0.1\times2)\times0.1$
			Ⓓ/②～⑦	m^3	1.49	$(7.5\times3+7.2+6-0.275-0.5\times5-0.275)\times(0.25+0.1\times2)\times0.1$
			Ⓔ/②～⑦	m^3	1.5	$(7.5\times3+7.2+6-0.275-0.5\times5-0.5\times2-0.275)\times(0.25+0.1\times2)\times0.1$
			Ⓕ/④～⑦	m^3	0.86	$(7.5+7.2+6-0.275-0.5\times2-0.275)\times(0.25+0.1\times2)\times0.1$
			Ⓔ～Ⓕ/⑤～⑥	m^3	0.63	$(7.2-0.25)\times(0.25+0.1\times2)\times0.1\times2$
			Ⓓ～Ⓔ/⑤～⑥	m^3	0.15	$(3.6-0.25)\times(0.25+0.1\times2)\times0.1$
			Ⓒ～Ⓓ/⑤～⑦	m^3	0.21	$[(1.8-0.25)+(2.1-0.25)\times2]\times(0.2+0.1\times2)\times0.1$
			②、③/Ⓒ～Ⓔ	m^3	1.01	$(7+5.4-0.375\times2-0.5)\times(0.25+0.1\times2)\times2$

（续）

序号	项目编码	分部分项工程名称	部位与编号	单位	数量	计算式
			④/Ⓒ～Ⓕ	m^3	0.73	(25.9－4.5－3－0.275－0.5×3－0.375)×(0.25＋0.1×2)×0.1
			⑤/Ⓒ～Ⓕ	m^3	0.73	(25.9－4.3－3－0.275－0.5×3－0.375)×(0.25＋0.1×2)×0.1
			⑥、⑦/Ⓒ～Ⓕ	m^3	1.23	(4＋5.4＋6－0.375×2－0.5×2)×(0.25＋0.1×2)×0.1×2
			⑤～⑥/Ⓔ～Ⓕ	m^3	0.09	(2.4－0.25)×(0.2＋0.1×2)×0.1
			⑤～⑥/Ⓓ～Ⓕ	m^3	0.30	(5.4＋1.8－0.25×2)×(0.25＋0.1×2)×0.1
			⑤～⑦/Ⓒ～Ⓓ	m^3	0.68	(4－0.25)×4×(0.25＋0.1×2)×0.1
2	010401002001	独立基础			77.09	
			6JC－1	m^3	12	6×2×2×0.5
			5JC－2	m^3	11.78	5×[2.3×2.3×0.35＋(2.3－0.55×2)^2×0.35]
			4JC－3	m^3	12.74	4×[2.5×2.5×0.4＋(2.5－0.55×2)^2×0.35]
			4JC－4	m^3	17.25	4×[2.8×2.8×0.4＋(2.5－0.55×2)^2×0.45]
			4JC－5	m^3	23.32	4×[3.3×3.3×0.35＋(3.3－0.5×2)^2×0.3＋(3.3－0.5×2－0.55×2)^2×0.3]
3	010402001001	矩形柱			47.93	
			2KZ2	m^3	4	0.4×0.5×(8.1＋2.4－0.5)×2
			3KZ2	m^3	5.88	0.4×0.5×(8.1＋2.4－0.7)×3
			2KZ1	m^3	4	0.4×0.5×(8.1＋2.4－0.5)×2
			2KZ3	m^3	4	0.4×0.5×(8.1＋2.4－0.5)×2
			2KZ3	m^3	3.92	0.4×0.5×(8.1＋2.4－0.7)×2
			4KZ3	m^3	7.8	0.4×0.5×(8.1＋2.4－0.75)×4
			1KZ3	m^3	1.95	0.4×0.5×(8.1＋2.4－0.75)
			1KZ4	m^3	1.95	0.4×0.5×(8.1＋2.4－0.75)
			2KZ5	m^3	4.88	0.5×0.5×(8.1＋2.4－0.75)×2
			4KZ5	m^3	9.55	0.5×0.5×(8.1＋2.4－0.95)×4

（续）

序号	项目编码	分部分项工程名称	部位与编号	单位	数量	计算式
4	010402001002	构造柱 C20	2GZ	m^3	0.86	(0.2×0.2+0.03×0.2×3)×(8.1+0.6−0.1−0.6−0.6)×2
5	010403001001	基础梁			37.91	
			Ⓒ/②～⑤	m^3	3.68	0.25×0.7×(7.5×3−0.275−0.5−0.4−0.275)
			1/c/⑤～⑥	m^3	1.2	0.25×0.7×(7.5−0.125−0.2)
			1/c/⑥～⑦	m^3	0.83	0.25×0.6×(6−0.2−0.275)
			Ⓓ/②～⑥	m^3	4.84	0.25×0.7×(7.5×3+7.2−0.275−0.5×3−0.25)
			Ⓓ/⑥～⑦	m^3	0.82	0.25×0.6×(6−0.25−0.275)
			Ⓔ/②～⑥	m^3	4.86	0.25×0.7×(7.5×3+7.2−0.275−0.5−0.4−0.5−0.25)
			Ⓔ/⑥～⑦	m^3	0.82	0.25×0.6×(6−0.25−0.275)
			Ⓔ～Ⓕ/⑤～⑥	m^3	2.1	2×0.25×0.6×(7.2−0.2)
			Ⓕ/④～⑥/⑥～⑦	m^3	3.21	0.25×0.7×(7.5+7.2−0.275−0.5−0.25)+0.25×0.6×(6−0.25−0.275)
			Ⓓ～Ⓔ/⑤～⑥	m^3	0.38	0.25×0.45×(3.6−0.25)
			Ⓒ～Ⓓ/⑤～⑦	m^3	0.37	0.2×0.35×(1.8−0.25+2.1−0.25+2.1−0.25)
			②③④/Ⓒ～Ⓓ	m^3	3.46	0.25×0.7×(7−0.375−0.125+7−0.375−0.125+7−0.125×2)
			②③④/Ⓓ～Ⓔ	m^3	1.76	0.25×0.5×(5.4−0.375×2+5.4−0.375×2+5.4−0.375−0.25)
			④/Ⓔ～Ⓕ	m^3	0.81	0.25×0.6×(6−0.25−0.375)
			⑤/⑦～1/c	m^3	0.5	0.25×0.4×(6−0.275−0.5−0.25)
			⑤⑥⑦/1/c～Ⓓ	m^3	1.61	0.25×0.45×(4−0.25−0.125+4−0.25−0.125+4−0.375−0.125+4−0.375−0.125)
			⑤⑥⑦/Ⓓ～Ⓔ	m^3	1.79	0.25×0.5×(5.4−0.375−0.25)×3

(续)

序号	项目编码	分部分项工程名称	部位与编号	单位	数量	计算式
			⑤⑥⑦/Ⓔ～Ⓕ	m^3	2.42	0.25×0.6×(5.6－0.375－0.25)×3
			⑤⑥/轴间 JL－8	m^3	0.15	0.2×0.35×(2.4－0.25)
			⑤～⑥/Ⓓ～1/e	m^3	0.84	0.25×0.5×(5.4＋1.8－0.25－0.25)
			⑤⑥⑦/Ⓓ－1/c(JL－4)	m^3	1.20	0.25×0.45×(4－0.25－0.125＋4－0.375－0.125＋4－0.375－0.125)
			⑤/Ⓒ～1/c(JL－5)	m^3	0.26	0.25×0.4×(3－0.125－0.25)
6	010403005001	过梁			4.84	
			11C－1	m^3	1.01	0.2×0.2×(1.8＋0.5)×11
			14C－1A	m^3	1.29	0.2×0.2×(1.8＋0.5)×14
			2C－2	m^3	0.04	0.2×0.1×(0.6＋0.5)×2
			4C－3	m^3	0.16	0.2×0.1×(1.5＋0.5)×4
			2C－4	m^3	0.06	0.2×0.1×(0.9＋0.5)×2
			2C－5	m^3	0.08	0.2×0.1×(1.5＋0.5)×2
			C－6	m^3	0.3	0.2×0.3×(4.5＋0.5)
			C－7	m^3	0.11	0.2×0.2×(2.1＋0.5)
			FM－1	m^3	0.04	0.2×0.1×(1.5＋0.5)
			FM－2	m^3	0.04	0.2×0.1×(1.5＋0.5)
			2GC－1	m^3	0.18	0.2×0.2×(1.8＋0.5)×2
			5GC－2	m^3	0.2	0.2×0.1×(1.5＋0.5)×5
			10GC－3	m^3	0.22	0.2×0.1×(0.6＋0.5)×10
			LC－1A	m^3	0.04	0.2×0.1×(1.5＋0.5)
			4LC－2	m^3	0.09	0.2＋0.1×(0.6＋0.5)×4
			M－1	m^3	0.09	0.2×0.2×(1.8＋0.5)
			11M－2	m^3	0.44	0.2×0.1×(1.5＋0.5)×11
			M－3	m^3	0.04	0.2×0.1×(1.2＋0.5)
			8M－4	m^3	0.04	0.2×0.1×(1＋0.5)×8
			3M－5	m^3	0.08	0.2×0.1×(0.9＋0.5)×3
			10M－6	m^3	0.26	0.2×0.1×(0.8＋0.5)×10

（续）

序号	项目编码	分部分项工程名称	部位与编号	单位	数量	计算式
			M－4A	m^3	0.03	0.2×0.1×(1+0.5)
7	010405001001	有梁板		m^3	200.16	∑二层+屋顶层
(1)		二层有梁板		m^3	99.35	
			Ⓒ/②～⑤	m^3	3.16	0.25×(0.7－0.1)×(7.5×3－0.275－0.5－0.4－0.275)
			Ⓒ～Ⓓ/②～⑤	m^3	5.21	0.25×(0.6－0.1)×(7.5×3－0.25×5)×2
			Ⓒ～Ⓓ/⑤～⑦	m^3	0.96	0.25×(0.7－0.1)×(7.2－0.125－0.4－0.275)
			L12(1)	m^3	0.09	0.25－(0.4－0.1)×(1.5－0.25)
			L13(1)	m^3	0.12	0.25－(0.4－0.1)×(1.8－0.25)
			L14(2)	m^3	0.28	0.25×(0.4－0.1)×(2.1－0.25)×2
			Ⓓ/②～⑦	m^3	5.02	0.25×(0.7－0.1)×(38.4－2.7－0.275－0.5×4－0.275)
			Ⓓ～Ⓔ/②～⑤	m^3	2.72	0.25×(0.6－0.1)×(7.5×3－0.25－3)
			Ⓓ～Ⓔ/⑥～⑦	m^3	1.44	0.25×(0.6－0.1)×(6－0.25)×2
			Ⓔ/②～⑦	m^3	4.99	0.25×(0.7－0.1)×(38.4－2.7－0.275×2－0.5×3－0.4)
			L6(1)	m^3	0.87	0.25×(0.6－0.1)×(7.2－0.25)
			L7(1)	m^3	0.25	0.25×(0.4－0.1)×(3.6－0.25)
			L9(1)	m^3	0.72	0.25×(0.6－0.1)×(6－0.25)
			Ⓔ/④～⑦	m^3	2.87	0.25×(0.7－0.1)×(7.5+7.2+6－0.275×2－0.5×2)
			②③/Ⓒ～Ⓔ	m^3	3.35	2×0.25×(0.7－0.1)×(7+5.4－0.375－0.5－0.375)
			②～④/Ⓒ～Ⓓ	m^3	1.07	0.25×(0.6－0.1)×(5－0.25)+0.25×(0.5－0.1)×(5－0.25)

（续）

序号	项目编码	分部分项工程名称	部位与编号	单位	数量	计算式
			④/Ⓒ～Ⓕ	m^3	2.65	0.25×(0.7－0.1)×(25.9－4.5－3－0.275－0.5×2－0.375)
			④～⑤/Ⓔ～Ⓕ	m^3	1.44	2×0.25×(0.6－0.1)×(6－0.25)
			⑤/Ⓔ～Ⓕ	m^3	2.36	0.25×(0.7－0.1)×(25.9－4.5－3－0.275－0.5×4－0.375)
			⑤～⑥/Ⓔ～Ⓕ	m^3	0.16	0.25×(0.4－0.1)×(2.4－0.25)
			⑤～⑥/Ⓒ～Ⓕ	m^3	1.53	0.25×(0.6－0.1)×(4＋5.4＋3.6－0.25×3)
			⑤～⑦/Ⓒ～Ⓓ	m^3	1.5	4×0.25×(0.6－0.1)×(4－0.25)
			⑥/Ⓒ～Ⓕ	m^3	2.05	0.25×(0.7－0.1)×(4＋5.4＋6－0.375×2－0.5×2)
			⑦/Ⓒ～Ⓕ	m^3	2.05	0.25×(0.7－0.1)×(4＋5.4＋6－0.375×2－0.5×2)
			②～④/Ⓒ～Ⓔ	m^3	19.01	[(7＋5.4＋0.25)×(7.5×2＋0.125)－0.4×0.5×6－0.125×0.5]×0.1
			④～⑤/Ⓑ～Ⓕ	m^3	13.85	[7.5×(25.9－4.5－3＋0.25)－0.4×0.5×4－0.4×0.4－0.125×0.5×3－0.15×0.5×2－0.15×0.4]×0.1
			⑤～⑥/Ⓓ～1/e	m^3	7.5	[(7.2＋0.25)×(5.4＋3.6＋0.25)－(0.25＋0.125)×0.5×4]×0.11
			⑤～⑥/Ⓒ～Ⓓ	m^3	3.05	[(7.2＋0.25)×(4＋0.125)－0.25×0.5－0.325×0.5]×0.1
			⑤～⑥/1/e～Ⓕ	m^3	0.59	[(2.4＋0.125)×(2.7＋0.25)－(0.375×0.5)×2]×0.1
			⑥～⑦/1/c～Ⓕ	m^3	9.45	[(6＋0.125)×(4＋5.4＋6＋0.25)－0.125×0.5×3－0.75×0.5－0.4×0.5×4]×0.1
(2)		屋面有梁板			100.81	
			Ⓒ/②～⑤	m^3	3.16	0.25×(0.7－0.1)×(7.5×3－0.275×2－0.5－0.4)

（续）

序号	项目编码	分部分项工程名称	部位与编号	单位	数量	计算式
			Ⓒ～Ⓔ/②～⑤	m^3	8.16	3×0.25×(0.6－0.1)×(7.5×3－0.25×3)
			Ⓓ/②～⑦	m^3	4.97	0.25×(0.7－0.1)×(38.4－2.7－0.275×2－0.5×4)
			1/c/⑤～⑦	m^3	1.86	0.25×(0.7－0.1)×(7.2＋6－0.125－0.4－0.275)
			Ⓔ/②～⑦	m^3	4.99	0.25×(0.7－0.1)×(38.4－2.7－0.275－0.5×3－0.4－0.275)
			Ⓔ～Ⓕ/⑥～⑦	m^3	1.44	0.25×(0.6－0.1)×(6－0.25)×2
			Ⓕ/④～⑦	m^3	2.87	0.25×(0.7－0.1)×(7.5＋7.2＋6－0.275×2－0.5×2)
			②/Ⓒ～Ⓔ	m^3	1.67	0.25×(0.7－0.1)×(7＋5.4－0.375×2－0.5)
			③/Ⓒ～Ⓔ	m^3	1.67	0.25×(0.7－0.1)×(7＋5.4－0.375×2－0.5)
			④/Ⓒ～Ⓕ	m^3	2.65	0.25×(0.7－0.1)×(25.9－4.5－3－0.275－0.5×2－0.375)
			④～⑤/Ⓔ～Ⓕ	m^3	1.44	0.25×(0.6－0.1)×(6－0.25)×2
			⑤/Ⓑ～Ⓕ	m^3	2.03	0.25×(0.6－0.1)×(25.9－4.5－3－0.275－0.5×3－0.375)
			⑤～⑥/Ⓒ～Ⓕ	m^3	1.83	0.25×(0.6－0.1)×(4＋5.4＋6－0.25×3)
			⑥/Ⓒ～Ⓕ	m^3	2.05	0.25×(0.7－0.1)×(4＋5.4＋6－0.375×2－0.5×2)
			⑥～⑦/Ⓒ～Ⓓ	m^3	0.75	0.25×(0.5－0.1)×(4－0.25)×2
			⑦/Ⓒ～Ⓔ	m^3	2.05	0.25×(0.7－0.1)×(4＋5.4＋6－0.375×2－0.5×2)
			②～④/Ⓒ～Ⓔ	m^3	19.01	[(7＋5.4＋0.25)×(7.5×2＋0.125)－0.4×0.5×5－0.5×0.5－0.125×0.5]×0.1
			④～⑤/Ⓔ～Ⓕ	m^3	16.09	[7.5×(25.9－4.5＋0.25)－0.4×0.5×3－0.4×0.4－0.375×0.5－0.125×0.5×3－0.25×0.5×2－0.25×4]×0.1

（续）

序号	项目编码	分部分项工程名称	部位与编号	单位	数量	计算式
			⑤～⑥/1/c～Ⓕ	m^3	12.67	[(7.2+0.25)×(4+5.4+6+0.25)−0.375×0.5×6−0.25×0.5−0.325×0.5]×0.11
			⑥～⑦/1/d/～Ⓕ	m^3	4.78	[(6+2.1)×6−2×0.375×0.5−0.4×0.5×2]×0.1
			⑥～⑦/Ⓓ～1/d	m^3	2.3	[(3.3+0.25)×6−0.375×0.5−0.4×0.5]×0.11
			⑥～⑦/1/c～Ⓓ	m^3	2.37	(6×4−0.275×0.5−0.4×0.5)×0.1
8	010405008001	雨篷		m^3	1.09	3×1.5×0.45+2×2×1×0.1×0.45
9	010406001001	直形楼梯		m^3	13.85	(2.4−0.25)×(4.5−0.25)+1.085×(2.4−0.25)+2.08×(1.01+0.15)
10	010407001001	混凝土压顶		m	149.6	(3+7.5)×2+(38.4+25.9)×2
11	010407002001	散水		m^3	101.34	(109+4×0.9)×0.9

小　　结

本章介绍了预制混凝土工程的结构构造、施工技术和清单编制方法。结构构造包括预制混凝土楼板、预制装配式混凝土楼梯；施工技术包括预应力混凝土工程的施工工艺(先张法、后张法、无黏结预应力施工)、预应力混凝土工程的质量标准；清单编制方法包括预制混凝土柱、梁、屋架、板、楼梯及其他预制构件等内容，清单工程量编制中可有多个计量单位选择，选择的计量单位不同算量方法也随之不同。

复习思考题

1. 预制板的类型有哪些？各有何特点？
2. 装配式楼板的连接构造有何要求？
3. 什么是叠合楼板？有何特点？
4. 小型构件装配式楼梯的踏步板支承方式有哪些？各种支承方式的构造如何？
5. 板缝的调整措施有哪些？
6. 先张法施工工艺的概念是什么？

7. 后张法施工工艺要点是什么？
8. 无黏结预应力施工工艺的技术特点是什么？适用于什么结构类型的工程项目？
9. 预应力混凝土的锚具有何规定？
10. 预应力空心板的清单工程量编制方法是什么？
11. 其他构件包括哪些内容？分别应该如何计算？

项目5

现浇混凝土模板工程

教学目标

掌握现浇混凝土模板的种类、作用和基本要求；熟悉模板的构造与安装及拆除；熟练掌握模板的清单编制方法，并能准确列项、独立填写分部分项工程量清单与计价表。

教学要求

知识要点	能力要求	相关知识	所占分值（100分）	自评分数
现浇混凝土模板工程施工技术	掌握模板的种类、作用和基本要求；掌握模板的构造与安装；掌握模板的拆除	模板的种类，模板系统的组成、作用及基本要求；木模板、组合钢模板、胶合板模板、大模板、滑升模板、爬升模板、其他形式模板的拆除	40	
现浇混凝土模板工程清单编制实务	掌握基本层现浇混凝土构件模板的清单编制方法；掌握超高层模板的算法	按混凝土接触面积计算的构件；按水平投影面积计算的构件；超高层工程量的计算方法	60	

章节导读

模板工程的施工工艺包括模板的选材、选型、设计、制作、安装、拆除和周转等过程。模板工程是钢筋混凝土结构工程的重要组成部分，特别是在现浇钢筋混凝土结构工程施工中占有主导地位，决定施工方法和施工机械的选择，直接影响工期和造价。

今天学习的现浇混凝土模板工程就是要通过系统地学习去掌握模板的种类、作用和基本要求；熟悉模板的构造与安装及拆除；熟练掌握模板的清单编制方法。

5.1 现浇混凝土模板工程施工技术

5.1.1 模板的种类、作用和基本要求

模板的种类很多，按材料分类，可分为木模板、钢木模板、胶合板模板、钢竹模板、钢模板、塑料模板、玻璃钢模板、铝合金模板等；按结构的类型可分为基础模板、柱模板、楼板模板、楼梯模板、墙模板、壳模板和烟囱模板等；按施工方法分类，有现场装拆式模板、固定式模板和移动式模板。随着新结构、新技术、新工艺的采用，模板工程也在不断发展，其方向是构造由不定型向定型发展；材料由单一木模板向多种材料模板发展；功能由单一功能向多功能发展。

模板系统包括模板、支架和紧固件3部分。它是保证混凝土在浇注过程中保持正确的形状和尺寸，是混凝土在硬化过程中进行防护和养护的工具。为此，模板和支架必须符合下列要求，保证工程结构和构件各部位形状尺寸和相对位置的正确；具有足够的承载能力、刚度和稳定性，能可靠地承受新浇混凝土的自重和侧压力以及施工荷载；构造简单、装拆方便，便于钢筋的绑扎、安装和混凝土的浇注、养护；模板的接缝严密，不得漏浆；能多次周转使用。如图5.1所示，为梁的侧模的紧固件，又称步步紧。

图5.1 紧固件

5.1.2 模板的构造与安装

1. 木模板

木模板及其支架系统一般在加工厂或现场木工棚制成基本元件(拼板)，然后再在现场拼装。拼板(图5.2)的长短、宽窄可以根据混凝土构件的尺寸，设计出几种标准规格，以便组合使用。拼板的板条厚度一般为25～50mm，宽度不宜超过200mm，以保证干缩时缝隙均匀，浇水后易于密封，受潮后不易翘曲。但梁底板的板条宽度不受限制，以减少拼缝、防止漏浆为原则。拼条截面尺寸为(25～50)mm×(40～70)mm。梁侧板的拼条一般立放(图5.2(b))，其他则可平放。拼条间距决定于所浇注混凝土侧压

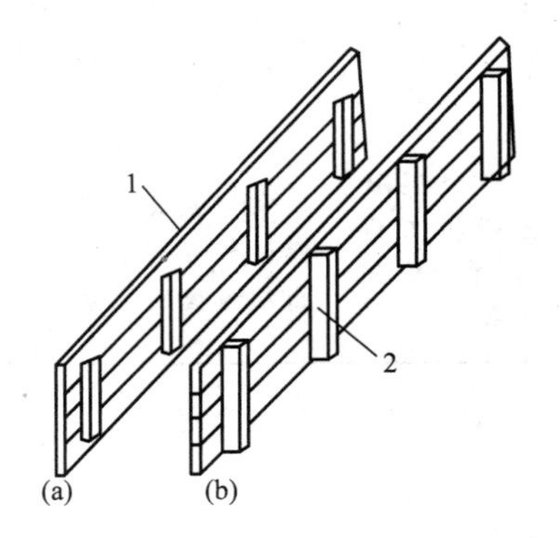

图5.2 拼板的构造

(a) 一般拼板；(b) 梁侧板的拼板

1—板条；2—拼条

力的大小及板条的厚度，多为400～500mm。

1）基础模板

基础一般高度较小，体积较大。当土质良好时可以不用侧模，原槽灌筑，图5.3、图5.4分别是条形基础模板和阶形独立柱基础模板的示例。

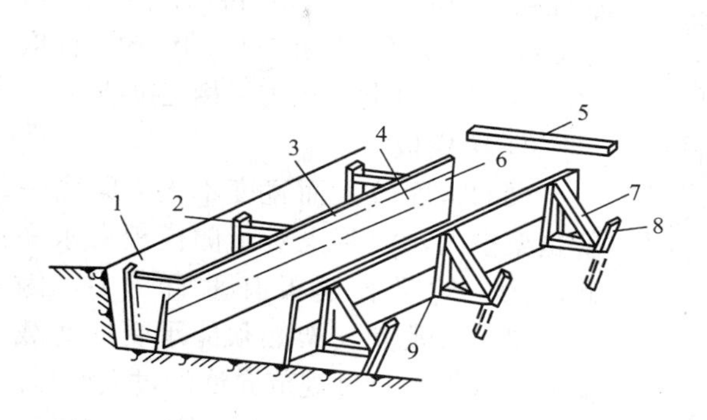

图5.3 条形基础模板

1—平撑；2—垫木；3—准线；4—钉子；
5—搭头木；6—侧板；7—斜撑；8—木桩；9—木挡

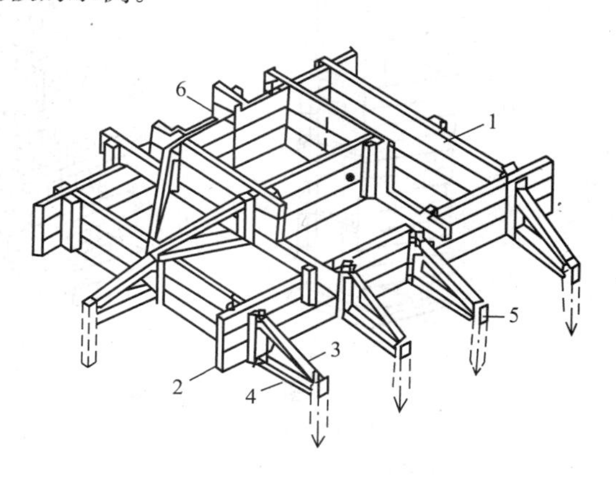

图5.4 阶形独立柱基础模板

1—侧板；2—木挡；3—斜撑；
4—平撑；5—木桩；6—中线

安装前，应校核基础的中心线和标高，如是独立柱基，即将模板中心线对准基础中心线；如是带形基础，即将模板对准基础边线，然后校正模板上口的标高，使其符合设计标高，并做出标志。当中心线位置和标高无误后，按图5.3、图5.4所示钉稳、撑牢。基础的侧模如是错缝拼接的，应高缝在外，在安装柱基模板时，应与钢筋的绑扎配合进行。

【引例1】

图5.5所示为某单层工业厂房的柱模。

【观察思考】

该柱的模板为木模，柱箍为钢管，“3”字形紧固件，提问：柱侧模板上的圆洞有何作用？

2）柱模板

柱子的断面尺寸不大但比较高。因此，柱子模板的构造和安装主要考虑保证垂直度及抵抗新浇混凝土的侧压力，与此同时，也要便于浇注混凝土、清理垃圾与钢筋绑扎等。

图5.5 柱模

柱模板由两块相对的内拼板夹在两块外拼板之间组成，如图5.6(a)所示。亦可用短横板(门子板)代替外拼板钉在内拼板上，如图5.6(b)所示。有些短横板可先不钉上，作为混凝土的浇注孔，待混凝土浇至其下口时再钉上。

柱模板底部开有清理孔，沿高度每隔2m开有浇筑孔。柱底部一般有一钉在底部混凝土上的木框，用来固定柱模板的位置。为承受混凝土侧压力，拼板外要设柱箍，柱箍可为木制、钢制或钢木制。柱箍间距与混凝土侧压力大小、拼板厚度有关，由于侧压力是下大上小，因而柱模板下部柱箍较密。柱模板顶部根据需要开有与梁模板连接的缺口。

安装柱模前，应先绑扎好钢筋，测出标高并标在钢筋上，同时在已浇注的基础顶面或楼面上固定好柱模板底部的木框，在内外拼板上弹出中心线，根据柱边线及木框位置竖立内外拼板，并用斜撑临时固定，然后由顶部用锤球校正，使其垂直。检查无误后，即用斜撑钉牢固定。同在一条轴线上的柱，应先校正两端的柱模板，再从柱模板上口中心线拉一铁丝来校正中间的柱模。柱模之间还要用水平撑及剪刀撑相互拉结。

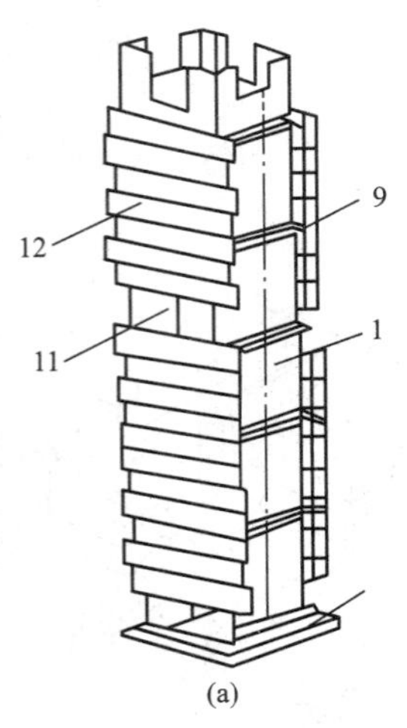

图 5.6　柱模板

(a) 拼板柱模板；(b) 短横板柱模板

1—内拼板；2—外拼板；3—柱箍；4—梁缺口；5—清理孔；6—木框；7—盖板；8—拉紧螺栓；9—拼条；10—三角木条；11—浇注孔；12—短横板

3) 梁模板

梁的跨度较大而宽度不大。梁底一般是架空的，混凝土对梁侧模板有水平侧压力，对梁底模板有垂直压力，因此，梁模板及其支架必须能承受这些载荷而不致发生超过规范允许的过大变形。

梁模板(图 5.7)主要由底模、侧模、夹木及其支架系统组成，底模板承受垂直载荷，一般较厚，下面每隔一定间距(800～1200mm)有顶撑支撑。顶撑可以用圆木、方木或钢管制成。顶撑底应加垫一对木楔块以调整标高。为使顶撑传下来的集中载荷均匀地传给地面，在顶撑底加铺垫板。多层建筑施工中，应使上、下层的顶撑在同一条竖向直线上。侧模板承受混凝土侧压力，应包在底模板的外侧，底部用夹木固定，上部由斜撑和水平拉条固定。如梁跨度等于或大于 4m，应使梁底模起拱，防止新浇注混凝土的载荷使跨中模板下挠。如设计无规定时，起拱高度宜为全跨长度的 1/1000～3/1000。

4) 楼板模板

楼板的面积大而厚度比较薄，侧压力小。楼板模板及其支架系统，主要承受钢筋混凝土的自重及其施工载荷，保证模板不变形。如图 5.8 所示，楼板模板底模用木板条或用定

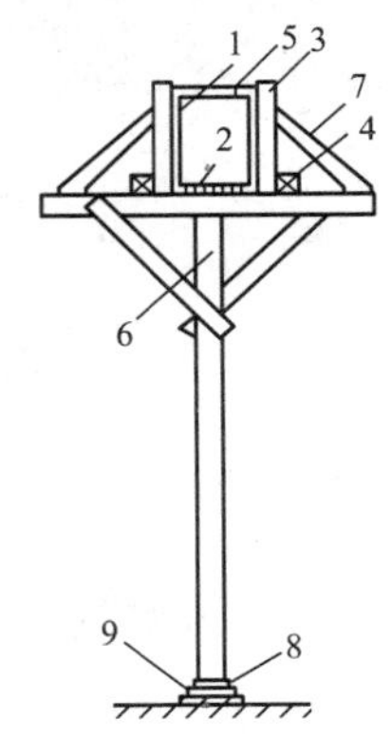

图 5.7　单梁模板

1—侧模板；2—底模板；3—侧模拼条；4—夹木；5—水平拉条；6—顶撑(支架)；7—斜撑；8—木楔；9—木垫板

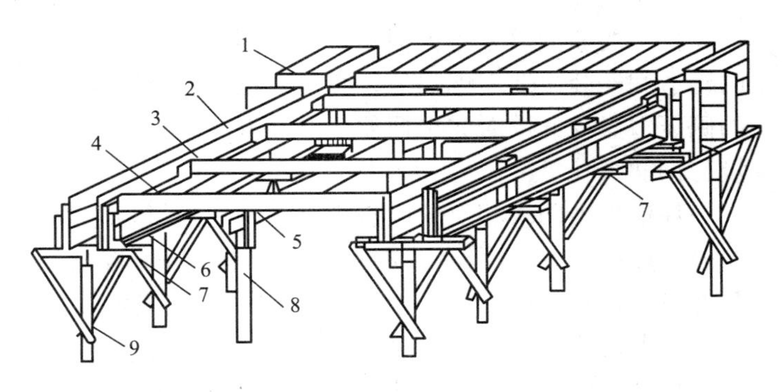

图 5.8　有梁楼板模板

1—楼板模板；2—梁侧模板；3—楞木；4—托木；5—杠木；6—夹木；7—短撑木；8—立柱；9—顶撑

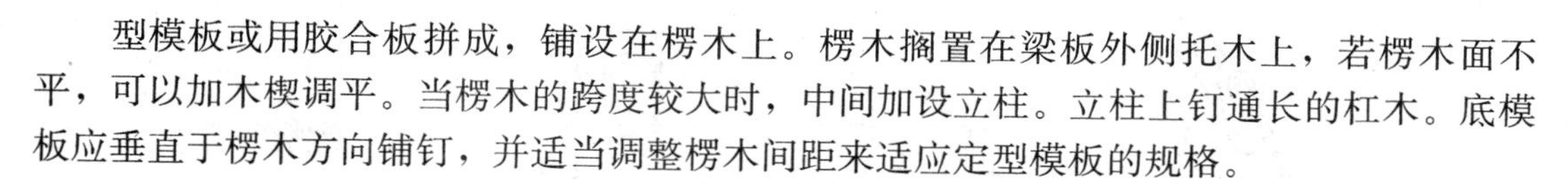

型模板或用胶合板拼成，铺设在楞木上。楞木搁置在梁板外侧托木上，若楞木面不平，可以加木楔调平。当楞木的跨度较大时，中间加设立柱。立柱上钉通长的杠木。底模板应垂直于楞木方向铺钉，并适当调整楞木间距来适应定型模板的规格。

2. 组合钢模板

组合钢模板通过各种连接件和支承件可组合成多种尺寸和几何形状，以适应各种类型建筑物捣制钢筋混凝土梁、柱、板、墙、基础等施工所需要的模板，也可用其拼成大模板、滑模、筒模和台模等。施工时可在现场直接组装，亦可预拼装成大块模板或构件模板用起重机吊运安装。

1）组合钢模板的组成

组合钢模板是由模板、连接件和支承件组成。模板包括平面模板(P)、阴角模板(E)、阳角模板(Y)、连接角模(J)，此外还有一些异形模板，如图 5.9 所示。钢模板的厚度为 2～3mm，钢模板的宽度有 100mm、150mm、200mm、250mm、300mm 这 5 种规格，其长度有 450mm、600mm、750mm、900mm、1200mm、1500mm 这 6 种规格，可适应横竖拼装。组合钢模板的连接件包括 U 形卡、L 形插销、钩头螺栓、对拉螺栓、紧固螺栓和扣件等，如图 5.10 所示。U 形卡用于相邻模板的拼接，其安装距离不大于 300mm，即每隔一孔卡插一个，安装方向一顺一倒相互错开，以抵消因打紧 U 形卡可能产生的位移。L 形插销用于插入钢模板端部横肋的插销孔内，以加强两相邻模板接头处的刚度和保证接头处板面平整。钩头螺栓用于钢模板与内外钢楞的加固，安装间距一般不大于 600mm，长度应与采用的钢楞尺寸相适应。紧固螺栓用于紧固内外钢楞，长度应与采用的钢楞尺寸相适应。对拉螺栓用于连接墙壁两侧模板，保持模板与模板之间的设计厚度，并承受混凝土侧压力及水平载荷，使模板不变形。扣件用于钢楞与钢楞或钢楞与钢模板之间的扣紧，按钢楞的不同形状，分别采用蝶形扣件和“3”形扣件。组合钢模板的支承件包括柱箍、钢楞、支架、斜撑、钢桁架等。

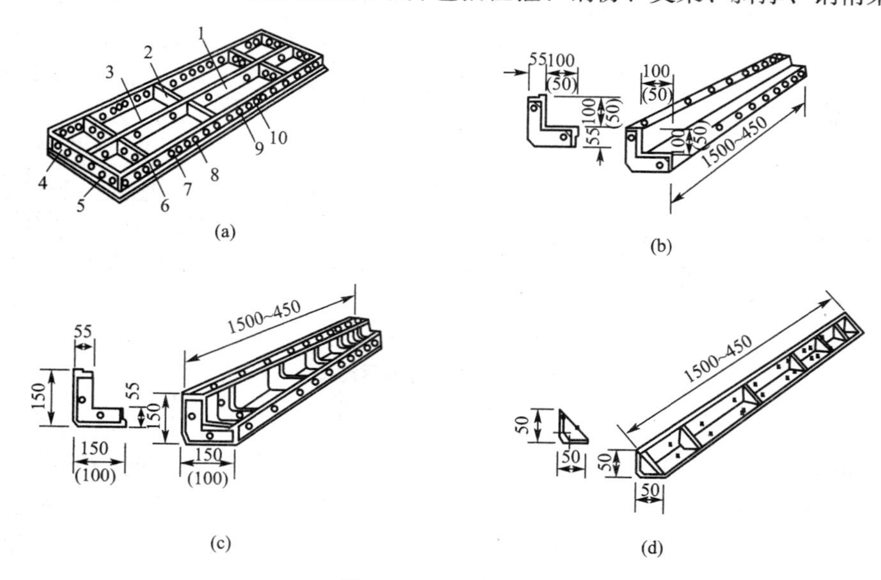

图 5.9 钢模板类型

(a) 平面模板；(b) 阳角模板；(c) 阴角模板；(d) 连接角模

1—中纵肋；2—中横肋；3—面板；4—横肋；5—插销孔；

6—纵肋；7—凸棱；8—凸鼓；9—U 形卡孔；10—钉子孔

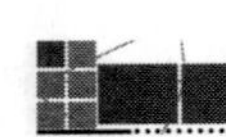

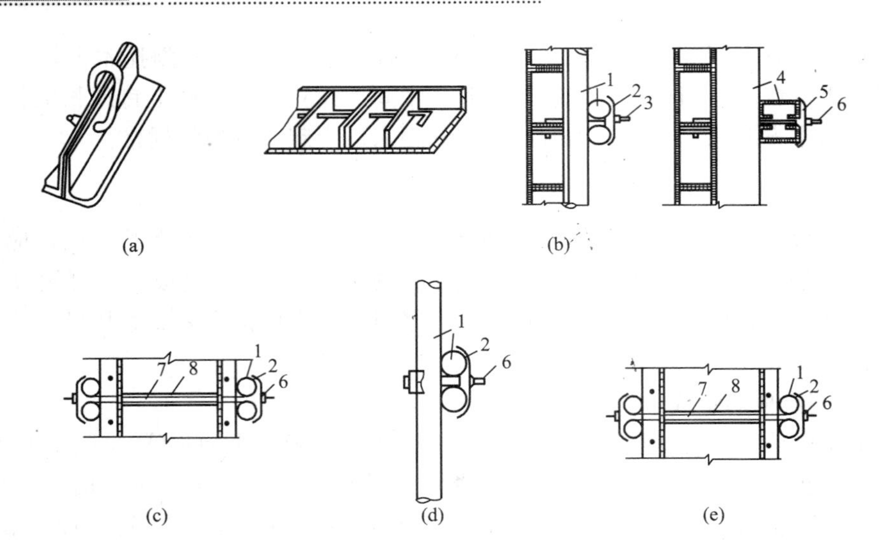

图 5.10　钢模板连接件

(a) U形卡连接；(b) L形插销连接；(c) 钩头螺栓连接；(d) 紧固螺栓连接；(e) 对立螺栓连接；
1—圆钢管楞；2—“3”形扣件；3—钩头螺栓；4—内卷边槽钢钢楞；
5—蝶形扣件；6—紧固螺栓；7—对拉螺栓；8—塑料套管；9—螺母

钢桁架如图 5.11 所示，两端可支承在钢筋托具、墙、梁侧模板的横档以及柱顶梁横档上，用以支承梁或板的底模板。如图 5.11(a)所示为整榀式，一榀桁架的承载力约为 30kN；如图 5.11(b)所示为组合式桁架，可调范围为 25～35m，一榀桁架的载能力约为 20kN。钢支架(如图 5.12(a))用于支承由桁架、模板传来的垂直载荷。由内外两节钢管制成，其高低调节距模数为 100mm，支架底部除垫板外，均用木楔调整，以利于拆卸。另一种钢管支架本身装有调节螺杆，能调节一个孔距的高度，使用方便，但成本略高，如图 5.12(b)所示。当荷载较大，单根支架承载力不足时，可用组合钢支架或钢管井架，如图 5.12(c)所示。还可用扣件式钢管脚手架、门形脚手架作支架，如图 5.12(d)所示。

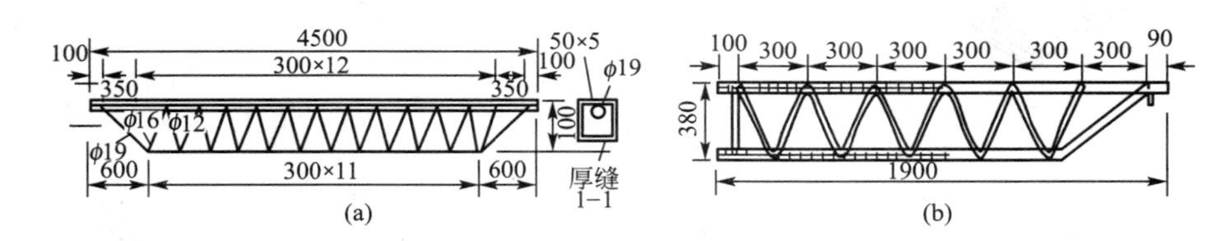

图 5.11　钢桁架示意图

(a) 整榀式；(b) 组合式

钢楞即模板的横挡和竖挡，分内钢楞和外钢楞。内钢楞配置方向一般应与钢模板垂直，直接承受钢模板传来的荷载，间距一般为 700～900mm。外钢楞承受内钢楞传来的荷载，或用来加强模板结构的整体刚度和调整平直度。钢楞一般用圆钢管、矩形钢管、槽钢或内卷边槽钢，而以钢管用得较多。

梁卡具，又称梁托具，用于固定矩形梁、圈梁等构件的侧模板，可节约斜撑等材料，也可用于侧模板上口的卡固定位，其构造如图 5.13 所示。

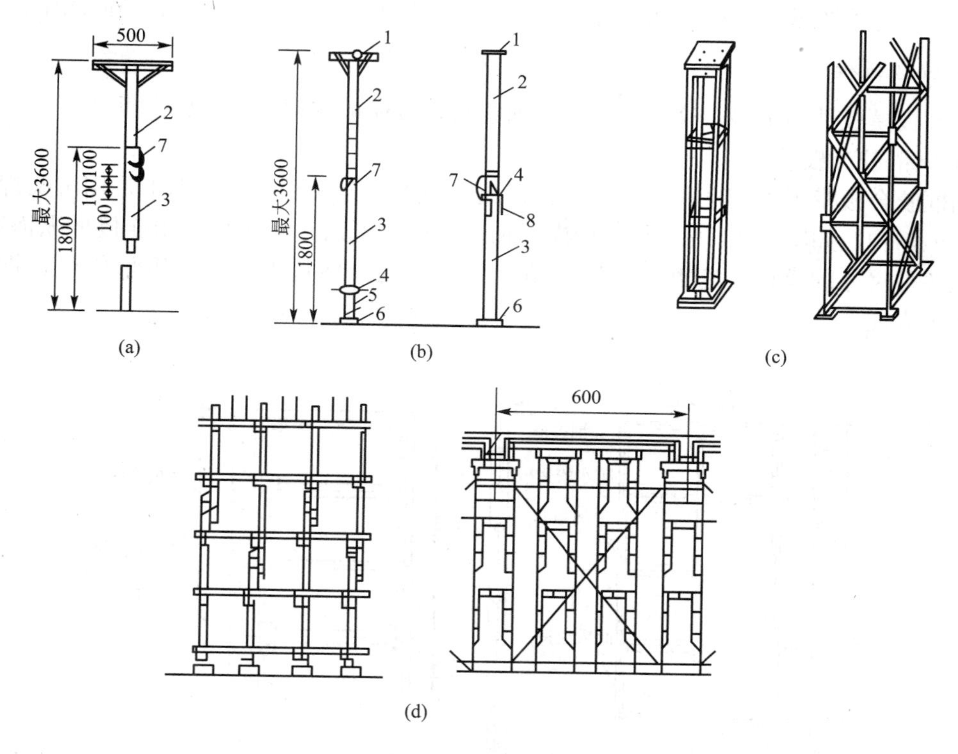

图 5.12 钢支架

(a) 钢管支架；(b) 调节螺杆钢管支架；(c) 组合钢支架和钢管井架；(d) 扣件式钢管和门形脚手架支架
1—顶板；2—插管；3—套管；4—转盘；5—螺杆；6—底板；7—插销；8—转动手柄

2）钢模配板

采用组合钢模板时，同一构件的模板展开可用不同规格的钢模作多种方式的组合排列，因而形成不同的配板方案。合理的配板方案应满足以下原则：

(1) 木材拼镶补量最少。

(2) 支承件布置简单，受力合理。

(3) 合理使用转角模板。对于构造上无特殊要求的转角，可不用阳角模板，一般可用连接角模代替。阴角模板宜用于长度大的转角处，柱头、梁口及其他短边转角部位，如无合适的阴角模板，也可用 55mm 的方木条代替。

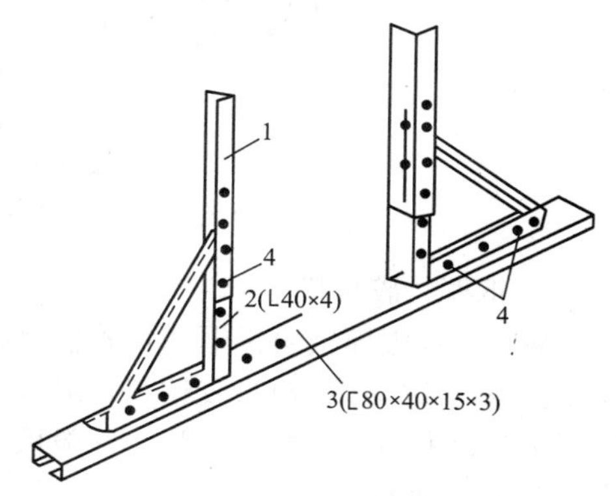

图 5.13 组合梁卡具

1—调节杆；2—三角架；3—底座；4—螺栓

(4) 尽量采用横排或竖排，尽量不用横竖兼排的方式，因为这样会使支承系统布置困难。

组合钢模板的配板，应绘制配板图。在配板图上应标出钢模板的位置、规格型号和数量。对于预组装的整体模板，应标绘出其分界线。有特殊构造时，应加以标明。预埋件和预留孔洞的位置，应在配板图上标明，并注明其固定方法。为减少差错，在绘制配板图前，可先绘出模板放线图。模板放线图是模板安装完毕后的平面图和剖面图，是根据施工模板需要将有关图纸中对模板施工有用的尺寸综合起来，绘在同一个平、剖面图中。

3. 胶合板模板

胶合板模板种类很多，这里主要介绍钢框胶合板模板和钢框竹胶板模板。

1）钢框胶合板模板

钢框胶合板模板由钢框和防水胶合板组成，防水胶合板平铺在钢框上，用沉头螺栓与钢框连牢，构造如图 5.14 所示。这种模板在钢边框上可钻有连接孔，用连接件纵横连接，组装成各种尺寸的模板，它也具备定型组合钢模板的一些优点，而且重量比组合钢模板轻，施工方便。

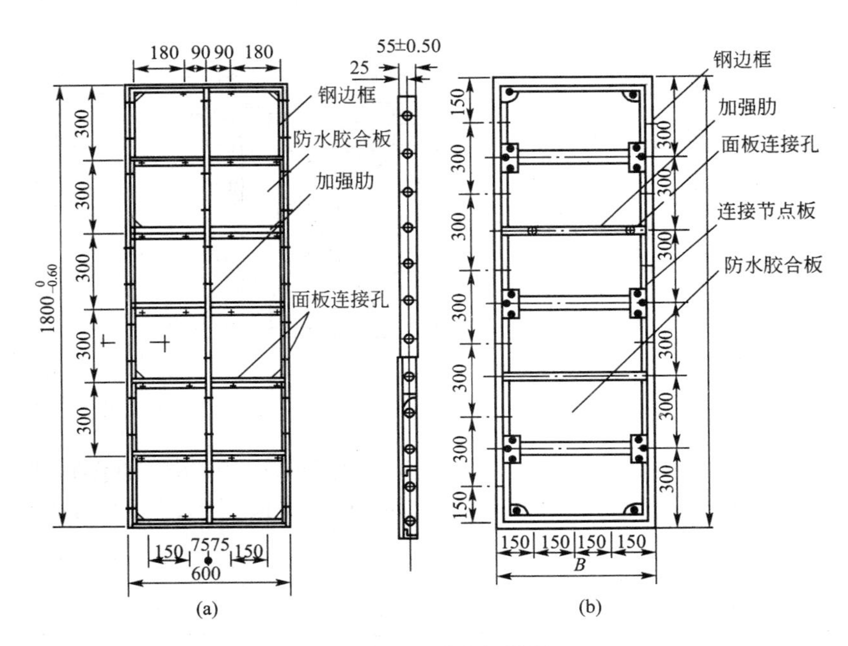

图 5.14　钢框胶合板模板图

(a) 轻型钢框胶合板模板；(b) 重型钢框胶合板模板

2）钢框竹胶板模板

钢框竹胶板模板由钢框和竹胶板组成，其构造与钢框胶合板模板相同，用于面板的竹胶板是用竹片(或竹帘)涂胶粘剂，纵横向铺放，组坯后热压成形。为使竹胶板板面光滑平整，便于脱模和增加周转次数，一般板面采用涂料复面处理或浸胶纸复面处理。钢框竹胶板模板的宽度有 300mm、600mm 两种，长度有 900mm、1200mm、1500mm、1800mm、2400mm 等。可作为混凝土结构柱、梁、墙、楼板的模板。

钢框竹胶板模板特点：不仅富有弹性，而且耐磨耐冲击，能多次周转使用，寿命长，降低工程费用，强度、刚度和硬度都比较高；在水泥浆中浸泡，受潮后不会变形，模板接缝严密，不易漏浆；重量轻，可设计成大面模板，减少模板拼缝，提高装拆工效，加快施工进度；竹胶板模板加工方便，可锯刨、打钉，可加工成各种规格尺寸，适用性强；竹胶板模板不会生锈，能防潮，能露天存放。

4. 大模板

大模板是一种大尺寸的工具式定形模板，如图 5.15 所示。一般一块墙面拆一至两块大模板，因其重量大，安装时需要起重机配合装拆施工。

大模板由面板、加强肋竖楞、支撑桁架、稳定机构及附件组成。面板要求表面平整、刚度好，平整度按中级抹灰质量要求确定。面板一般用钢板和多层板制成，其中以钢板最多。用4～6mm厚钢板做面板(厚度根据加强肋的布置确定)，其优点是刚度大和强度高，表面平滑，所浇注的混凝土墙面外观好，无须再抹灰，可以直接粉面，模板可重复使用200次以上。缺点是耗钢量大、自重大、易生锈、不保温、损坏后不易修复。用12～18mm厚多层板做的面板，用树脂处理后可重复使用50次，重量轻，制作安装更换容易、规格灵活，对于非标准尺寸的大模板工程更为适用。

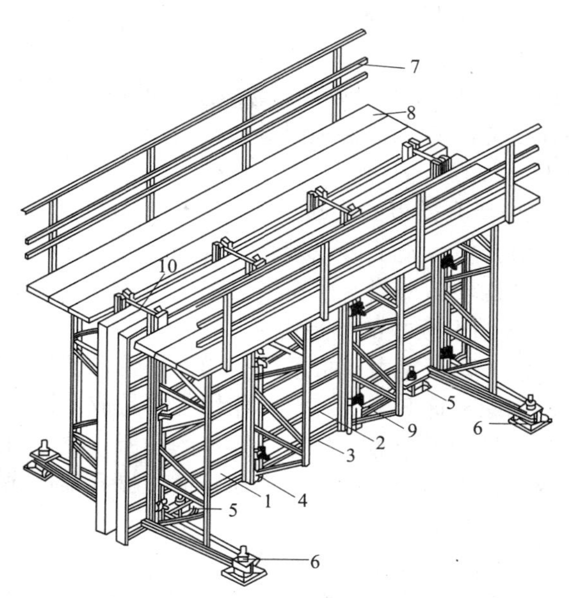

图5.15 大模板构造图

1—面板；2—水平加强肋；3—支撑桁架；4—竖楞；5—调整水平度的螺旋千斤顶；6—调整垂直度的螺旋千斤顶；7—栏杆；8—脚手板；9—穿墙螺栓；10—固定卡具

加强肋是大模板的重要构件，其作用是固定面板，阻止其变形并把混凝土传来的侧压力传递到竖楞上。加强肋可用6号或8号槽钢，间距一般为300～500mm。

竖楞是与加强肋相连接的竖直部件。它的作用是加强模板刚度，保证模板的几何形状，并作为穿墙螺栓的固定支点，承受由模板传来的水平力和垂直力。竖楞多采用6号或8号槽钢制成，间距一般约为1～1.2m。

支承结构主要承受风载荷和偶然的水平力，防止模板倾覆。用螺栓或竖楞连接在一起，以加强模板的刚度。每块大模板采用2～4榀桁架作为支承机构，兼做搭设操作平台的支座，承受施工活载荷，也可用大型型钢代替桁架结构。

大模板的附件有穿墙螺栓、固定卡具、操作平台及其他附属连接件。大模板面板亦可用组合钢模板拼装而成，其他构件及安装方法同前。

5. 滑升模板

滑升模板是一种工具式模板，最适于现场浇注高耸的圆形、矩形、筒壁结构，如筒仓、贮煤塔、竖井等。随着滑升模板施工技术的进一步发展，不但适用浇注高耸的变截面结构，如烟囱、双曲线冷却塔，而且应用于剪力墙、筒体结构等高层建筑的施工。

知识链接

20世纪20年代，美国曾使用手动螺旋式千斤顶滑升模板的方法修建建筑。20世纪40年代中期，瑞典出现了颚式夹具穿心式液压千斤顶和高压油泵，用脉冲程序控制滑升，使这项施工技术得到了改进和发展。其后很多国家和地区采用该法建造了不少高耸建筑。例如，加拿大多伦多城的550m高的电视塔，1975年建成，是目前世界上最高构筑物。

1）滑升模板施工工艺

滑升模板施工时，是在建筑物或构筑物底部，沿其墙、柱、梁等构件的周边组装高1.2m左右的模板，随着在模板内不断浇注混凝土和不断向上绑扎钢筋的同时，利用一套提升设备，将模板装置不断向上提升，使混凝土连续成形，直到达到需要浇注的高度为止。

2）滑升模板的优缺点

滑升模板施工可以节约大量的模板和脚手架，节省劳动力，施工速度快，工程费用低，结构整体性好；但模板一次投资多，耗钢量大，对建筑的立面和造型有一定的限制。

3）滑升模板的构造组成

滑升模板是由模板系统、操作平台系统和提升机具系统3部分组成。模板系统包括模板、围圈和提升架等，它的作用主要是成形混凝土。操作平台系统包括操作平台、辅助平台和外吊脚手架等，是施工操作的场所。提升机具系统包括支承杆、千斤顶和提升操纵装置等，是滑升的动力。这3部分通过提升架连成整体，构成整套滑升模板装置，如图5.16所示。

4）滑升模板的滑升设备

滑升模板装置的全部载荷是通过提升架传递给千斤顶，再由千斤顶传递给支承杆承受。

千斤顶是使滑升模板装置沿支承杆向上滑升的主要设备，形式很多，目前常用的是HQ-30型液压千斤顶，主要由活塞、缸筒、底座、上卡头、下卡头和排油弹簧等部件组成(图5.17)。它是一种穿心式单作用液压千斤顶，支承杆从千斤顶的中心通过，千斤顶只能沿支承杆向上爬升，不能下降。

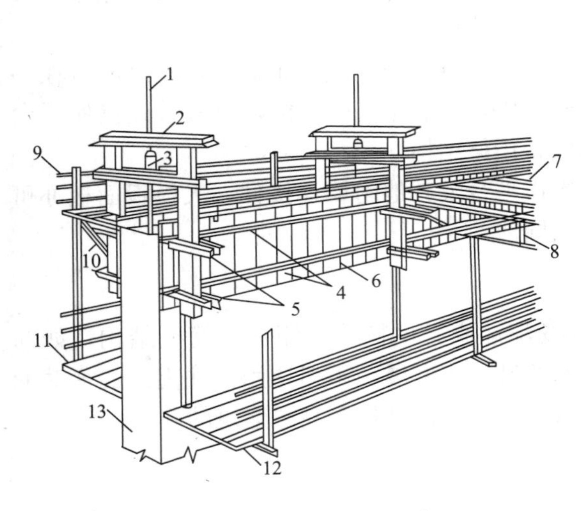

图5.16　滑升模板组成示意图

1—支承杆；2—提升架；3—液压千斤顶；4—围圈；5—围圈支托；6—模板；7—操作平台；8—平台桁架；9—栏杆；10—外排三角架；11—外吊脚手；12—内吊脚手；13—混凝土墙体

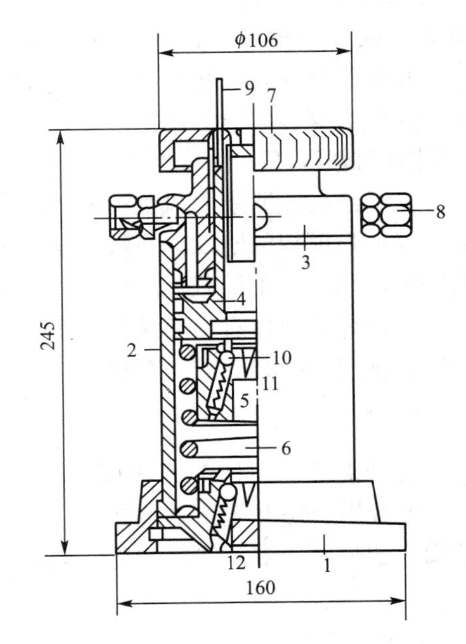

图5.17　HQ-30液压千斤顶

1—底座；2—缸筒；3—缸盖；4—活塞；5—上卡头；6—排油弹簧；7—行程调整帽；8—油嘴；9—行程指示杆；10—钢球；11—卡头小弹簧；12—下卡头

6. 爬升模板

爬升模板是依附在建筑结构上，随着结构施工而逐层上升的一种模板，当结构工程混凝土达到折模强度而脱模后，模板不落地，依靠机械设备和支承物将模板和爬模装置向上爬升一层，定位紧固，反复循环施工，爬模是适用于高层建筑或高耸构造物现浇钢筋混凝土竖直或倾斜结构施工的先进模板工艺。爬升模板有手动爬模、电动爬模、液压爬模、吊爬模等。

1）液压爬模的主要构造

（1）模板系统：由定型组合大钢模板、全钢大模板或钢框胶合板模板、调节缝板、角模、钢背楞及穿墙螺栓、铸钢垫片等组成。

（2）液压提升系统：由提升架立柱、横梁、活动支腿、滑道夹板、围圈、千斤顶、支承杆、液压控制台、各种孔径的油管及阀门、接头等组成。当支承杆设在结构顶部时，增加导轨、防坠装置、钢牛腿、挂钩等。

（3）操作平台系统：由操作平台、吊平台、中间平台、上操作平台、外挑梁、外架立柱、斜撑、栏杆、安全网等组成，如图 5.18 所示。

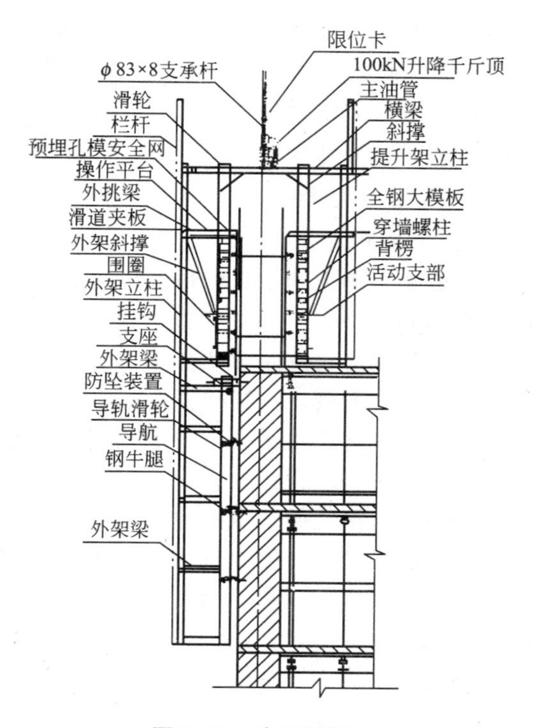

图 5.18 液压爬模图

2）液压爬升模板的施工特点

（1）液压爬升模板的施工特点。液压爬升模板是滑模和支模相结合的一种新工艺，它吸收了支模工艺浇注混凝土的常规方法，劳动组织和施工管理简便，受外输送条件的制约少，混凝土表面质量易于保证等优点，又避免了滑模施工常见的缺陷，施工偏差可逐层消除，在爬升方法上它同滑模工艺一样，提升架、提板、操作平台及吊架等以液压千斤顶为动力自行向上爬升，无须塔吊反复装拆也不要层层放线和搭设脚手架，钢筋绑扎随升随绑，操作方法安全，一项工程完成后，模板、爬模装置及液压设备可继续在其他工程通用，周转使用次数多。

（2）爬模与滑模的主要区别。滑模是在模板与混凝土保持接触互相摩擦的情况下逐步整体上升的，滑模上升时，模板高度范围内上部的混凝土刚浇灌，下部的混凝土接近初凝状态，而刚脱模的混凝土强度仅为 0.2～0.4MPa。爬模上升时，模板已脱开混凝土，此时混凝土强度已大于 1.2MPa，模板不与混凝土摩擦。滑模的模板高度一般为 900～1200mm。两面模板之间形成上口小下口大的锥度。高层建筑爬模的高度一般为标准层层高，墙的两面模板平行安装，相互之间以穿墙螺栓紧固。

3）爬模施工的基本程序

（1）根据工程具体情况，爬模可以从地下室开始，也可以从标准层开始，当地下室底板完成或标准层起始楼面结构完成，并绑扎完第一层钢筋时，即可进行爬升模板安装。

(2) 当墙体混凝土浇注完成达到一定强度，即进行脱模，模板爬升，钢筋绑扎随模板爬升进行。

(3) 当模板升到上层楼板钢筋混凝土随后逐层跟进施工，其间上层爬模紧固，待楼板混凝土浇注完，上层墙体即又开始浇注。

(4) 爬升模板按标准层高配置，在非标准施工时，爬模可进行两次，也可在爬模上部支模接高或将混凝土打低。

4) 适用范围

采用液压爬模工艺将立面结构施工简单化，节省了按常规施工所需的大量反复安排所用的塔吊运输，使塔吊有更多的时间保证钢筋和其他材料的运输，液压爬模工艺在 N 层安装即可在 N 层实现爬模，不必像爬架式或导轨式爬模必须在第三层以上才能组装和使用，压爬模可实现整体爬升、分段爬升，可层次爬升施工，爬模可省模板堆放场地，对于在城市中心施工场地狭窄的项目有明显的优越性，液压爬模的施工现场文明，在工程质量、安全生产、施工进度和经济效益等方面均有良好的保证。

液压爬模适用于高层建筑全剪力墙结构、框架结构核心筒、钢结构核心筒、高耸构造物，桥墩、巨形柱等。

7. 其他形式的模板

1) 台模

台模是一种大型工具模板，用于浇注楼板。台模是由面板、纵梁、横梁和台架等组成的一个空间组合体。台架下装有轮子，以便移动。有的台模没有轮子，用专用运模车移动。台模尺寸应与房间单位相适应，一般是一个房间一个台模。施工时，先施工内墙墙体，然后吊入台模，浇注楼板混凝土。脱模时，只要将台架下降，将台模推出墙面放在临时挑台上，用起重机吊至下一单元使用。楼板施工后再安装预制外墙板。

国内常用多层板作面板，用铝合金型钢加工制成桁架式台模，用组合钢模板、扣件式钢管脚手架、滚轮组装成的台模，在大型冷库和百货商店的无梁楼盖施工中取得了成功。利用台模浇注楼板可省去模板的装拆时间，能节约模板材料和降低劳动消耗，但一次性投资较大，且需大型起重机械配合施工。

2) 隧道模

隧道模采用由墙面模板和楼板模板组合成可以同时浇注墙体和楼板混凝土的大型工具式模板，能将各开间沿水平方向逐间整体浇注，故施工的建筑物整体性好、抗震性能好、节约模板材料，施工方便。但由于模板用钢量大、笨重、一次投资大等原因，因此较少采用。

3) 永久性模板

永久性模板在钢筋混凝土结构施工时起模板作用，而当浇注的混凝土结硬后，模板不再取出而成为结构本身的组成部分。各种形式的压型钢板(波形、密肋形等)、顶应力钢筋混凝土薄板作为永久性模板，已在一些高层建筑楼板施工中推广应用。薄板铺设后稍加支撑，然后在其上铺放钢筋，浇注混凝土形成楼板，施工简便，效果较好。

5.1.3 模板的拆除

1. 现浇结构模板的拆除

模板的拆除日期取决于现浇结构的性质、混凝土的强度、模板的用途、混凝土硬化时

的气温。及时拆模，可提高模板的周转率，为后续工作创造条件。但过早拆模，混凝土会因强度不足以承担本身自重，或受到外力作用而变形甚至断裂，造成重大的质量事故。

1）模板的拆除规定

（1）侧模板的拆除，应在混凝土强度达到能保证其表面及棱角不因拆除模板而受损坏时方可进行。其具体时间见表5－1。

表5－1　侧模板的拆除时间

水泥品种	混凝土强度等级	混凝土凝固的平均温度/℃					
		5	10	15	20	25	30
		混凝土强度达到2.5MPa所需天数					
普通水泥	C10 C15 ≥C20	5 4.5 3	4 3 2.5	3 2.5 2	2 2 1.5	1.5 1.5 1.0	1 1 1
矿渣及火山灰质水泥	C10 C15	8 6	6 4.5	4.5 3.5	3.5 2.5	2.5 2	2 1.5

（2）底模板的拆除：底模板应在与混凝土结构同条件养护的试件达到表5－2规定强度标准值时，方可拆除。达到规定强度标准值所需时间见表5－3。

表5－2　现浇结构拆模时所需混凝土强度

结构类型	结构跨度/m	按设计的混凝土强度标准值的百分率计/%
板	≤2	50
	>2，≤8	75
	>8	100
梁、拱、壳	≤8	75
	>8	100
悬臂构件	—	100

注：本规范中，“设计的混凝土强度标准值”是指与设计混凝土强度等级相应的混凝土立方体抗压强度标准值。

表5－3　拆除底模板的时间参考表　　单位：d

水泥的强度等级及品种	混凝土达到设计强度标准值的百分率/%	硬化时昼夜平均温度					
		5℃	10℃	15℃	20℃	25℃	30℃
32.5MPa普通水泥	50 75 100	12 26 55	8 18 45	6 14 35	4 9 28	3 7 21	2 6 18
42.5MPa普通水泥	50 75 100	10 20 50	7 14 40	6 11 30	5 8 28	4 7 20	3 6 18

（续）

水泥的强度等级及品种	混凝土达到设计强度标准值的百分率/%	硬化时昼夜平均温度					
		5℃	10℃	15℃	20℃	25℃	30℃
32.5MPa 矿渣或火山灰质水泥	50 75 100	18 32 60	12 25 50	10 17 40	8 14 28	7 12 24	6 10 20
42.5MPa 矿渣或火山灰质水泥	50 75 100	16 30 60	11 20 50	9 15 40	8 13 28	7 12 24	6 10 20

2）拆除模板顺序及注意事项

(1) 拆模时不要用力过猛，拆下来的模板要及时运走、整理、堆放以便再用。

(2) 拆模程序一般应是后支的先拆，先拆除非承重部分，后拆除承重部分。重大复杂模板的拆除，事先应制定拆模方案。

(3) 拆除框架结构模板的顺序，首先是柱模板，然后是楼板底板，梁侧模板，最后梁底模板。拆除跨度较大的梁下支柱时，应先从跨中开始，分别拆向两端。

(4) 多层楼板支柱的拆除，应按下列要求进行。上层楼板正在浇筑混凝土时，下一层楼板的模板支柱不得拆除，再下一层楼板模板的支柱，仅可拆除一部分；跨度 4m 及 4m 以上的梁下均应保留支柱，其间距不大于 3m。

(5) 已拆除模板及其支架的结构，应在混凝土强度达到设计的混凝土强度标准值后，才允许承受全部使用载荷。当承受施工载荷产生的效应比使用载荷更为不利时，必须经过核算，加设临时支撑。

(6) 拆模时，应尽量避免混凝土表面或模板受到损坏，注意整块板落下伤人。

2. 早拆模板体系

早拆模板是利用柱头、立柱和可调支座组成竖向支撑，支撑于上下层楼板之间，使原设计的楼板跨度处于短跨(立柱间距小于 2m)受力状态，混凝土楼板的强度达到规定标准强度的 50%(常温下 3～4d)，即可拆除梁、板模板及部分支撑。柱头、立柱及可调支座仍保持支撑状态。当混凝土强度增大到足以在全跨条件下承受自重和施工载荷时，再拆全部竖向支撑。

1）早拆模板体系构件

(1) 柱头。早拆模板体系柱头为铸钢件(图 5.19(a))，柱头顶板(50ml 150mm)可直接与混凝土接触，两侧梁托可挂住梁头，梁托附着在方形管上，形管可上下移动 115mm，方形管在上方时可通过支承板锁住，用锤敲击支，则梁托随方形管下落。

(2) 主梁。模板主梁是薄壁空腹结构，上端带有 70mm 的凸起，与混凝土直接接触，如图 5.19(b)所示。当梁的两端梁头挂在柱头的梁托上时，将梁支起，即锁而不脱落。模板梁的悬臂部分如图 5.19(c)所示，挂在柱头的梁托上支起后，锁而不脱落。

(3) 可调支座。可调支座插入立柱的下端，与地面(楼面)接触，用于调柱的高度，可调范围为 0～50mm，如图 5.19(d)所示。

(4) 其他。支撑可采用碗扣型支撑或钢管扣件式支撑。模板可用钢框板模板或其他模板，模板高度为 70mm。

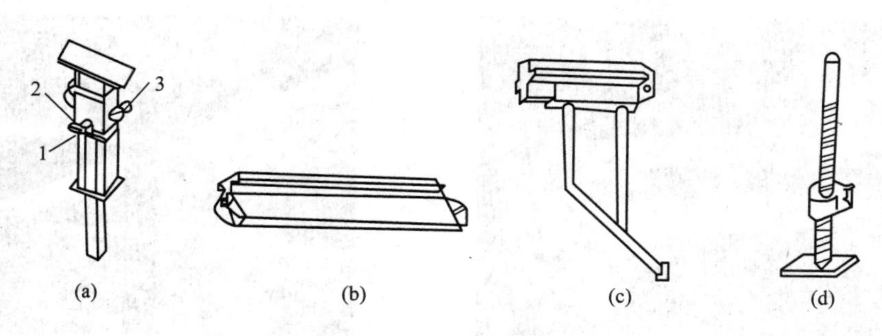

图 5.19 早拆模板体系构件

(a) 早拆柱头；(b) 模板主梁；(c) 模板悬臂梁；(d)可调支座

1—支承板；2—方形管；3—梁托

2) 早拆模板体系的安装与拆除

先立两根立柱，套上早拆柱头和可调支座，加上一根主梁架起一拱，然后再架起另一拱，用横撑临时固定，依次把周围的梁和立柱架起来，再调整立柱高度和垂直度，并锁紧碗扣接头，最后在模板主梁间铺放模板即可。图 5.20 所示为安装好的早拆模板体系示意图。

模板拆除时，只需用锤子敲击早拆柱头上的支承板，则模板和模板梁将随同方形管下落 115mm，模板和模板梁便可卸下来，保留立柱支撑梁板结构如图 5.21 所示。当混凝土强度达到后，调低可调支座，解开碗扣接头，即可拆除立柱和柱头。

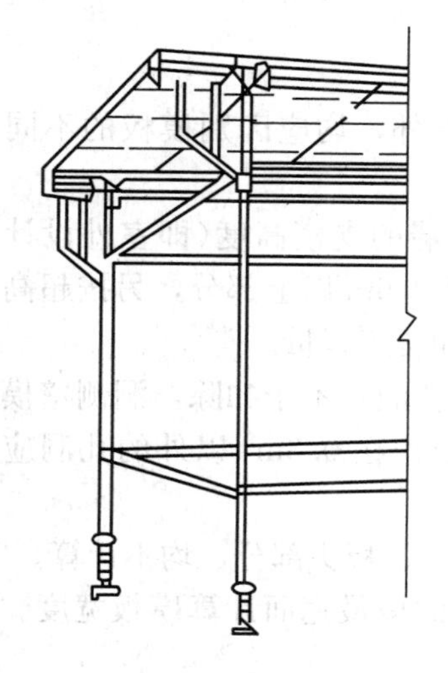

图 5.20 早拆模板体系示意图

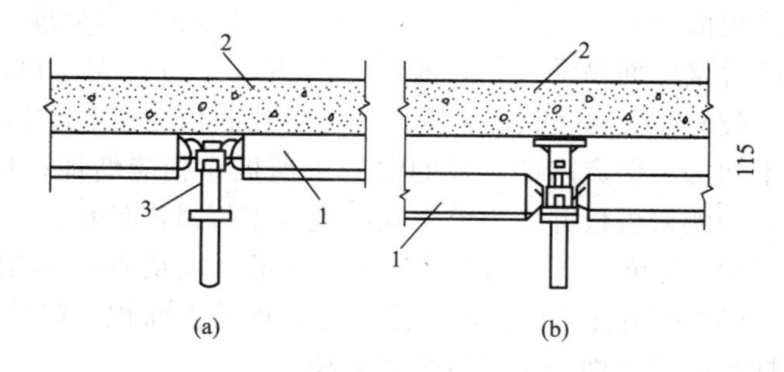

图 5.21 早拆模方法

(a) 支模状态；(b) 拆模状态

1—模板主梁；2—现浇模板；3—早拆柱头

5.2 现浇混凝土模板工程清单编制实务

【引例 2】

如图 5.22、图 5.23 所示为现浇混凝土基础、柱、梁，试计算其模板工程量。

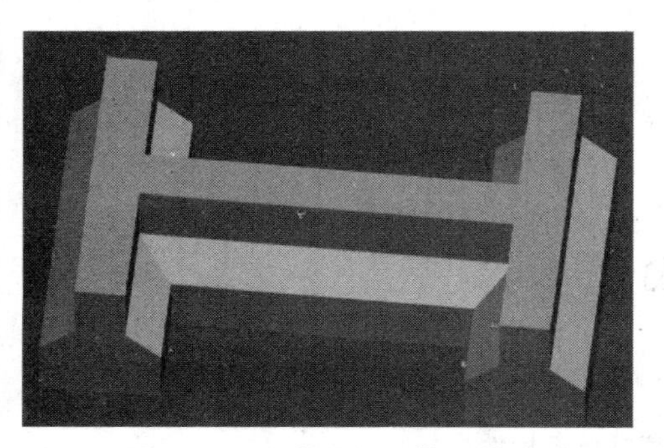

图 5.22　现浇混凝土带形基础

图 5.23　现浇混凝土柱、梁、板

【观察思考】

现浇混凝土模板工程在清单算量上主要以接触面积计算，要计算出准确的工程量除了要掌握计算规则、把握计算要点外，还要在实际工程中多观察、多实践，熟悉工程施工中模板真实的支设情况，达到不重算、漏算的目的。

5.2.1　现浇混凝土模板工程清单编制方法

特别提示

由于现浇混凝土模板在《清单计价规范》(GB 50500—2008)中没有指定的计算规则，因此，本规则参照《湖北省建筑工程消耗量定额》(2008)编制。

(1) 现浇混凝土及钢筋混凝土模板工程量，除另有规定外，均应区别模板的不同材质，按混凝土与模板接触面的面积(m^2)计算。

(2) 现浇钢筋混凝土柱、梁(不包括圈梁、过梁)、板、墙的支模高度(即室外设计地坪或板面至上一层板底之间的高度)以 3.6m 以内为准，超过 3.6m 以上部分，另按超高部分的总接触面积乘以超高米数(含不足 1m)计算支撑超高增加费工程量。

(3) 现浇钢筋混凝土墙、板上单孔面积在 0.3m^2 以内的孔洞，不予扣除，洞侧壁模板也不增加，但突出墙、板的混凝土模板应相应增加；单孔面积在 0.3m^2 以外的孔洞应扣除，洞侧壁模板并入出墙、板的模板工程量内计算。

(4) 与梁、柱、墙等连接的重叠部分以及伸入墙内的梁头、板头部分，均不计算。

(5) 构造柱均按图示外露部分计算模板面积。留马牙岔的按最宽面计算模板宽度。构造柱与墙接触面积不计算模板面积。

特别提示

混凝土构件的尺寸和构件定义：基础、柱、梁、墙、板、挑檐、零星构件的尺寸取定、构件定义与混凝土和钢筋混凝土分部工程中的规定基本相同。

(6) 现浇钢筋混凝土阳台、雨篷，按图示外挑部分的尺寸的水平投影面积计算。挑出墙外的悬臂梁及板边模板不另计算。雨篷翻边突出板面高度在 200mm 以内时，按翻边的

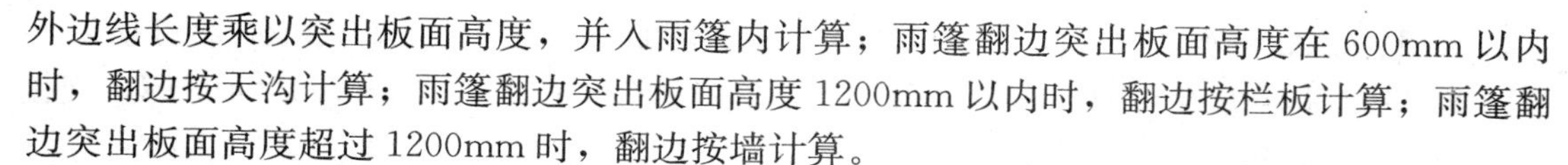

外边线长度乘以突出板面高度，并入雨篷内计算；雨篷翻边突出板面高度在 600mm 以内时，翻边按天沟计算；雨篷翻边突出板面高度 1200mm 以内时，翻边按栏板计算；雨篷翻边突出板面高度超过 1200mm 时，翻边按墙计算。

(7) 楼梯包括楼梯间两段的休息平台，梯井斜梁、楼梯板及支承梁及斜梁的梯口梁或平台梁，以图示露明面尺寸的水平投影面积计算。不扣除宽度小于 300mm 的楼梯井，楼梯的踏步、踏步板、平台梁等侧面模板不另计算；当梯井宽度大于 300mm 时，应扣除梯井面积，以图示露明面尺寸的水平投影面积乘以 1.08 系数计算。

(8) 混凝土台阶，按图示台阶尺寸的水平投影面积计算，台阶端头两端不另计算模板面积。

(9) 现浇混凝土明沟以接触面积按电缆沟子目计算；现浇混凝土散水按散水坡实际面积，以 m^2 计算。

(10) 混凝土扶手按延长米计算。

5.2.2 案例解析

某建筑物如图 5.24 所示，二层板面标高 3.3m，三层板面标高 6.6m，板厚 100mm，试计算柱、梁、板模板。

构件名称	构件尺寸/mm×mm
KZ	400×400(长×宽)
KL1	250×550(宽×高)
KL2	300×600(宽×高)
L1	250×500(宽×高)

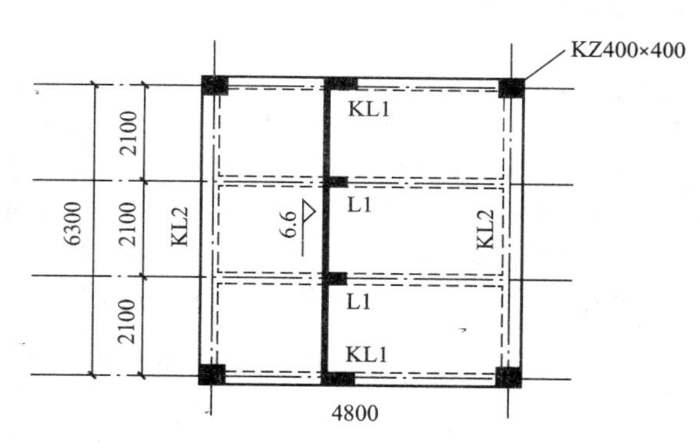

图 5.24 二层结构平面布置图

解： 步骤

1) 分析

由已知条件可知，本例设计的钢筋混凝土构件有框架柱(KZ)、框架梁(KL)、梁(L)及板，且支模高度＝6.6－3.3＝3.3m＜3.6m，故本例应列项目为模板：矩形柱(KZ)，有梁板：梁(KL1、KL2、L1)、板。

2) 工程量计算

模板工程量＝混凝土与模板的接触面积

(1) 矩形柱。

S＝柱周长×柱高度－柱与梁、板交接处的面积
＝0.4×4×(6.6－3.3)×4(根)－[0.25×0.55×4(KL1)＋0.3×0.6×4(KL2)]
＝21.12－(0.55＋0.72)＝19.85m^2

(2) 有梁板＝梁＋板。

① 梁＝宽度×梁支模长度×根数。

KL1：(0.25＋0.55＋0.55－0.1)×(4.8－0.2×2)×2(根)＝1.25×4.4×2＝11m²

KL2：(0.3＋0.6＋0.6－0.1)×(6.3－0.2×2)×2－0.25(0.5－0.1)×4(与L1交接处)＝1.4×5.9×2－0.4＝12.98m²

L1：[0.25＋(0.5－0.1)×2]×(4.8＋0.2×2－0.3×2)×2＝1.05×4.6×2＝9.66m²

梁模板工程量＝11＋12.98＋9.66＝33.64m²

② 模板。

S＝板长度×板宽度－柱所占面积－梁所占面积
＝(4.8＋0.2×2)×(6.3＋0.2×2)－0.4×0.4×4
－[0.25×(4.8－0.2×2)×2(KL1)＋0.3×(6.3－0.2×2)
×2(KL2)＋0.25×(4.8＋0.2×2－0.3×2)×2(L1)]
＝34.84－0.64－(2.2＋3.54＋2.3)＝26.16m²

③ 有梁板模板。

S＝33.64＋26.16＝59.80m²

特别提示

现浇混凝土模板工程属于非实体项目，应编入措施项目清单与计价表(二)(表5-4)中。依据项目4中4.4节中某学院餐饮中心施工图进行现浇混凝土工程清单编制实务，列出模板项目编码、项目名称、项目特征、计量单位和工程数量。由于在《清单计价规范》中没有相关内容可以查找，因此，①项目编码按照补充项目编制，如AB001，AB002…；②项目名称可填写现浇混凝土板(梁、柱等)模板及支架；③项目特征可填写项目形状、截面尺寸、支模高度等；④计算单位和工程量参照湖北省2008年建筑工程消耗量定额编写。模板工程量计算书见表5-5(软件计算量)。

表5-4 措施项目清单与计价表(二)

序号	项目编码	项目名称	项目特征	计量单位	工程量	金额(元)	
						综合单价	合价
1	AB001	独立基础	基础底面标高－2.4m	m²	137.98		
2	AB002	混凝土基础垫层	厚度100mm	m²	79.18		
3	AB003	矩形柱	柱顶标高8.07m	m²	319.2		
4	AB004	柱支撑高度超过3.6m每增加1m	一层柱顶标高4.17m，二层柱顶标高8.07m	m²	125.26		
5	AB005	基础梁	梁顶标高－0.6m	m²	291.9		
6	AB006	有梁板	柱顶标高8.07m	m²	1778.04		
7	AB007	板支撑高度超过3.6m每增加1m	一层板面标高4.17m，二层板面标高8.07m	m²	1489.07		
8	AB008	楼梯	标高从－0.03m至4.17m	m²	10.8		
本页小计							
合　计							

注：本表适用于以综合单价形式计价的措施项目。

表 5-5 模板工程量计算书

基础层

一、柱

序号	构件名称	构件位置	工程量计算式
1	KZ2	模板面积＝14.178m^2	
		＜2＋74，C＋125＞	模板面积＝((0.4＜长度＞＋0.5＜宽度＞)＊2)＊(2.4－0.5)＜原始高度＞－(0.25×0.7×2)＜扣混凝土基础梁＞＝3.07m^2
		＜5－75，C＋125＞	模板面积＝((0.4＜长度＞＋0.5＜宽度＞)＊2)＊(2.4－0.5)＜原始高度＞－(0.25×0.7＋0.25×0.4)＜扣混凝土基础梁＞＝3.145m^2
		＜5－75，C＋3000＞	模板面积＝((0.4＜长度＞＋0.5＜宽度＞)＊2)＊(2.4－0.7)＜原始高度＞－(0.25×0.7＋0.25×0.45＋0.25×0.4)＜扣混凝土基础梁＞＝2.67m^2
		＜6，C＋3125＞	模板面积＝((0.4＜长度＞＋0.5＜宽度＞)＊2)＊(2.4－0.7)＜原始高度＞－(0.25×0.7＋0.25×0.6＋0.25×0.45)＜扣混凝土基础梁＞＝2.623m^2
		＜7－74，D＋125＞	模板面积＝((0.4＜长度＞＋0.5＜宽度＞)＊2)＊(2.4－0.7)＜原始高度＞－(0.25×0.5＋0.25×0.6＋0.25×0.454)＜扣混凝土基础梁＞＝2.34m^2
2	省略		(计算方法同上)

二、基础梁

序号	构件名称	构件位置	工程量计算式
1	JL-1 [250＊700]	模板面积＝133.28m^2	
		＜2＋75，E＞＜6，E＞	模板面积＝(0.7＜高度＞＊29.7＜中心线长度＞＊2)－((0.275＋0.5＋0.4＋0.5＋0.25)＊2＊0.7)＜扣柱＞＝38.885m^2
		＜4，F＞＜6，F＞	模板面积＝(0.7＜高度＞＊14.4＜中心线长度＞＊2)－((0.275＋0.5＋0.25)＊0.7)＊2)＜扣柱＞＝18.725m^2
		＜2，D＞＜6，D＞	模板面积＝(0.7＜高度＞＊29.7＜中心线长度＞＊2)－((0.275＋0.5＋0.5＋0.5＋0.25)＊2＊0.7)＜扣柱＞＝38.745m^2
		＜5，C＋3000＞ ＜6，C＋3000＞	模板面积＝(0.7＜高度＞＊7.2＜中心线长度＞＊2)－(((0.125＋0.2)＊0.7＊2)＜扣柱＞＝9.625m^2
		＜2，C＞＜5，C＞	模板面积＝(0.7＜高度＞＊22.5＜中心线长度＞＊2)－((0.275＋0.5＋0.4＋0.275)＊0.7＊2)＜扣柱＞＝29.47m^2
		＜2，C＞＜2，D＞	模板面积＝(0.7＜高度＞＊7＜中心线长度＞＊2)－(0.375＋0.125)＊0.7＊2)＜扣柱＞＝9.1m^2

（续）

二、基础梁

序号	构件名称	构件位置	工程量计算式
1	JL－1 [250＊700]	＜3，C＞＜3，D＞	模板面积＝(0.7＜高度＞＊7＜中心线长度＞＊2)－(0.375＋0.125)＊0.7＊2)＜扣柱＞＝9.1m^2
		＜4，D＞ ＜4，C＋125＞	模板面积＝(0.7＜高度＞＊7＜中心线长度＞＊2)－(0.375＋0.125)＊0.7＊2)＜扣柱＞＝9.1m^2
2	省略		(计算方法同上)

三、独立基础

序号	构件名称	构件位置	工程量计算式
1	DJ－1－1 [DJ－1]	模板面积＝24m^2	
			模板面积＝((2＜长度＞＋2＜宽度＞)＊2＊0.5＜高度＞)×6＝4×6＝24m^2
2	省略		(计算方法同上)

基础层

四、垫层

序号	构件名称	构件位置	工程量计算式
1	基础梁垫层	模板面积＝54.215m^2	
		＜6，F＞＜7，F＞	模板面积＝(0.1＜厚度＞＊2＊6＜长度＞)－(0.25＋0.275)＊0.1＊2＜扣垫层＞＝1.095m^2
		(省略)	(计算方法同上)
2	独立基础垫层	模板面积＝24.955m^2	
		＜6，F－124＞	模板面积＝((2.7＜长度＞＋2.7＜宽度＞)＊2＊0.1＜厚度＞)＝1.08m^2
		(省略)	(计算方法同上)

首层

一、梁

序号	构件名称	构件位置	工程量计算式
1	L5 [250＊600]	模板面积＝7.1875×2＝14.375	
		＜5－2500，E＞ ＜5－2500，F＞	模板面积＝((0.6＜高度＞＊2＋0.25＜宽度＞)＊6＜中心线长度＞)－((0.125＊0.25)＊2＋(0.125＊0.6)＊4)＜扣梁＞－((5.75＊0.1)＊2)＜扣现浇板＞＝7.1875m^2
		超高模板面积＝7.1875×2＝14.375	
		＜5－2500，E＞ ＜5－2500，F＞	超高模板面积＝((6＊(0.6＋0.25)＋0.6＊6)＜原始超高模板面积＞－((0.125＊0.25)＊2＋(0.125＊0.6)＊4)＜扣梁模＞－((5.75＊0.1)＊2)＜扣现浇板＞)＊1＝7.1875m^2

（续）

首层

一、梁

序号	构件名称	构件位置	工程量计算式
2	L2 [250＊600]	模板面积＝27.1875m^2	
		＜2，E－2699＞ ＜5，E－2699＞	模板面积＝((0.6＜高度＞＊2＋0.25＜宽度＞)＊22.5＜中心线长度＞)－((0.125＊0.25)＊2＋(0.125＊0.6)＊4＋0.25×0.25×2＋(0.25＊0.6)＊2)＜扣梁＞－((14.5＊0.1)＊2＋(7.25＊0.1)＊4)＜扣现浇板＞＝27.1875m^2
		超高模板面积＝27.1875m^2	
		＜2，E－2699＞ ＜5，E－2699＞	超高模板面积＝(((0.6＋0.25)＊22.5＋22.5＊0.6)＜原始超高模板面积＞－((0.125＊0.25)＊2＋(0.125＊0.6)＊4＋0.25×0.25×2＋(0.25＊0.6)＊4)＜扣梁模＞－((14.5＊0.1)＊2＋(7.25＊0.1)＊2)＜扣现浇板＞)＊1＝27.1875m^2
3	KL11 [250＊700]	模板面积＝18.62m^2	
		＜5－75，C＋3000＞ ＜7－74，C＋3000＞	模板面积＝((0.7＜高度＞＊2＋0.25＜宽度＞)＊13.2＜中心线长度＞)－((0.4×0.7×2＋0.25×0.4)＋(0.125×0.7×2＋0.125×0.25)＋(0.275×0.7×2＋0.275×0.25))＜扣柱＞－((0.25＊0.5)＊4＋0.25＊0.5)＜扣梁＞－((1.25＋1.85×3＋1.55×3)＊0.1)＜扣现浇板＞＝18.69m^2
		超高模板面积＝18.69m^2	
		＜5－75，C＋3000＞ ＜7－74，C＋3000＞	同模板面积
4	（省略）		（计算方法同上）

二、现浇板

序号	构件名称	构件位置	工程量计算式
1	XB－1	底面模板面积＝441.699m^2	
		＜3，E－1349＞	底面模板面积＝(15＜长度＞＊2.7＜宽度＞)－((0.275＋0.5)＊0.375＋0.125＊0.25)＜扣柱＞－((2.325×3＋2.45＋14.75＋7.175＋7.025)＊0.125)＜扣梁＞＝35.38m^2
		＜3，D＋1350＞	底面模板面积＝(15＜长度＞＊2.7＜宽度＞)－(0.375＊(0.25＋0.5)＋0.275＊0.375)＜扣柱＞－((2.325＊0.125)＊4＋(14.75＋7＋6.975)＊0.125)＜扣梁＞＝35.3625m^2

（续）

首层

二、现浇板

序号	构件名称	构件位置	工程量计算式
1	XB－1	（省略）	（计算方法同上）
		超高模板面积＝441.699m²	
		＜3，E－1349＞	超高模板面积＝((2.7＊15)＜原始超高模板面积＞－((0.275＋0.5)＊0.375＋0.125＊0.25)＜扣混凝土柱＞－((2.325×3＋2.45＋14.75＋7.175＋7.025)＊0.125)＜扣梁＞)＊1＝35.38m²
		＜3，D＋1350＞	超高模板面积＝((2.7＊15)＜原始超高模板面积＞－(0.375＊(0.25＋0.5)＋0.275＊0.375)＜扣混凝土柱＞－((2.325＊0.125)＊4＋(14.75＋7＋6.975)＊0.125)＜扣梁＞)＊1＝35.3625m²

首层

		（省略）	（计算方法同上）

三、柱

序号	构件名称	构件位置	工程量计算式
1	KZ2	模板面积＝35.3075m²	
		＜2＋74，C＋125＞	模板面积＝((0.4＜长度＞＋0.5＜宽度＞)＊2)＊4.2＜原始高度＞－((0.25＊0.7)＊2)＜扣梁＞－((0.15＋0.25)＊0.1)＜扣现浇板＞＝7.17m²
		＜5－75，C＋125＞	模板面积＝((0.4＜长度＞＋0.5＜宽度＞)＊2)＊4.2＜原始高度＞－((0.25＊0.7)＊2)＜扣梁＞－((0.25＋0.15)＊0.1)＜扣现浇板＞＝7.17m²
		＜5－75，C＋3000＞	模板面积＝((0.4＜长度＞＋0.5＜宽度＞)＊2)＊4.2＜原始高度＞－((0.25＊0.7)＊3)＜扣梁＞－((0.15＊0.1)＊2＋(0.125＋0.5)＊0.1)＜扣现浇板＞＝6.9425m²
		＜6，C＋3125＞	模板面积＝((0.4＜长度＞＋0.5＜宽度＞)＊2)＊4.2＜原始高度＞－((0.25＊0.7)＊2＋0.25＊0.5)＜扣梁＞－((0.25＊0.1)＊2＋(0.075＊0.1)＊2)＜扣现浇板＞＝7.02m²
		＜7－74，D＋125＞	模板面积＝((0.4＜长度＞＋0.5＜宽度＞)＊2)＊4.2＜原始高度＞－((0.25＊0.7)＊2＋0.25＊0.6)＜扣梁＞－((0.15＊0.1)＊2＋0.25＊0.1)＜扣现浇板＞＝7.005m²
		超高模板面积＝5.3375m²	
		＜2＋74，C＋125＞	超高模板面积＝(((0.5＊0.87)＊2＋(0.4＊0.87)＊2)＜原始超高模板面积＞－((0.25＊0.7)＊2)＜扣梁＞－((0.15＋0.25)＊0.1)＜扣现浇板＞)＊1＝1.176m²

（续）

首层

三、柱

序号	构件名称	构件位置	工程量计算式
1	KZ2	＜5－75，C＋125＞	超高模板面积＝(((0.5＊0.87)＊2＋(0.4＊0.87)＊2)＜原始超高模板面积＞－((0.25＊0.7)＊2)＜扣梁＞－((0.25＋0.15)＊0.1)＜扣现浇板＞)＊1＝1.176m^2
		＜5－75，C＋3000＞	超高模板面积＝(((0.5＊0.87)＊2＋(0.4＊0.87)＊2)＜原始超高模板面积＞－((0.25＊0.7)＊3)＜扣梁＞－((0.15＊0.1)＊2＋(0.125＋0.5)＊0.1)＜扣现浇板＞)＊1＝0.9485m^2
		＜6，C＋3125＞	超高模板面积＝(((0.5＊0.87)＊2＋(0.4＊0.87)＊2)＜原始超高模板面积＞－((0.25＊0.7)＊2＋0.25＊0.5)＜扣梁＞－((0.25＊0.1)＊2＋(0.075＊0.1)＊2)＜扣现浇板＞)＊1＝1.026m^2
		＜7－74，D＋125＞	超高模板面积＝(((0.5＊0.87)＊2＋(0.4＊0.87)＊2)＜原始超高模板面积＞－((0.25＊0.7)＊2＋0.25＊0.6)＜扣梁＞－((0.15＊0.1)＊2＋0.25＊0.1)＜扣现浇板＞)＊1＝1.011m^2
2	（省略）		（计算方法同上）

第2层

一、梁

序号	构件名称	构件位置	工程量计算式
1	WKL5 [250＊700]	模板面积＝18.8425m^2	
		＜6，D＞＜6，F＞	模板面积＝((0.7＜高度＞＊2＋0.25＜宽度＞)＊11.4＜中心线长度＞)－((0.375＊0.25)＊2＋(0.375＊0.7)＊4＋(0.5＊0.7)＊2＋0.5＊0.25)＜扣柱＞－(0.25＊0.6)×2＜扣梁＞－((5.375＋5.125)×0.1＋(2.8＋1.725＋4.775)＊0.1)＜扣现浇板＞＝14.4675m^2
		＜6，C＋2999＞＜6，D＞	模板面积＝((0.6＜高度＞＊2＋0.25＜宽度＞)＊4＜中心线长度＞)－((0.375＊0.6)＊2＋(0.125＊0.6)＊2＋(0.375＋0.125)＊0.25)＜扣柱＞－((3.5＊0.1)＊2)＜扣现浇板＞＝4.375m^2
		超高模板面积＝5.36m^2	
		＜6，D＞＜6，F＞	超高模板面积＝(((11.4＊0.3)＊2)＜原始超高模板面积＞－((0.375＊0.3)＊4＋(0.5＊0.3)＊2)＜扣柱＞－(0.25＊0.3)×2＜扣梁模＞－((5.375＋5.125)×0.1＋(2.8＋1.725＋4.775)＊0.1)＜扣现浇板＞)＊1＝3.96m^2
		＜6，C＋2999＞＜6，D＞	超高模板面积＝(((4＊0.3)＊2)＜原始超高模板面积＞－((0.375＊0.3)＊2＋(0.125＊0.3)＊2)＜扣柱＞－((3.5＊0.1)＊2)＜扣现浇板＞)＊1＝1.4m^2

（续）

第 2 层

一、梁

序号	构件名称	构件位置	工程量计算式
2	（省略）		（计算方法同上）

二、现浇板

序号	构件名称	构件位置	工程量计算式
1	XB－1	底面模板面积＝461.2302m²	
		＜2＋3750，E－1349＞	底面模板面积＝(7.5＜长度＞＊2.7＜宽度＞)－((0.275＋0.2)＊0.375)＜扣柱＞－((2.325＊0.125)＊2＋(7.025＋7.25)＊0.125)＜扣梁＞＝17.7062m²

第 2 层

二、现浇板

序号	构件名称	构件位置	工程量计算式
1	XB－1	＜3＋3750，E－1349＞	底面模板面积＝(7.5＜长度＞＊2.7＜宽度＞)－(0.2＊0.375＋0.125＊0.25)＜扣柱＞－((7.175＋2.325＋2.45＋7.25)＊0.125)＜扣梁＞＝17.7438m²
		＜2＋3750，D＋1350＞	底面模板面积＝(7.5＜长度＞＊2.7＜宽度＞)－(0.275＊0.375＋0.375＊0.25)＜扣柱＞－((2.325＊0.125)＊2＋(7.25＋6.975)＊0.125)＜扣梁＞＝17.6938m²
		（省略）	（计算方法同上）
		超高模板面积＝461.2302m²	
		＜2＋3750，E－1349＞	超高模板面积＝((2.7＊7.5)＜原始超高模板面积＞－((0.275＋0.2)＊0.375)＜扣混凝土柱＞－((2.325＊0.125)＊2＋(7.025＋7.25)＊0.125)＜扣梁＞)＊1＝17.7062m²
		＜3＋3750，E－1349＞	超高模板面积＝((2.7＊7.5)＜原始超高模板面积＞－(0.2＊0.375＋0.125＊0.25)＜扣混凝土柱＞－((7.175＋2.325＋2.45＋7.25)＊0.125)＜扣梁＞)＊1＝17.7438m²
		＜2＋3750，D＋1350＞	超高模板面积＝((2.7＊7.5)＜原始超高模板面积＞－(0.275＊0.375＋0.375＊0.25)＜扣混凝土柱＞－((2.325＊0.125)＊2＋(7.25＋6.975)＊0.125)＜扣梁＞)＊1＝17.6938m²
		（省略）	（计算方法同上）

（续）

第2层			
三、柱			
序号	构件名称	构件位置	工程量计算式
1	KZ2	模板面积=32.6575m^2	
		＜2+74，C+125＞	模板面积=((0.4＜长度＞+0.5＜宽度＞)*2)*3.9＜原始高度＞-((0.25*0.7)*2)＜扣梁＞-((0.15+0.25)*0.1)＜扣现浇板＞=6.63m^2
		＜5-75，C+125＞	模板面积=((0.4＜长度＞+0.5＜宽度＞)*2)*3.9＜原始高度＞-(0.25*(0.6+0.7))＜扣梁＞-((0.25+0.15)*0.1)＜扣现浇板＞=6.655m^2
		＜5-75，C+3000＞	模板面积=((0.4＜长度＞+0.5＜宽度＞)*2)*3.9＜原始高度＞-((0.25*0.6)*2+0.25*0.7)＜扣梁＞-((0.15*0.1)*2+(0.125+0.5)*0.1)＜扣现浇板＞=6.4525m^2
		＜6，C+3125＞	模板面积=((0.4＜长度＞+0.5＜宽度＞)*2)*3.9＜原始高度＞-((0.25*0.7)*3)＜扣梁＞-((0.075*0.1)*2+(0.25*0.1)*2)＜扣现浇板＞=6.43m^2
		＜7-74，D+125＞	模板面积=((0.4＜长度＞+0.5＜宽度＞)*2)*3.9＜原始高度＞-((0.25*0.6)*2+0.25*0.7)＜扣梁＞-((0.15*0.1)*2+0.25*0.1)＜扣现浇板＞=6.49m^2
		超高模板面积=1.4325m^2	
		＜2+74，C+125＞	超高模板面积=(((0.5*0.3)*2+(0.4*0.3)*2)＜原始超高模板面积＞-((0.25*0.3)*2)＜扣梁＞-((0.15+0.25)*0.1)＜扣现浇板＞)*1=0.35m^2
		＜5-75，C+125＞	超高模板面积=(((0.5*0.3)*2+(0.4*0.3)*2)＜原始超高模板面积＞-((0.25*0.3)*2)＜扣梁＞-((0.25+0.15)*0.1)＜扣现浇板＞)*1=0.35m^2
		＜5-75，C+3000＞	超高模板面积=(((0.5*0.3)*2+(0.4*0.3)*2)＜原始超高模板面积＞-((0.25*0.3)*3)＜扣梁＞-((0.15*0.1)*2+(0.125+0.5)*0.1)＜扣现浇板＞)*1=0.2225m^2
		＜6，C+3125＞	超高模板面积=(((0.5*0.3)*2+(0.4*0.3)*2)＜原始超高模板面积＞-((0.25*0.3)*3)＜扣梁＞-((0.075*0.1)*2+(0.25*0.1)*2)＜扣现浇板＞)*1=0.25m^2
		＜7-74，D+125＞	超高模板面积=(((0.5*0.3)*2+(0.4*0.3)*2)＜原始超高模板面积＞-((0.25*0.3)*3)＜扣梁＞-((0.15*0.1)*2+0.25*0.1)＜扣现浇板＞)*1=0.26m^2
2	（省略）		（计算方法同上）

小　　结

本章介绍了现浇混凝土模板工程的施工技术和工程量清单的编制方法。目前工地上用的模板有木模板和钢模板两类，但木模板的构造原理是学习模板的基础，钢、塑料等其他材料构成的模板，其构造原理均与木模板同。故应以掌握木模板的构造原理为基础，全面学习钢模板的构造。例如，要了解如何利用这些定型钢模板及其配件搭设成各种结构的模板，就必须清楚定型钢模板的规格尺寸和各种配件及其作用。清单编制方法包括现浇混凝土基础、柱、梁、板、楼梯及其他构件的模板工程，在算量中应重点把握实际工程混凝土与模板的接触情况，据实计算工程量。

复习思考题

1. 模板的作用，对模板及其支架的基本要求有哪些？模板的种类有哪些？各种模板有何特点？
2. 基础、柱、梁、楼板结构的模板构造及安装有哪些要求？
3. 定形组合钢模板由哪些部件组成？如何进行定形组合钢模板的配板？
4. 模板的拆除顺序是什么？
5. 现浇混凝土构造柱的模板工程量应如何计算？
6. 现浇混凝土模板工程的算量中，不用接触面积计算的构件有哪些？请举例说明。
7. 现浇混凝土有梁板的模板工程量应如何计算？请采用多种方法说明。
8. 现浇混凝土构件的模板超高工程量应如何计算？
9. 现浇混凝土楼梯模板应如何计算？

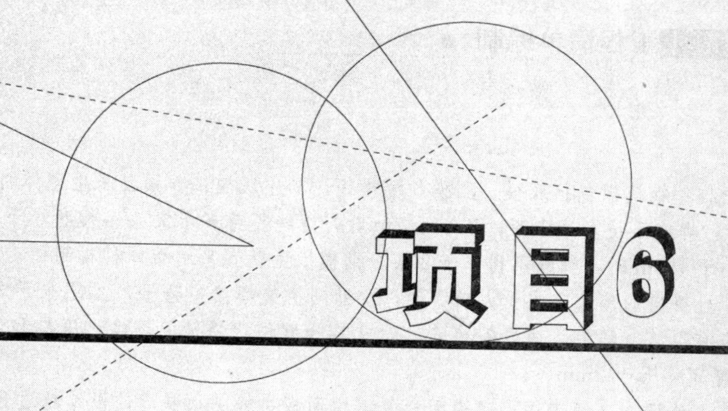

项目6

预制混凝土模板工程

教学目标

掌握预制构件模板的特点及类型；熟练掌握预制混凝土模板的清单编制方法，并能独立填写措施项目清单与计价表(二)。

教学要求

知识要点	能力要求	相关知识	所占分值(100分)	自评分数
预制混凝土模板工程施工技术	掌握预制构件模板的特点及类型	预制构件模板的特点及类型	40	
预制混凝土模板工程清单编制实务	掌握预制混凝土模板工程的清单编制方法，并能独立完成清单的编制；注意与现浇混凝土模板算法的区别	预制构件模板工程量的计算方法，计算中损耗的运用。	60	

章节导读：

预制混凝土构件钢模板包括底模、侧模和端模等，其中底模工作面宜采用整体材料制造，如需拼接，宽度小于2m时，焊缝不得多于1条；不小于2m时，焊缝不得多于2条；长度小于4.2m时，焊缝不得多于1条；不小于4.2m时，焊缝不得多于2条。钢模板主肋宜采用整体材料制造，如拼接时，拼接焊缝不宜多于1条，且拼接的部位宜在受力较小处，主肋间拼缝焊接应错开，且不小于200mm。钢模板成形工作面上，不应有裂缝、结疤、分层等缺陷，如有某些擦伤、锈蚀、划痕、压痕和烧伤，其深度不得大于0.5mm，宽度不得大于2mm。

钢模骨架节点处焊接必须满焊，底模面板、侧模面板拼缝必须满焊，板厚超过8mm以上时，必须用坡口焊，组拼骨架的通缝及骨架与面板的接触处，焊缝长度不得小于总缝长度的40%。

6.1 预制混凝土模板工程施工技术概述

【引例1】

如图6.1所示，基础采用砖胎膜这种常见的预制混凝土模板形式。

图6.1 砖胎膜施工现场图

【观察思考】

多观察、多比较不同项目对砖胎膜的运用，把握砖胎膜的施工技术要点。

6.1.1 预制混凝土模板工程施工技术

发展预制构件是建筑工业化的重要措施之一。预制构件包括尺寸和重量大的构件的施工现场就地制作，定型化的中小型构件预制厂(场)制作。

施工现场就地制作构件，可用土胎膜或砖胎膜，如图6.2所示，屋架、柱子、桩等大型构件可平卧叠浇，即利用已预制好的构件作底板，沿构件两侧安装模板再浇制上层构件。上层构件的模板安装和混凝土浇注，需待下层构件的混凝土强度达到5MPa后方可进行。在构件之间应涂抹隔离剂以防混凝土黏结。

现场制作空心构件(空心柱等)，为形成孔洞，除用木内模外，还可用胶囊填充，以压缩空气作内模，待混凝土初凝后，将胶囊放气抽出，便形成圆形、椭圆形等孔洞。胶囊是

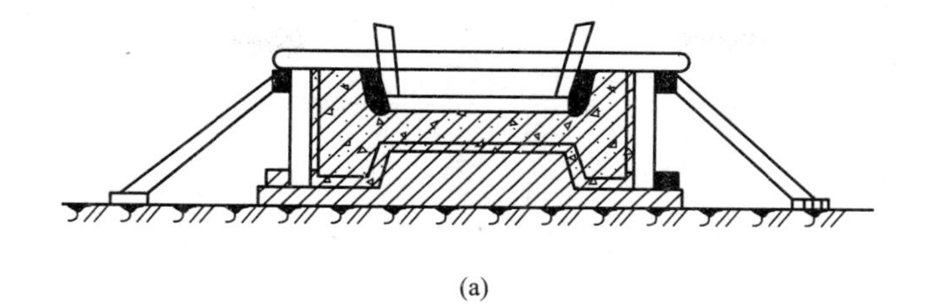

(a)

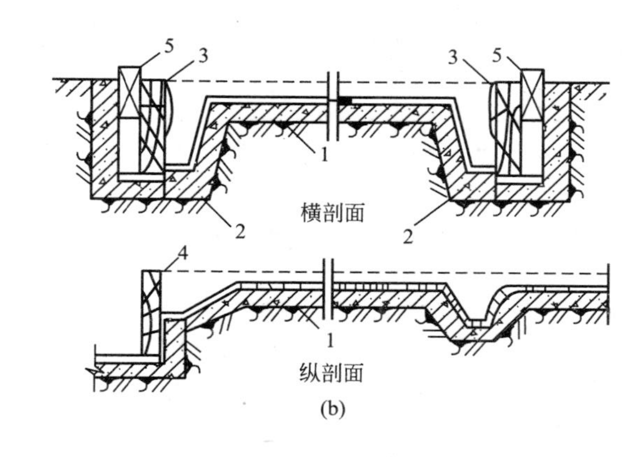

(b)

图 6.2 胎膜

(a) 工字形柱砖胎模；(b) 大型屋面板混凝土胎模

1—胎模；2—65×5；3—侧模；4—端模；5—本楔

用纺织品(尼龙布、帆布)和橡胶加工成胶布、再用氯丁粘胶冷粘而成。胶囊内的气压根据气温、胶囊尺寸和施工外力而定，以保证几何尺寸准确。制作空心柱用的 ϕ250mm 胶囊，充气压力约 0.05～0.07MPa。

预制厂制作的预制构件，常用的模板有钢平模、固定式胎膜、成组立模等。机组流水法、传送带流水法中普遍应用钢平模。它是利用铰链将侧模和端模板与底架连接，启闭方便。钢模的底架要能承受运输时混凝土的重量，制作预应力混凝土构件时，还要能承受预应力筋的作用力。底架要有足够的刚度，防止构件变形。固定式胎膜多用以制作大型钢筋混凝土肋形板或其他形状复杂的构件，胎膜的上表面形状与所浇构件的下表面形状吻合，混凝土浇入胎膜，即获得所要求的结构外形。

6.1.2 预制构件模板拆除

预制构件拆模的混凝土强度，当设计无规定时，应按下列规定进行。

(1) 侧面模板，应在混凝土强度能保证构件不变形、棱角完整时方可拆除。

(2) 芯模或预留孔的内模，应在混凝土强度能保证构件和孔洞表面不发生坍塌和裂缝时，方可拆除。

6.2 预制混凝土模板工程清单编制实务

【引例 2】

图 6.3 所示为预应力空心板，试计算出其模板工程量。

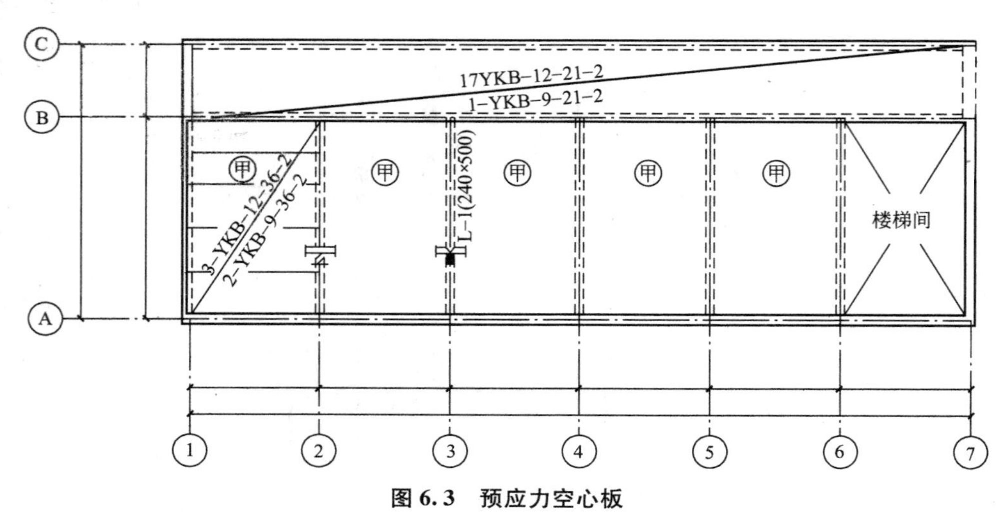

图 6.3 预应力空心板

【观察思考】

预制混凝土模板工程在清单算量方法上与现浇混凝土模板工程有很大不同，应注意区分；预制构件模板支设时，其接头的灌缝模板应如何考虑？损耗应如何考虑？

6.2.1 预制混凝土模板工程清单编制方法

特别提示

由于预制混凝土模板在《清单计价规范》(GB 50500—2008)中没有指定的计算规则，因此，本规则参照《湖北省消耗量定额》(2008)编制。

1. 预制混凝土构件分类表(见表 6－1)

表 6－1 预制混凝土构件分类表

类别	项　目
1	4m 以内空心板、实心板
2	4～6m 的空心板，6m 以内的桩、屋面板、工业楼板、进深梁、基础梁、吊车梁、楼梯休息板、楼梯段、阳台板、双 T 板、肋形板、天沟板、挂瓦板、间隔板、挑檐、烟道、垃圾道、通风道、桩尖、花格
3	>6m～14m 梁、板、柱、桩、各类屋架、桁架、托架（>14m 的另行处理)、钢架
4	天窗架、挡风架、侧板、端壁板、天窗上、下档、门框及单件体积在 0.1m^3 以内的小构件、檩条、支撑
5	装配式内、外墙板、大楼板、厕所板
6	隔墙板(高层用)

特别提示

由于预制混凝土模板对应于不同的构件类别，其综合单价不同，因此，掌握不同构件的分类，有利

于预制构件模板在清单“措施项目清单与计价表(二)”中的列项。与现浇混凝土模板的列项方式一致，预制混凝土模板工程按照补充项目列举。

2. 工程量计算规则

(1) 预制混凝土模板工程量除了另有规定外，均按图示尺寸实体体积以 m^3 计算，不扣除构件内钢筋、铁件及小于 300mm×300mm 以内孔洞的面积。

(2) 预制钢筋混凝土桩的模板工程量，按设计桩长(包括桩尖长度，不扣除桩尖部分虚体积)乘以桩断面面积(空心桩应扣除空心孔洞的体积)，以 m^3 计算。

(3) 混凝土与钢杆件结合的构件，混凝土模板部分按构件实体体积以 m^3 计算，钢构件部分的工程量按重量以 t 计算，分别套用相应的定额项目。

(4) 露花的模板工程量按外围面积乘以厚度以 m^3 计算，不扣除孔洞的面积。

(5) 窗台板、隔板、栏板的模板工程量以 m^3 计算，按小型构件执行。

(6) 预制钢筋混凝土构件接头灌缝的模板工程量。

① 钢筋混凝土接头灌缝的模板，均按预制钢筋混凝土构件的实际体积，以 m^3 计算。

② 柱与柱基灌缝的模板工程量，按首层柱的体积计算，首层以上柱灌缝的模板工程量，按各层柱的体积计算。

3. 编制清单混凝土模板工程量

编制清单混凝土模板工程量时，应按施工图计算构件工程量后，再按表 6-2 增加废品损耗率。

表 6-2 预制混凝土构件损耗表

名称	制作废品率	运输堆放废品率	安装废品率	构件制作
各类预制混凝土构件	0.2%	0.8%	0.5%	A×1.015

预制混凝土模板工程量=图示体积(A)×1.015。

特别提示

预制混凝土模板与现浇混凝土模板算量上有较大区别，前者主要以混凝土的图示体积计算，而后者主要以接触面积计算，又由于预制混凝土模板工程是经过非施工现场的制作、运输及现场安装来完成的，因此，其模板工程量的计算应考虑这一系列的施工损耗：0.2%+0.8%+0.5%=1.5%。

6.2.2 案例解析

(1) 已知某工程使用单块体积为 $1.02m^3$ 的 C30YKB 共 50 块，试计算此空心板模板工程量。

【解】

① 长线台 YKB 钢拉模：$V=1.02\times50\times1.015=51.77m^3$

② YKB 灌缝模板：$V=1.02\times50=51.00m^3$

(2) 如图 4.32 所示，试编制混凝土模板工程量清单编制。

根据规范清单项目划分和设计图示要求，列出以下清单项目，见表 6-3。

表6-3　措施项目清单与计价表(二)

序号	项目编码	项目名称	项目特征	计量单位	工程数量
1	010401002001	独立基础	截面尺寸：1.4×1.4+1×1	m^2	28.8
2	010402002001	异形柱	截面尺寸：0.2×0.6+0.4×0.2	m^2	105.94
3	010403002001	矩形梁	截面尺寸：0.2×0.45、0.2×0.35	m^2	8.89
4	010405001001	有梁板	板厚100mm、120mm 板面标高4.2m	m^2	77.72
5	010412002001	空心板	板面标高4.2m	m^2	1.105

① 独立基础模板(AB001)＝(1.4×4＋1×4)×0.3×10＝28.8m^2

② 异形柱模板(AB002)＝0.6×4×(4.2＋0.3)×10－0.2×0.35×14－0.2×0.45×12＝105.94m^2

③ 矩形梁模板(AB003)：

KL2：(0.2＋0.45×2)(4.5－0.5×2)＝3.85m^2

LL1：(0.2＋0.35×2)(3.6－0.5－0.3)×2＝5.04m^2

合计：3.85＋5.04＝8.89m^2

④ 有梁板模板(AB004)：

KL1＝(0.2＋0.45＋0.35)(4.5＋4.2－0.6－0.5×2)＋(0.2＋0.35＋0.33)(4.5－0.5－0.5)＋(0.2＋0.35＋0.45)×(4.2－0.5－0.1)＝13.78m^2

KL2＝(0.2＋0.45＋0.33)(4.5－0.5－0.5)＝3.43m^2

LL1(上)＝(0.2＋0.25＋0.35)(3.9－0.5－0.3)＋(0.2＋0.23＋0.35)(4.2－0.3－0.3)＝5.288m^2

LL1(中)＝(0.2＋0.25×2)(3.9－0.5－0.3)＋(0.2＋0.23＋0.35)(4.2－0.1－0.3)＝4.994m^2

LL2＝(0.2＋0.35＋0.25)(3.9－0.5×2)＝2.32m^2

100厚板＝(3.9－0.2)(4.5＋4.2－0.2×2)＝30.71m^2

120厚板＝(4.2－0.2)(4.5－0.2)＝17.2m^2

合计：13.78＋3.43＋5.288＋4.994＋2.32＋30.71＋17.2＝77.72m^2

⑤ 预应力空心板模板(AB005)：1.089×1.015＝1.105m^2

小　　结

本章介绍了预制混凝土模板工程的施工技术和工程量清单的编制方法。施工技术包括预制混凝土模板类型及预制构件的成形方法；清单编制方法包括预制混凝土桩、混凝土与钢杆件结合的构件、预制混凝土露台、窗台板、接头灌缝等构件的模板工程，在算量中应注意预制混凝土模板工程与现浇混凝土模板工程的区别，并在计算中需考虑损耗。

复习思考题

1. 胎模的施工方法是什么?
2. 平卧叠交适用于什么构件?
3. 预制构件的成形方法有哪些? 请简要说明。
4. 预制构件模板拆除时应注意哪些规定? 请简要说明。
5. 属于预制混凝土二类构件的有哪些? 请简要说明。
5. 预制混凝土模板工程量应如何计算? 与现浇混凝土模板工程量计算方法有何区别?
6. 预制混凝土构件接头灌缝的模板工程量应如何计算?
7. 预制混凝土模板工程的损耗如何考虑?

项目7

混凝土及模板工程图形算量预算软件的应用

教学目标

掌握GCL2008图形算量软件做工程的流程；熟练掌握图形软件常用功能的操作；熟悉利用软件计算主要构件工程量的方法。

教学要求

知识要点	能力要求	相关知识	所占分值（100分）	自评分数
界面设置和轴网定义	(1) 掌握界面设置 (2) 掌握轴网定义	楼层信息和轴网开间、进深的确定	20	
柱构件算量	(1) 掌握柱构件定义 (2) 掌握柱构件绘制	偏心柱构件、边角中柱构件的确定	20	
梁构件算量	(1) 掌握梁构件定义 (2) 掌握梁构件绘制	直形梁、斜梁构件的确定	20	
板构件算量	(1) 掌握板构件定义 (2) 掌握板构件绘制	平板、斜板、楼梯构件的确定	20	
基础构件算量	(1) 掌握基础构件定义 (2) 掌握基础构件绘制	独立基础构件单元的确定	20	

章节导读：

混凝土及模板工程图形算量预算软件的应用包括界面设置、轴网设置、柱、梁、板、基础构件算量等过程。构件的功能是学习预算软件算量的重要内容，因为构件定义与绘制的正确性与准确性，将直接影响到工程量。今天学习的混凝土及模板工程图形算量就是要通过图形算量预算软件去掌握构件的功能；掌握构件的定义与绘制方法。

7.1　图形算量 GCL2008 概述

图形算量 GCL2008 是一个专业算量软件，它针对民用建筑工程中建筑工程专业工程量计算的预算人员，提供图形建模、图片建模、CAD 识别、三维显示、辅助算量等功能，从工程实际出发，大大提高了工作效率和工程量计算的精度。

所谓图形法，就是在使用过程中，通过画图确定构件实体的位置，并输入与算量有关的构件属性，软件通过默认的计算规则，自动计算生成构件实体的工程量，形成报表。

【引例 1】

GCL2008 软件通过画图方式建立建筑物的计算模型，软件根据内置的计算规则实现自动扣减，在计算过程中使工程造价人员能够快速准确的计算和校对，达到算量方法实用化、算量过程可视化、算量结果准确化。

【观察思考】

通常手工算量一般遵循的顺序：先是平整场地，然后是土方工程、砌筑工程、混凝土工程、屋面工程、再是楼地面工程、墙柱面工程、天棚工程、油漆涂料工程、其他工程。图形算量软件的作法的思路与手工算量有所不同，比较它们之间的区别。

7.1.1　图形算量软件能算什么量

算量软件能够计算的工程量包括土石方工程量、砌体工程量、混凝土及模板工程量、屋面工程量、天棚及其楼地面工程量、墙柱面工程量等。

7.1.2　图形算量软件是如何算量

软件算量并不是说完全抛弃了手工算量的思想。实际上，软件算量是将手工的思路完全内置在软件中，只是将过程利用软件实现，依靠已有的计算扣减规则，利用计算机这个高效的运算工具快速、完整的计算出所有的细部工程量，让大家从烦琐的背规则、列式子、按计算器中解脱出来。手工算量与软件算量对比分析，如图 7.1 所示。

7.1.3　图形算量软件做工程的顺序

计算工程量针对一项工程来说，就有一个流程，有一个顺序，软件计算的流程是先地上后地下、先建筑后结构、先主体后装饰、先室内后室外等。初学者，通常就是做一项工程没有顺序，往往算到一半就乱，不知道哪些算了，哪些没有算。其实，用软件算量也存在按识图的顺序进行算量，这就与手工算量相似，识一张图，算一张图的办法，随着识图的加深，算量也在逐步加深。众所周知，有经验的预算人员，并不是一次性列式算出工程量，而是在识图的过程中如何发现前面计算过程中的错识或不全进行更正和补充，最后图识完后，工

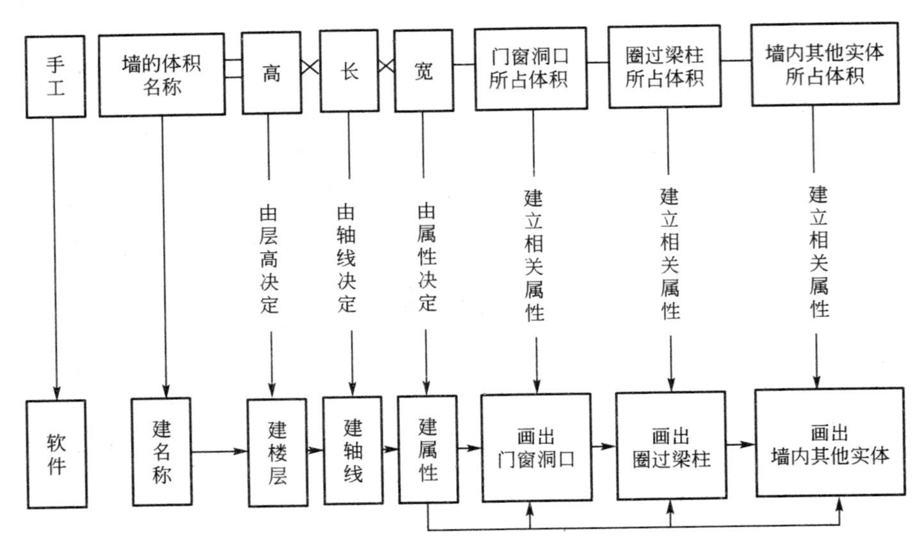

图 7.1 手工算量与软件算量对比分析图

程量的列式也就修改完，最后得到所需的工程量。软件算量顺序如图 7.2 所示。

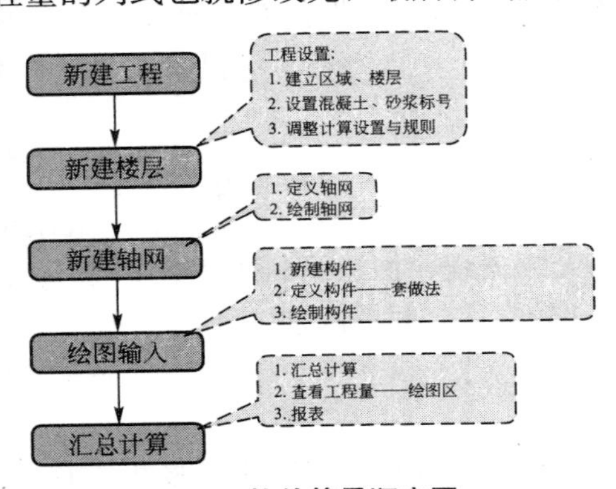

7.2 软件算量顺序图

综上所述，该软件在一定程度上提高了造价人员工程量计算的速度及准确程度，无疑会成为当代造价人员必不可少的工具之一。但造价人员使用软件前，要充分了解软件的利弊，掌握好软件的使用要领。虽然人工计算无法达到软件计算的速度和精确度，但是工程量计算软件却无法像人一般灵活地处理某些特殊问题。因此，只有将应用软件与实践有效地结合，才能更好地提高工程造价的准确性，深入的为造价人员提供服务，提高造价人员的市场竞争力。

7.2 实际案例工程操作

7.2.1 界面介绍和案例工程展示

第一步：界面介绍(图 7.3、图 7.4)。

第二步：某学院餐饮中心工程三维图展示(图 7.5)。

7.2.2 新建工程和楼层

1. 新建工程

第一步：双击桌面“广联达图形算量软件 GCL2008”图标，如图 7.6 所示，启动软件。

第二步：单击“新建向导”选项(图 7.7)。

第三步：按照某学院餐饮中心施工图纸输入工程名称(图 7.8)，输入完毕后单击“下一步”按钮。

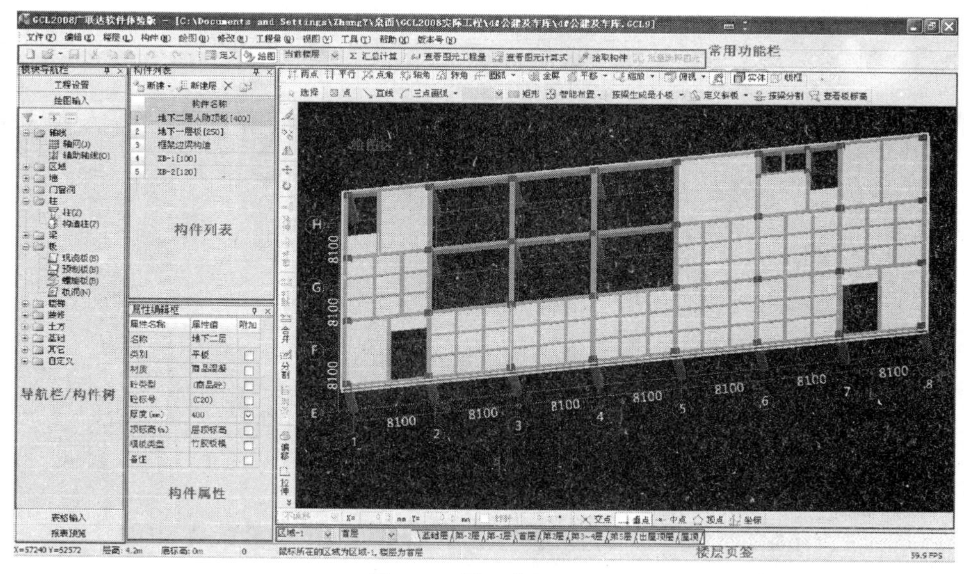

图 7.3 界面介绍(一)

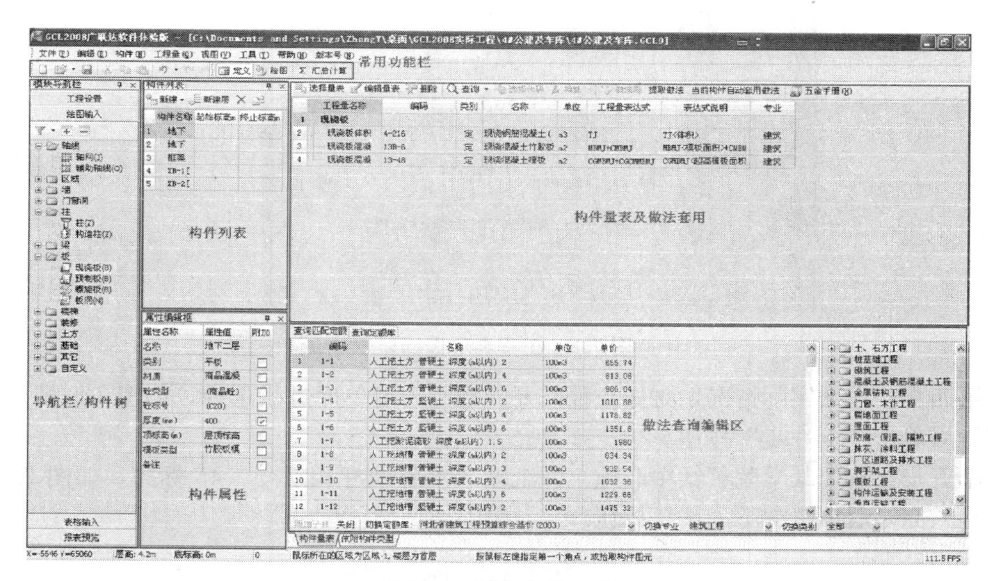

图 7.4 界面介绍(二)

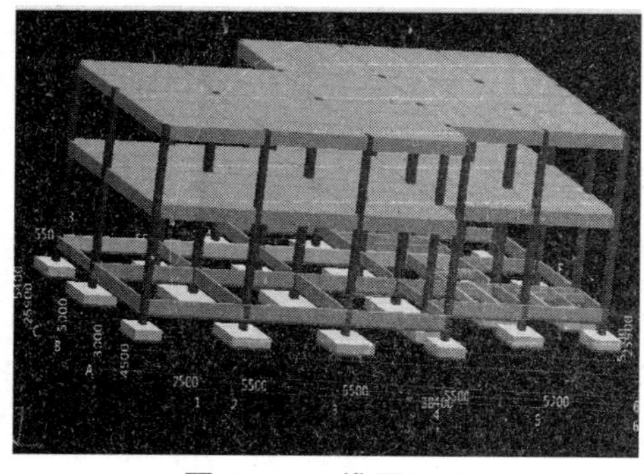

图 7.5 三维图展示

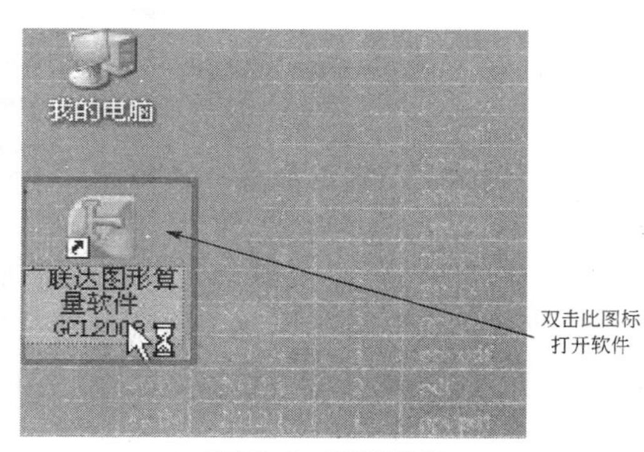

图 7.6 图标显示

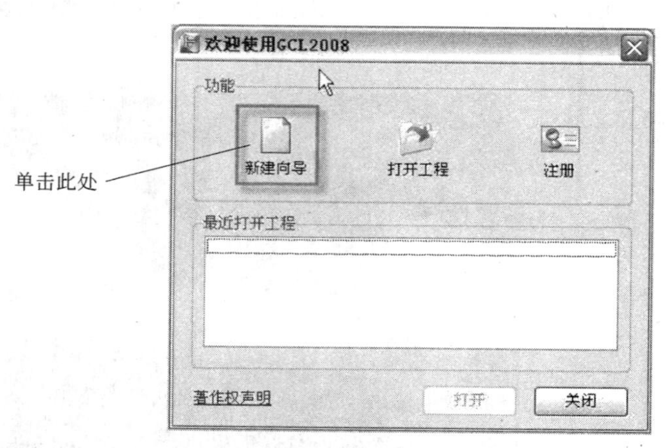

图 7.7　向导显示

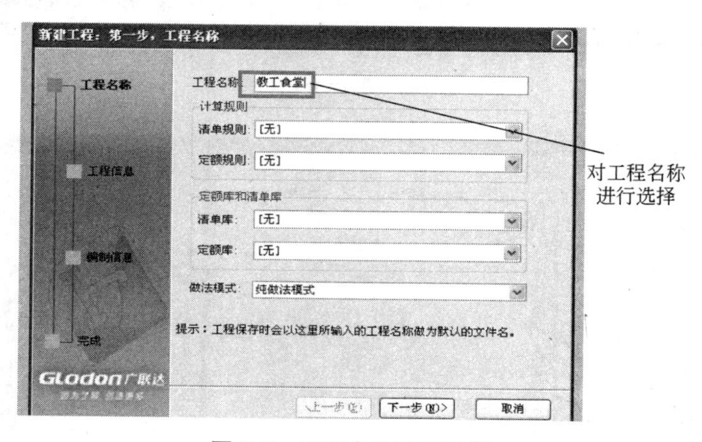

图 7.8　工程名称选择显示

第四步：根据实际情况，对做工程需要的规则和清单库进行选择，如图 7.9 所示，选择完毕后单击“下一步”按钮。

第五步：按照某学院餐饮中心施工图纸输入室外地坪相对－0.45 标高，如图 7.10 所示，输入完毕后单击“下一步”按钮。

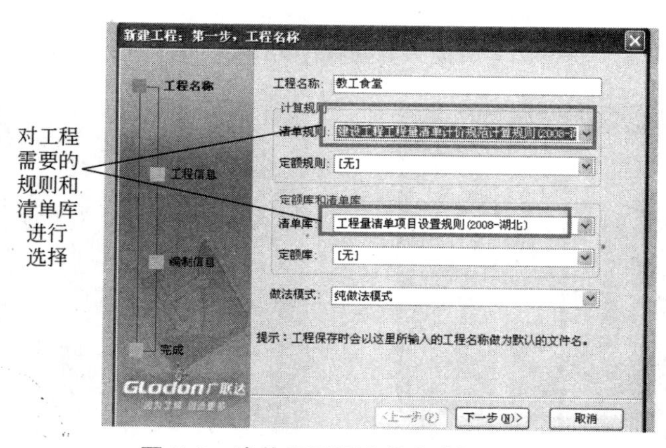

图 7.9　清单规则及清单库选择显示

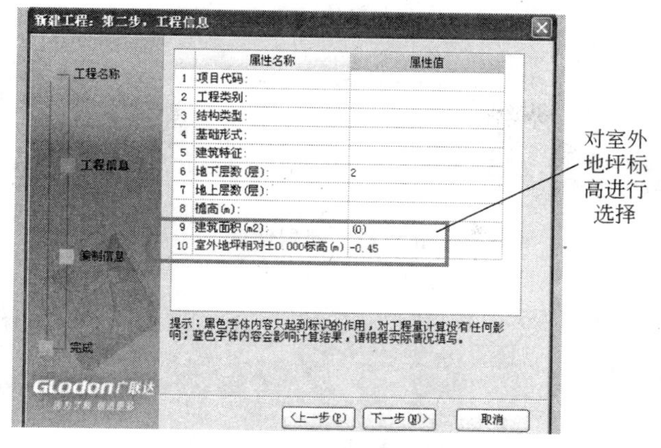

图 7.10　标高选择显示

第六步：编制信息页面的内容只起标志作用，不需要进行输入，直接单击“下一步”按钮。

第七步：确认输入的所有信息没有错误以后，单击“完成”按钮，如图 7.11 所示，完成新建工程的操作。

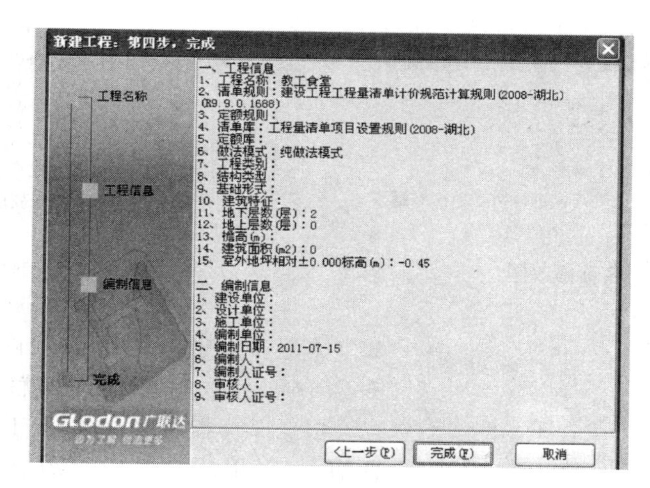

图 7.11　完成项目

室外地坪相对标高将影响外墙装修工程量和基础土方工程量的计算。

2. 新建楼层

不同的工程项目建立楼层，结构数据有所不同，根据软件模块导航栏的顺序结合施工图纸，输入相应信息。

第一步：单击“工程设置”下的“楼层信息”选项，在右侧的区域内可以对楼层进行定义，如图 7.12 所示。

第二步：单击“插入楼层”按钮进行楼层的添加，如图 7.13 所示。

第三步：将顶层的名称修改为“屋面层”，如图 7.14 所示。

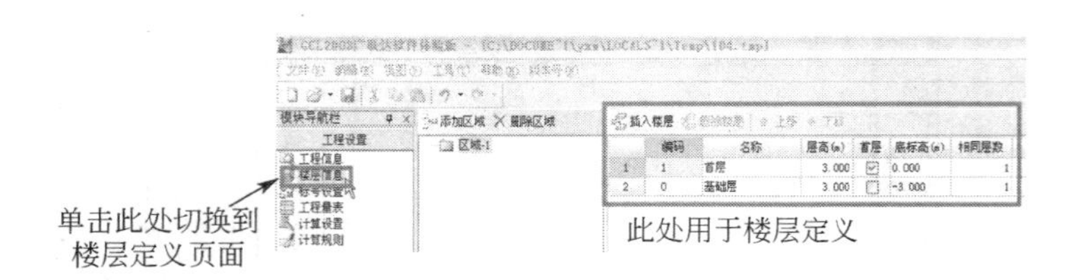

图 7.12　楼层信息

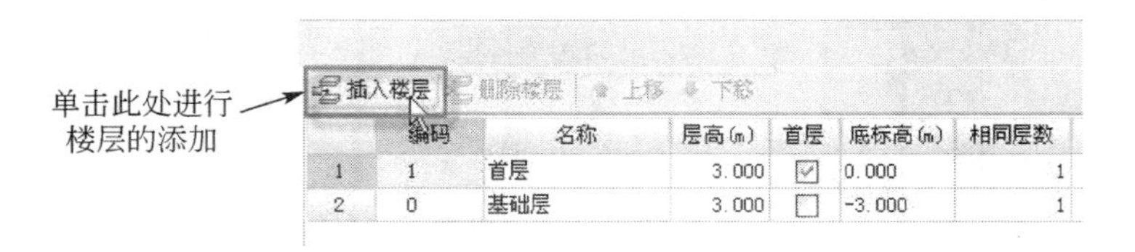

图 7.13　插入楼层

第四步：选中 2 层的“首层标记”，如图 7.15 所示，将其变为首层。

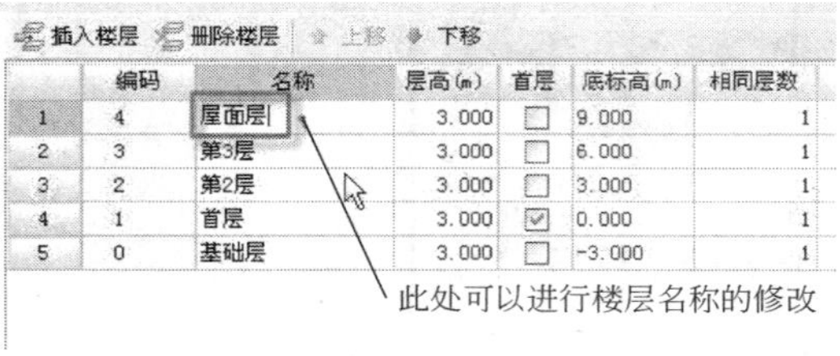

插入楼层　删除楼层　上移　下移

	编码	名称	层高(m)	首层	底标高(m)	相同层数
1	4	屋面层	3.000	☐	9.000	1
2	3	第3层	3.000	☐	6.000	1
3	2	第2层	3.000	☐	3.000	1
4	1	首层	3.000	☑	0.000	1
5	0	基础层	3.000	☐	-3.000	1

此处可以进行楼层名称的修改

图 7.14　名称修改图

插入楼层　删除楼层　上移　下移

	编码	名称	层高(m)	首层	底标高(m)	相同层数
1	4	屋面层	3.000	☐	9.000	1
2	3	第3层	3.000	☐	6.000	1
3	2	第2层	3.000	☐	3.000	1
4	1	首层	3.000	☑	0.000	1
5	0	基础层	3.000	☐	-3.000	1

此处打勾可将该层变换为首层

图 7.15　首层标记打勾

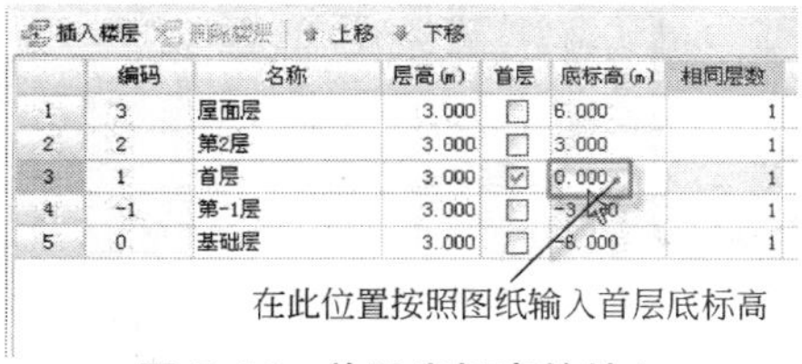

插入楼层　删除楼层　上移　下移

	编码	名称	层高(m)	首层	底标高(m)	相同层数
1	3	屋面层	3.000	☐	6.000	1
2	2	第2层	3.000	☐	3.000	1
3	1	首层	3.000	☑	0.000	1
4	-1	第-1层	3.000	☐	-3.000	1
5	0	基础层	3.000	☐	-6.000	1

在此位置按照图纸输入首层底标高

图 7.16　首层底标高的输入

第五步：根据图纸输入首层的底标高，如图 7.16 所示，楼层的定义就完成了。

根据某学院餐饮中心施工图纸输入楼层信息如下(以下均以某学院餐饮中心工程项目为例)，如图 7.17 所示。

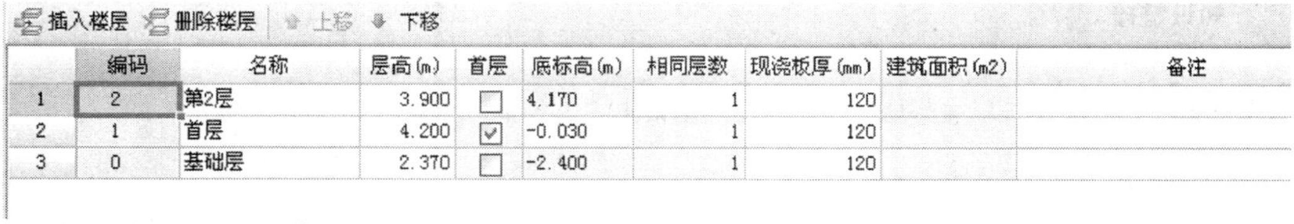

插入楼层　删除楼层　上移　下移

	编码	名称	层高(m)	首层	底标高(m)	相同层数	现浇板厚(mm)	建筑面积(m2)	备注
1	2	第2层	3.900	☐	4.170	1	120		
2	1	首层	4.200	☑	-0.030	1	120		
3	0	基础层	2.370	☐	-2.400	1	120		

图 7.17　楼层信息显示

特别提示

楼层管理：可选择相应的区域插入楼层、删除楼层、输入楼层的层高及标准层数等信息。

相同层数的设置：工程中遇到标准层时，只要在相同层数中输入标准层数量即可，软件会自动在编码中改为“$n-m$”，底标高会自动叠加。

7.2.3 轴网定义

第一步：单击模块导航栏中的绘图输入，如图 7.18 所示，切换到绘图输入页面。

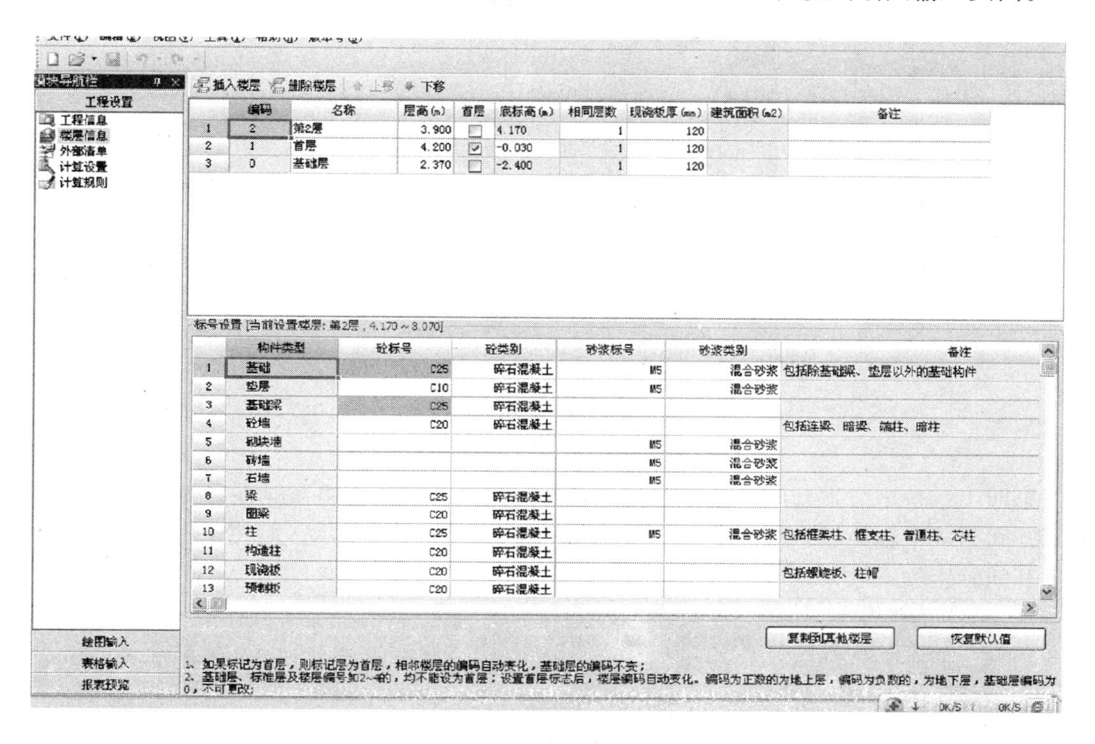

图 7.18 绘图输入

第二步：单击绘图输入下的“+”选项，展开左侧所有的构件，单击模块导航栏中的“轴网”选项，如图 7.19 所示。

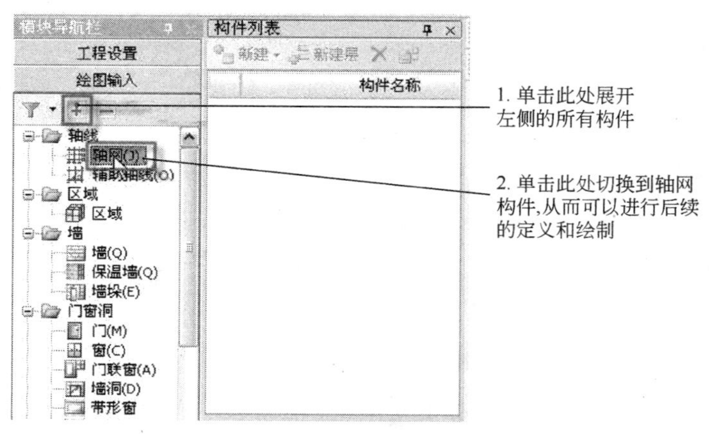

图 7.19 轴网输入

第三步：单击“定义”按钮，切换到定义状态，在构件列表中单击“新建”列表框，单击“新建正交轴网”选项，如图 7.20 所示。

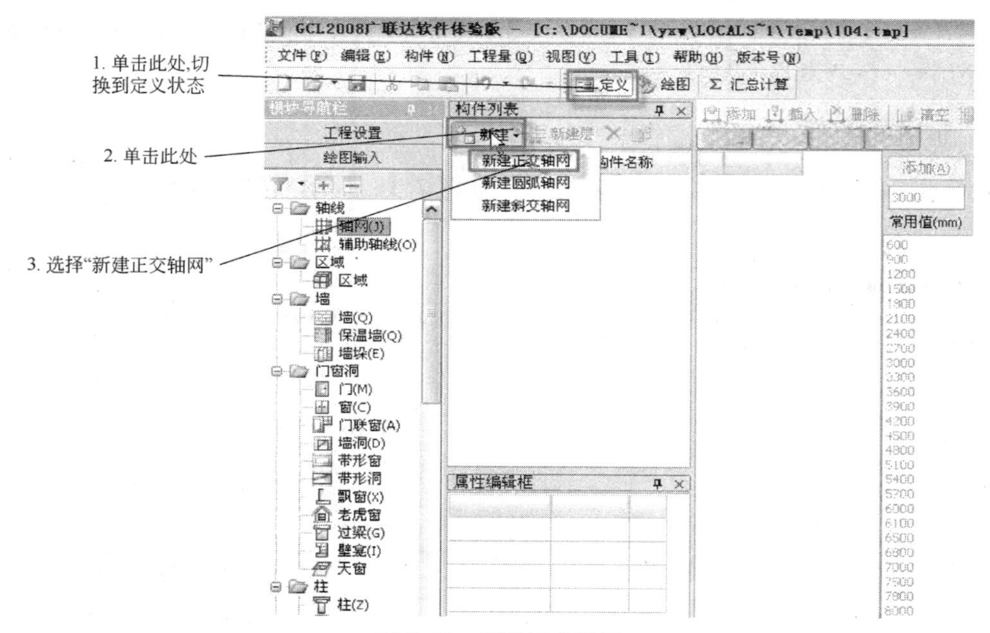

图 7.20　新建正交轴网

第四步：单击“下开间”按钮，先进行开间尺寸的定义，将某学院餐饮中心施工图纸上下开间第一个轴距填入添加框中，按 Enter 键，如图 7.21所示。利用这种方法将图纸上的下开间轴距输入软件。

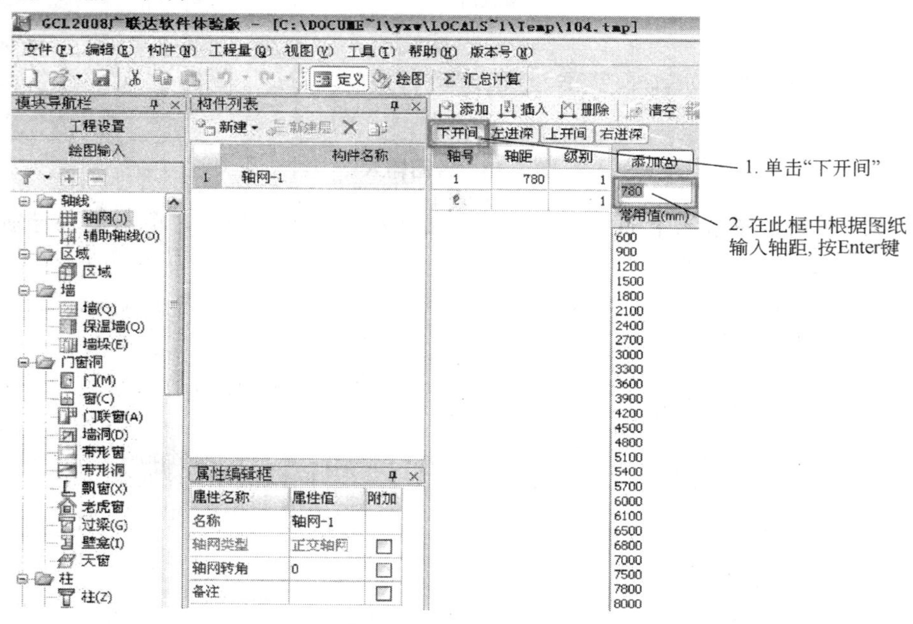

图 7.21　开间尺寸定义

第五步：输入 6 轴和 7 轴之间轴距并按 Enter 键后也会出现上面的情况，下开间的轴距都输入完毕后，将最后一道轴线的轴号级别修改为“2”，这样就可以实现轴线的分级显示。

第六步：单击“左进深”按钮，如图 7.22 所示，用同样的方法将进深的轴距定义完毕。

第七步：单击常用工具栏中的“绘图”按钮，切换到绘图状态，在弹出的对话框中单击“确定”按钮，就可将轴网放到绘图区中，如图 7.23 所示，这样就完成了教工食堂工程轴网的处理，如图 7.24 所示。

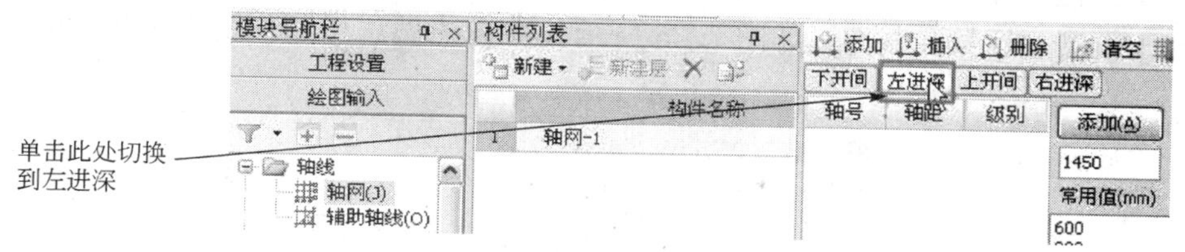

图 7.22 进深尺寸定义

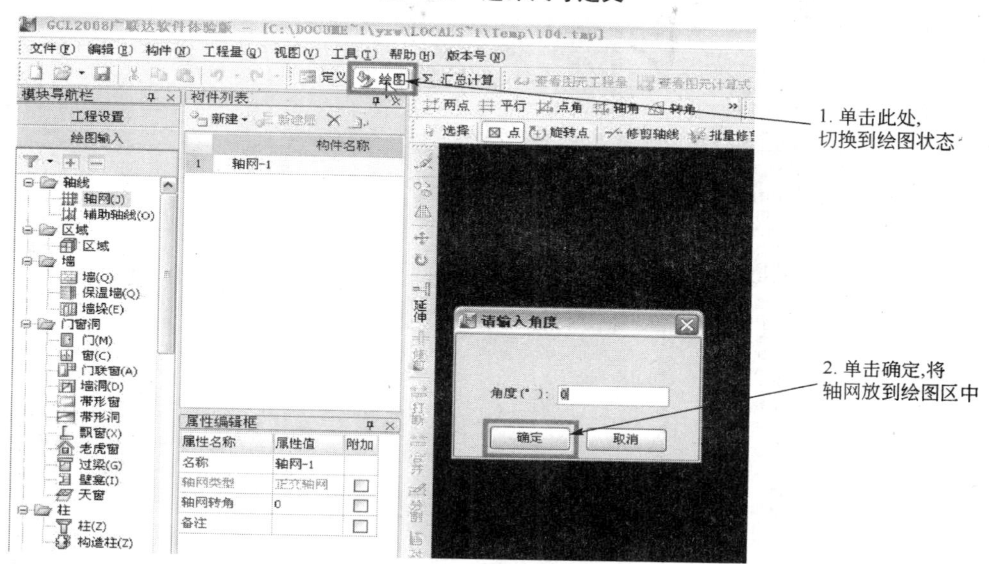

图 7.23 轴网放入绘图区

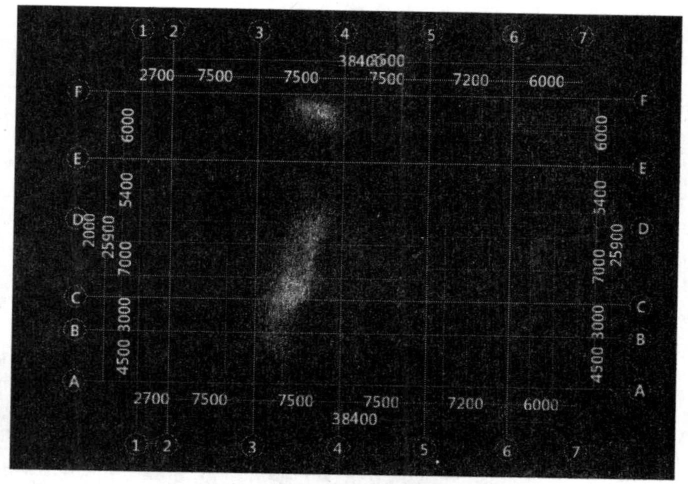

图 7.24 完成工程轴网

7.2.4 柱定义与绘制

1. 柱定义

第一步：在模块导航栏中，单击“柱构件”图标，在构件列表中单击“新建”列表框，单击“新建矩形柱”如图 7.25 所示，建立一个 KZ－1。

第二步：在属性编辑框中按照某学院餐饮中心施工图纸输入 KZ－1 的名称、类别、材质，混凝土类型，标号和截面，如图 7.26 所示，在构建做法里添加清单编码，如图 7.27 所示。

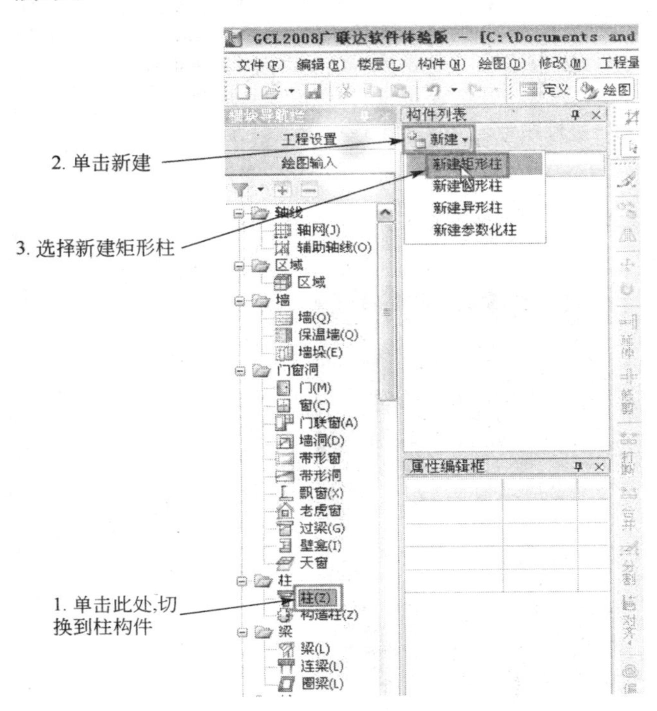

图 7.25　新建矩形柱

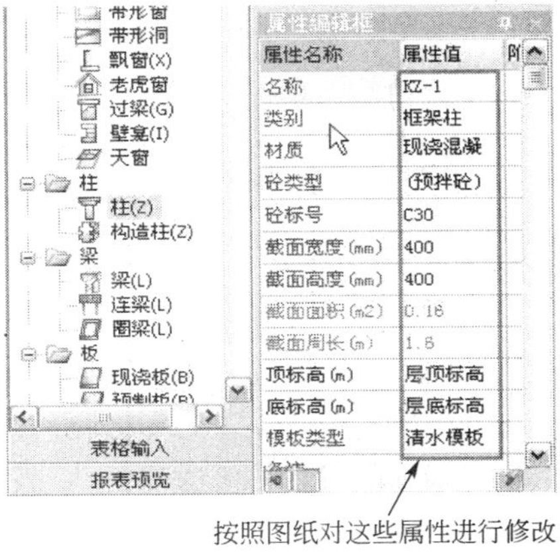

按照图纸对这些属性进行修改

图 7.26　输入柱子的基本信息

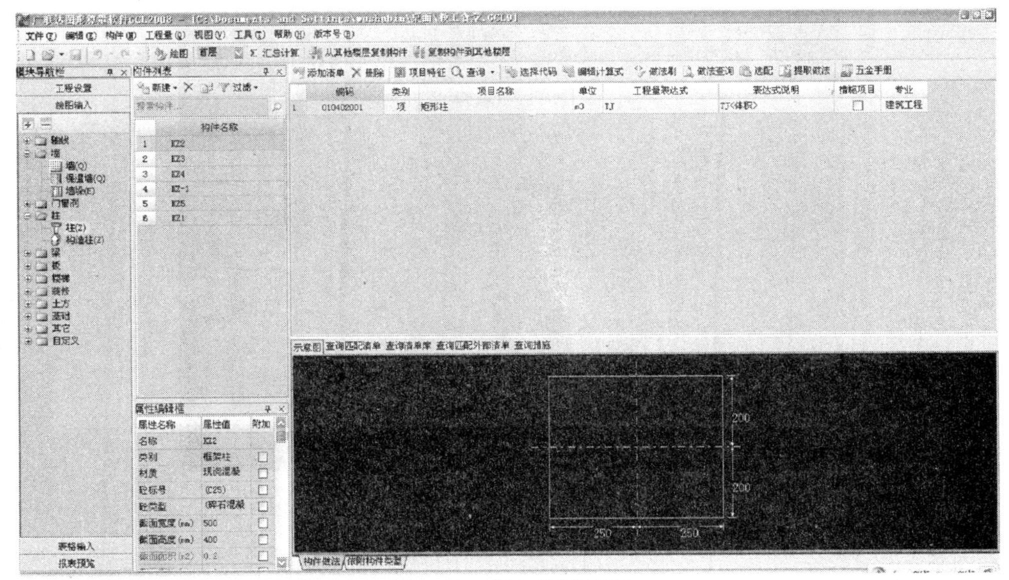

图 7.27　添加清单项目

第三步：在构件列表中 KZ－1 的名称上右击，选择“复制”选项，如图 7.28 所示，建立一个相同属性的 KZ－2，利用这种方法，快速建立相同属性的构件。对于个别属性不同的构件，仍然可以利用 KZ－1 进行复制，然后只修改不同的截面信息。利用这种方法，依次定义所有柱。

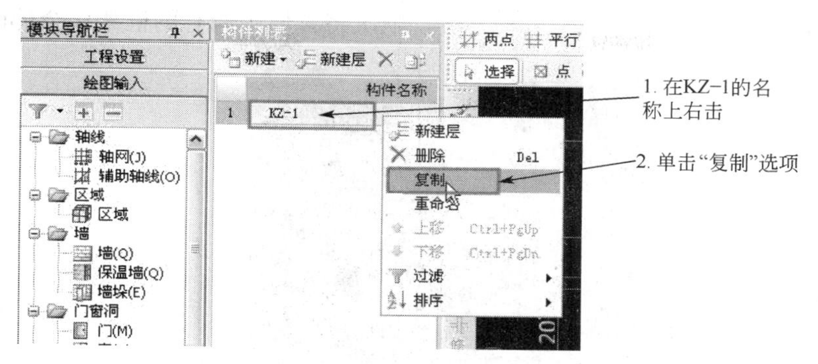

图 7.28 柱子的复制

知识链接

按标高定义柱层：当一个工程中楼层很多且有柱表的时候，可以在柱构件下定义柱层，让软件根据标高自动在相应楼层中生成柱构件，加快定义速度。

属性中附加列：工程中构件多了之后，单凭 KZ－1、KZ－2 这样的构件名称不好进行区分，这时可以在附加列中选中"让构件名称增加描述"复选框，看得更清楚。

2. 柱绘制

第一步：在左侧构件列表中单击"KZ－4"选项，在绘图功能区选择"点"按钮，然后将光标移动到 4 轴和 C 轴交点，直接单击即可将 KZ－4 画入，如图 7.29 所示。

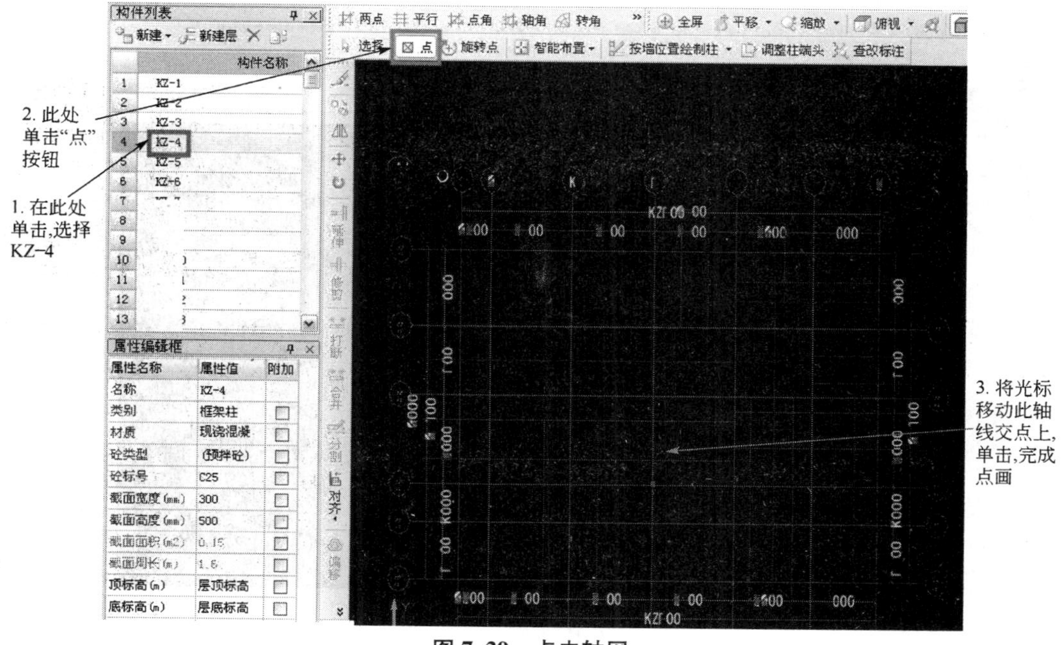

图 7.29 点击轴网

第二步：在左侧构件列表中单击"KZ－1"选项，在绘图功能区选择"点"按钮，然后将光标移动到 E 轴和 2 轴交点，按住 Ctrl 键，同时单击，这时软件会弹出“设置偏心柱”的窗口，在此窗口中，可以直接修改柱和轴线之间的位置尺寸，输入完毕后单击“关闭”按钮即可，如图 7.30 所示。利用以上两种方法，依次将首层中所有的框架柱全部画入。

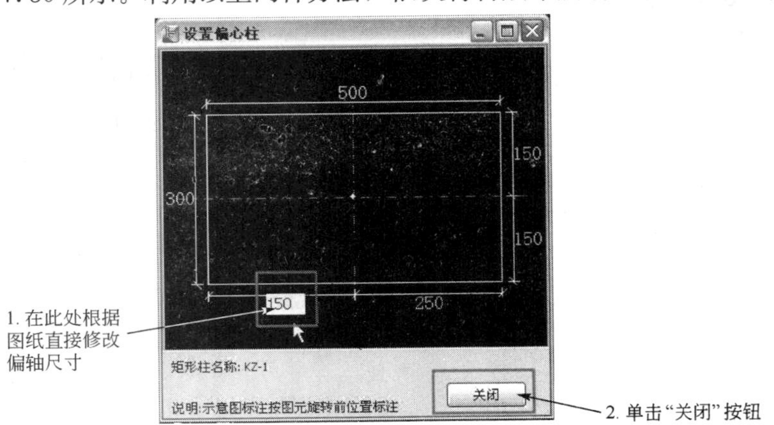

图 7.30　输入尺寸

特别提示

查改标注：当画入的柱子偏心尺寸定义错误时，可以利用查改标注来进行修改，不用删除重画，包括异形柱也可以用这种方法修改。

第三步：单击“选择”按钮，拉框选中首层的所有框架柱，然后单击“楼层”选项卡下的“复制选定图元到其他楼层”选项，如图 7.31 所示，在弹出的对话框中选中“基础层和第二层”复选框，单击“确定”按钮即可。

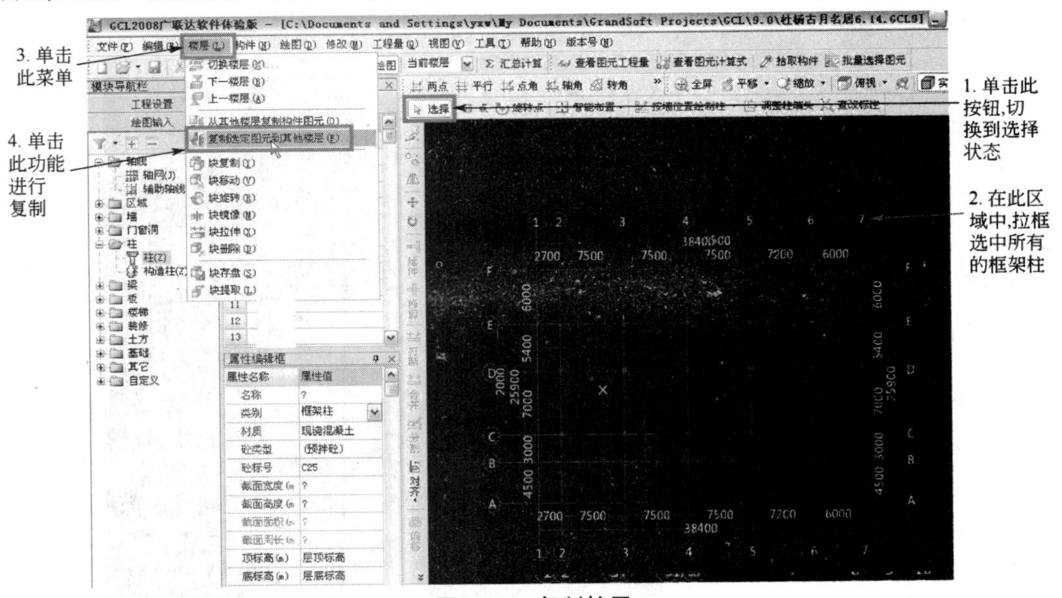

图 7.31　复制柱子

第四步：如果其他楼层混凝土标号与当前层标号不一致，在屏幕下方楼层页签单击“楼层切换”选项，然后选中所有柱，在属性列表框中修改混凝土标号即可，如图 7.32 所示。

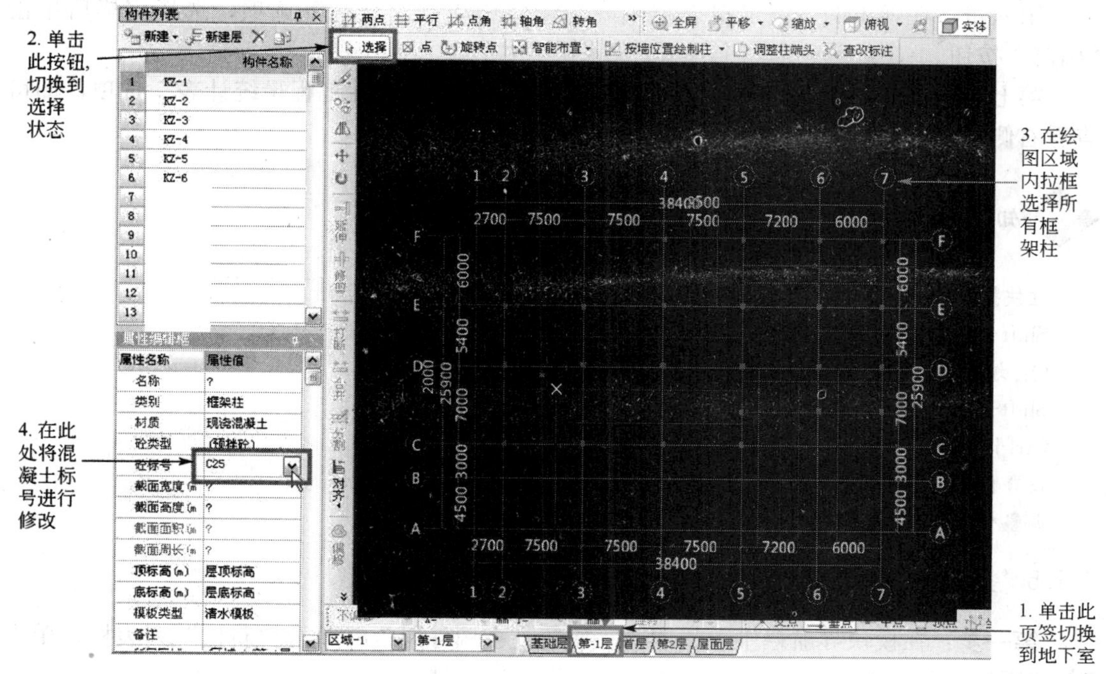

图 7.32 混凝土标号变化

第五步：单击常用工具栏中的“汇总计算”按钮，单击“确定”按钮，汇总完毕后单击“确定”，在模块导航栏中切换报表预览界面，如图 7.33 所示。

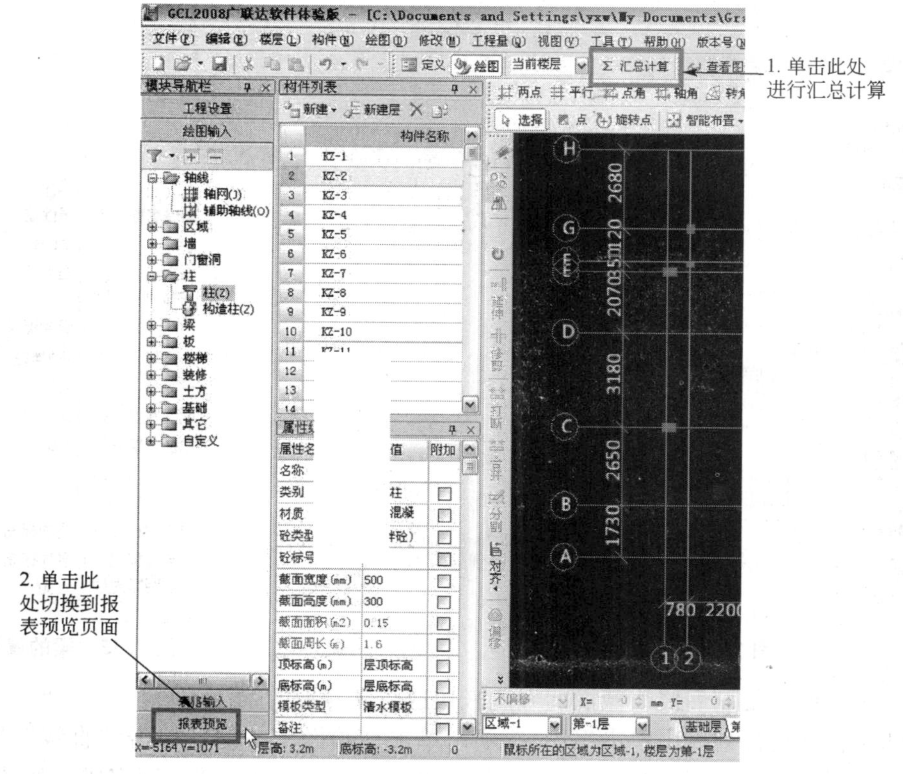

图 7.33 汇总

第六步：在弹出的“设定报表范围”的窗口中单击“全选”选项，选择完毕后单击“确定”按钮。

第七步：单击左侧报表预览“做法汇总分析”下的“构件工程量统计表”选项，即可查看右侧报表中的量表统计结果。

知识链接

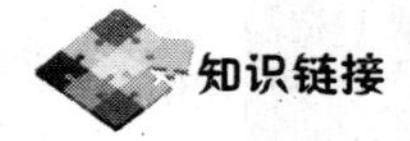

柱快捷键的应用。

Shift+Q：墙的构件名称是否在绘制区中显示。

Q：墙构件是否在绘图区中显示。

Shift+左键：直接弹出“偏移”对话框，输入偏移数值。

Ctrl+左键：直接弹出距离轴线上下左右距离，输入偏移数据。

设置柱与墙平齐：选择柱，右击，会出现“多对齐”和“单对齐”。

调整柱端头：有一种上方形柱，可以用此工具，进行柱的调整。

7.2.5 梁定义与绘制

第一步：在模块导航栏中单击“梁”按钮，在构件列表处单击“新建”列表框，单击“新建矩形梁”选项，如图 7.34 所示，结合图纸对属性进行定义。

第二步：在属性编辑框中将梁的名称改为“KL2-1”，按照图纸的实际情况对梁的属性进行定义，如图 7.35 所示。

2. 单击新建
3. 单击新建矩形梁
1. 单击梁，切换到梁构件
新建矩形梁
新建异形梁
新建参数化梁

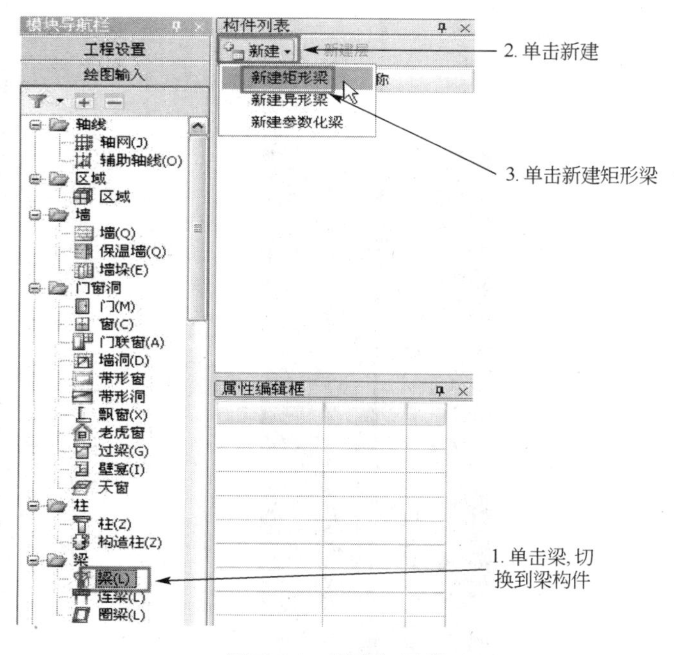

图 7.34 新建矩形梁

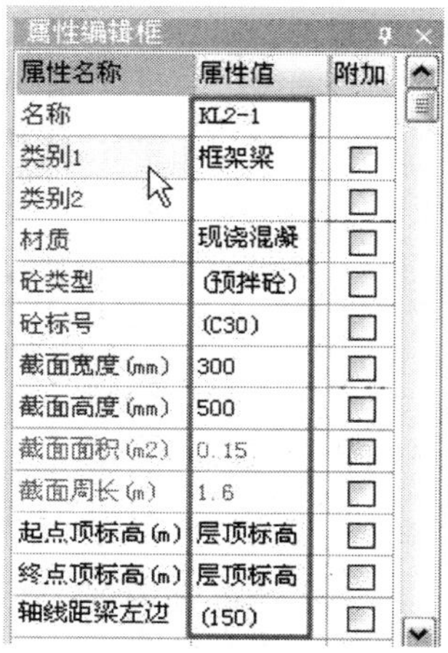

属性编辑框
属性名称
属性值
附加
名称
KL2-1
类别1
框架梁
类别2
材质
现浇混凝
砼类型
(预拌砼)
砼标号
(C30)
截面宽度(mm)
300
截面高度(mm)
500
截面面积(m2)
0.15
截面周长(m)
1.6
起点顶标高(m)
层顶标高
终点顶标高(m)
层顶标高
轴线距梁左边
(150)

图 7.35 梁的属性定义

第三步：使用复制后修改截面的方法来快速建立其他的梁。

第四步：在构件列表中单击 KL7 选项，单击“绘图”按钮，单击“直线”按钮，单击 4 轴和 F 轴交点，然后再单击 7 轴和 F 轴交点，右击，KL7 就绘制完成，如图 7.36 所示。利用这种方法，可以将该层图纸中水平方向的其他框架梁全部绘入。

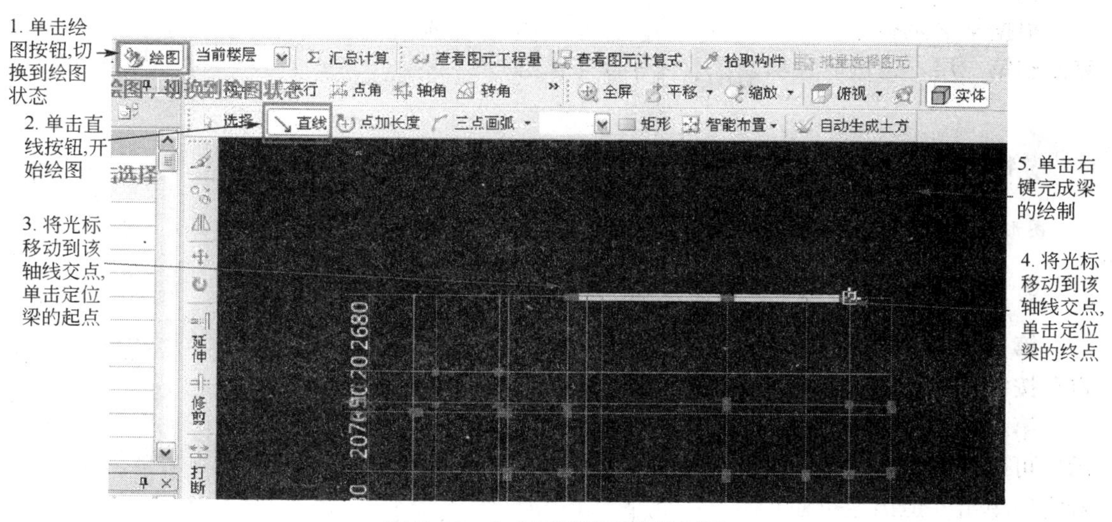

图 7.36　在本层平面图中绘制梁

第五步：绘制完水平方向梁，开始绘制纵向梁，单击工具栏上“屏幕旋转”按钮，这样让屏幕可以同图纸一样随心所欲的旋转方向，从而避免长期歪着头看图纸，导致工作效率低下的情况继续存在。根据在构件列表中单击 KL1 选项后，单击“直线”按钮，单击 2 轴和 C 轴的交点，然后再单击 2 轴和 E 轴交点，右击，KL1 就绘制完成。同样利用这种方法，可以将该层图纸中纵向方向的其他框架梁全部绘入，如图 7.37 所示。

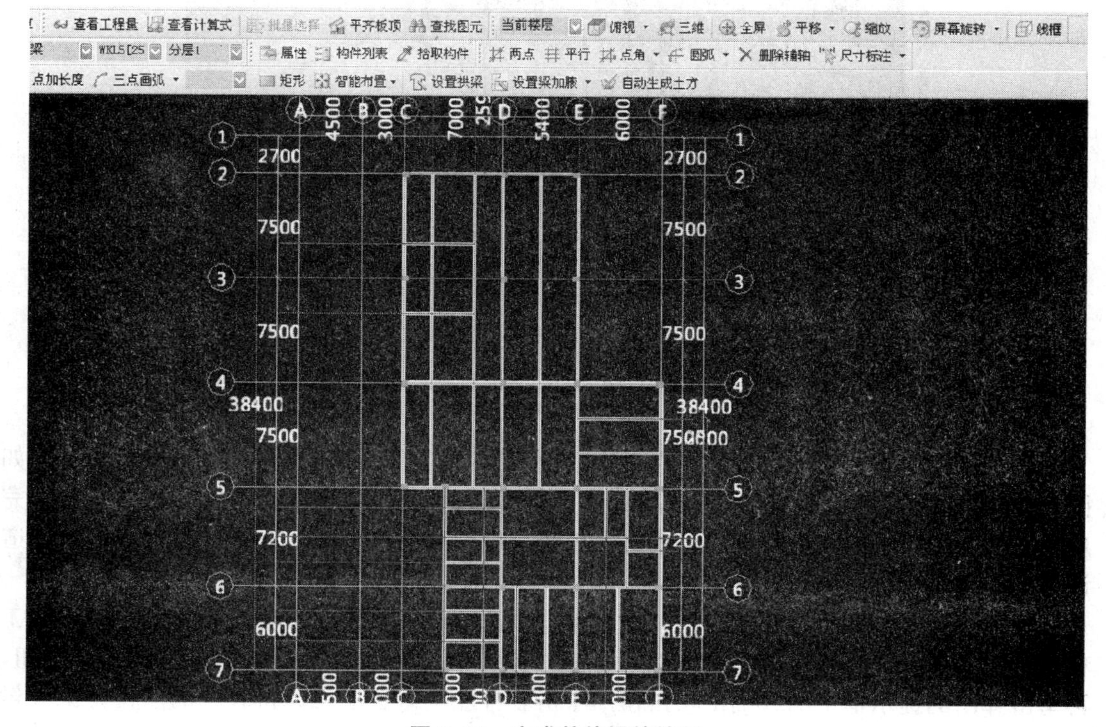

图 7.37　完成其他梁的绘制

【引例2】

根据某学院餐饮中心施工图纸将第二层屋面梁定义并绘制。(也可采用将首层框架梁复制到第二层，通过属性功能修改成屋面梁信息。)

特别提示

图形算量中复制图元到其他层，然后直接修改构件属性原来的图元属性会不会变化。

7.2.6 梁对量方法

第一步：以梁为例。单击常用工具栏中的“汇总计算”按钮，在弹出的框中单击“确定”按钮，汇总完毕，单击“确定”按钮。

第二步：选择常用工具栏中的“查看图元工程量”按钮，选中所有梁，如图7.38所示。可以看到在软件弹出的窗口中，有每一个名称的梁的汇总工程量和所有梁的工程量，看完后单击“退出”按钮。

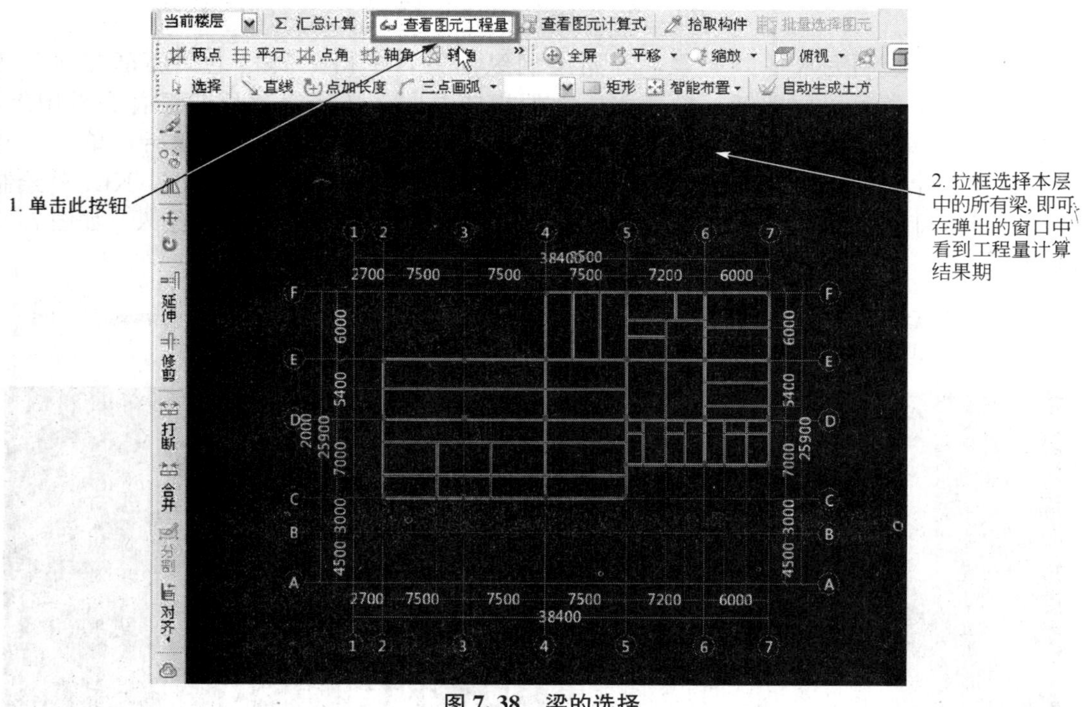

图7.38 梁的选择

第三步：单击常用工具栏上的“查看图元计算式”按钮，单击F轴的KL7，如图7.39所示，在弹出的窗口中可以从详细的计算公式里清晰地看到梁与柱的扣减，看完后单击“关闭”按钮。同时，可以单击“查看三维扣减图”按钮，因为这样很直观地知道该部分工程量计算结果在三维中是哪一部分(图7.40)。

第四步：单击模块导航栏中的“报表预览”选项，切换到报表界面查看整个工程的工程量。在弹出的“设置报表范围”窗口中选中全部楼层、全部构件，单击“确定”按钮，再单击弹出的提示框中的“确定”按钮。单击软件左侧做法汇总分析表中的“构件工程量统计表”选项，可以从这里查看到柱和梁的总量。

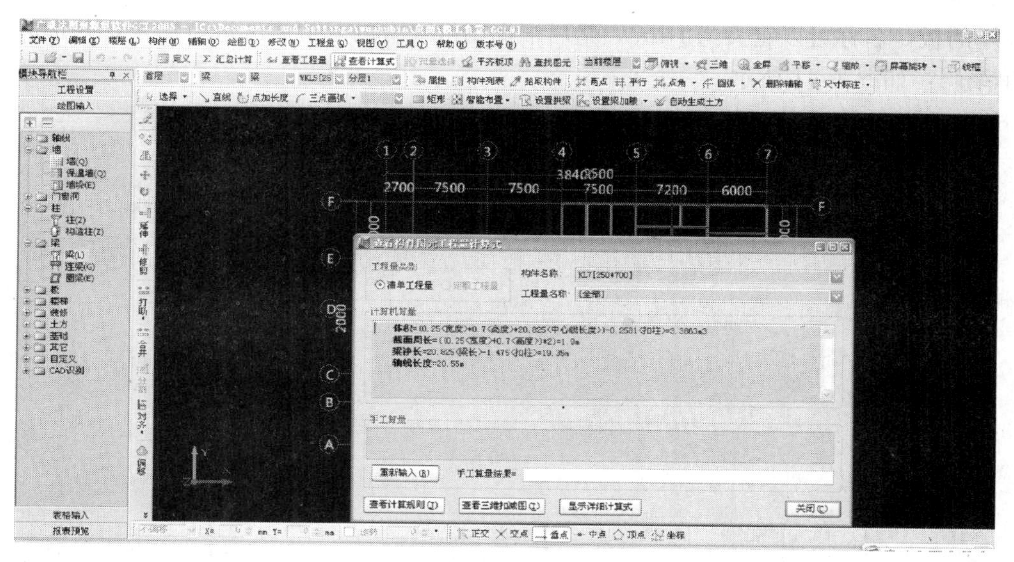

图 7.39　查看计算式

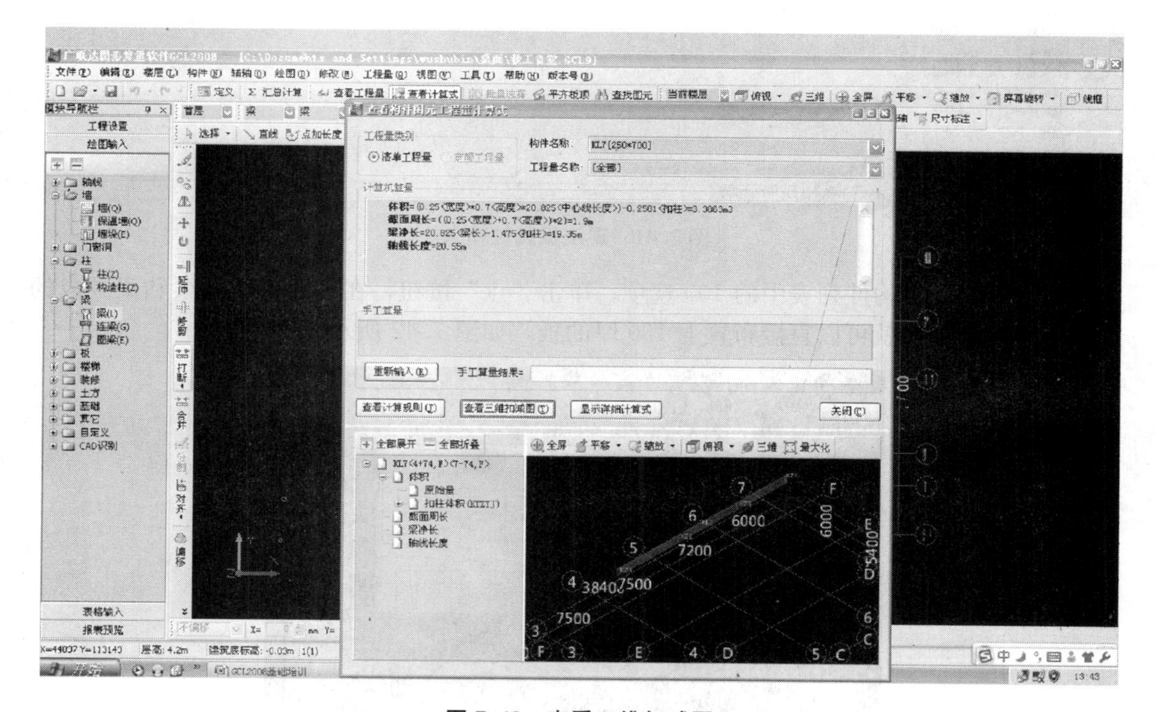

图 7.40　查看三维扣减图

7.2.7　板定义和绘制

1. 平屋面现浇板定义和绘制

第一步：在模块导航栏中单击“现浇板”按钮，在构件列表中单击“新建”列表框，单击“新建现浇板”选项。

第二步：在属性编辑框中，根据教工食堂施工图纸板的厚度来定义板的名称，比如

100 厚的板，名称可以定义为 B100，然后根据图纸对板的其他属性进行输入，并选取相应清单编码，如图 7.41 所示。

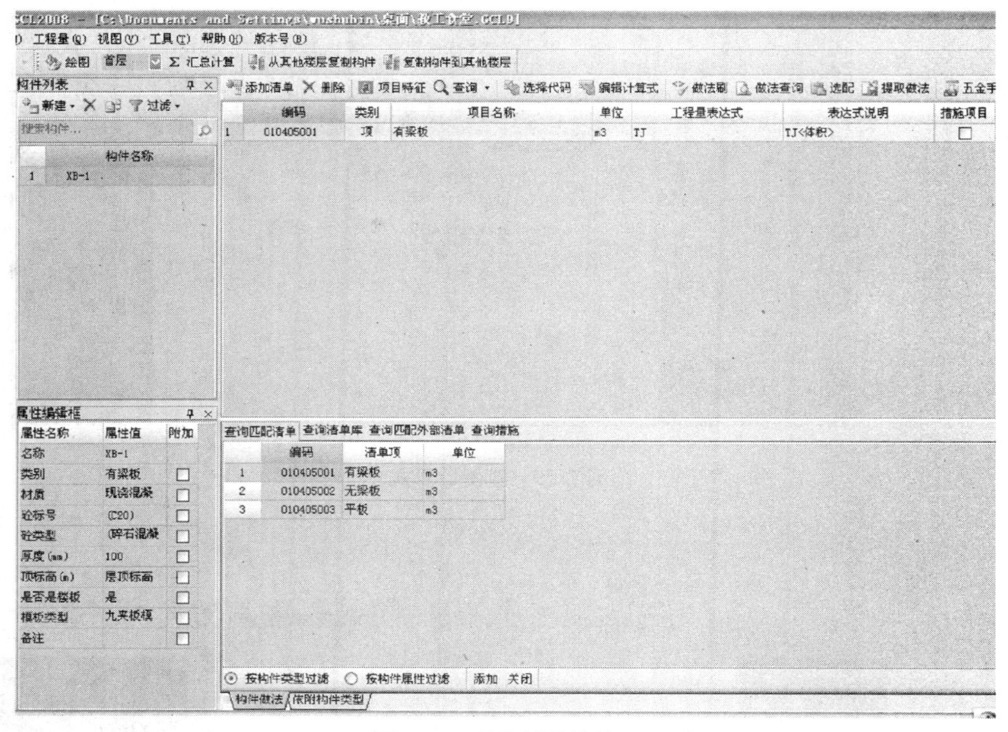

图 7.41　现浇板属性输入

第三步：单击构件列表中的 100 选项，单击“点”按钮，在绘图区域中梁和梁围成的封闭区域内，单击就可以直接布置上 100 厚的板，如图 7.42 所示。

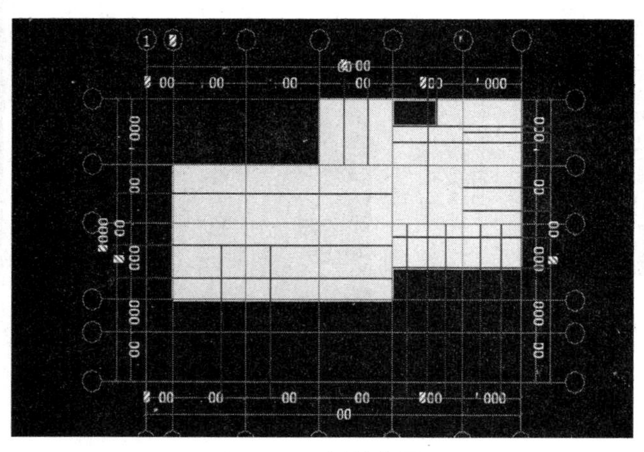

图 7.42　板的布置

【引例 3】

根据某学院餐饮中心施工图纸将屋面板定义并绘制。

2. 坡屋面部分异形梁和板的定义和绘制

第一步：在模块导航栏中单击“梁”按钮，在构件列表处单击“新建”列表框，单击

"新建异形梁"选项，如图 7.43 所示，此时会弹出一个多边形编辑器的窗口(因为教工食堂工程为平屋面，以其他工程实例介绍坡屋面部分相关知识)。

第二步：单击多边形编辑器左上角的"定义网格"选项，在水平方向间距处输入"150，150"，在垂直方向间距处输入"415，85"，注意在输入的时候宽度方向的尺寸按照从左向右的顺序输入，高度方向的尺寸按照从下向上的顺序输入。输入完毕后单击"确定"按钮，如图 7.44 所示。

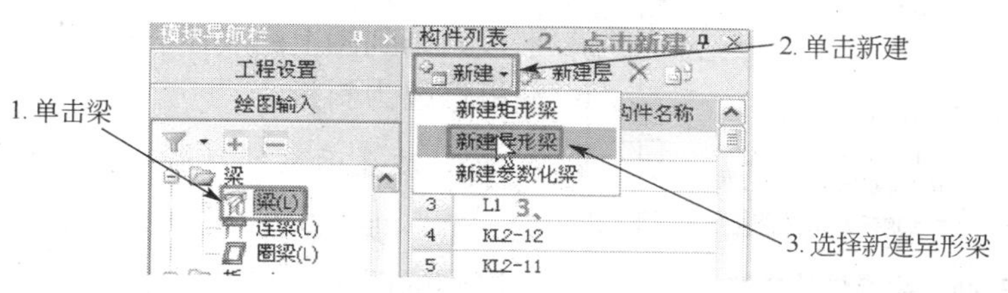

图 7.43　异形梁的选择

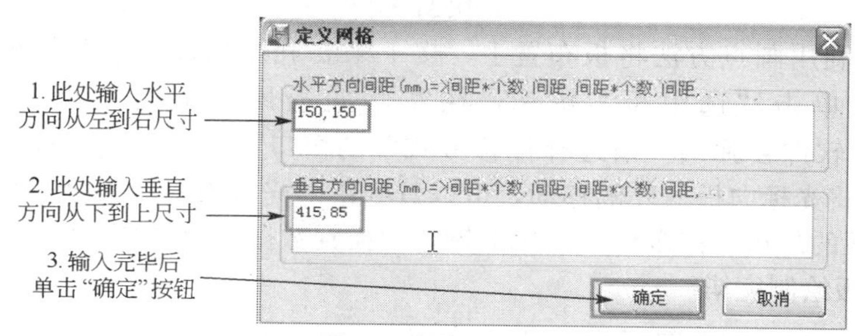

图 7.44　定义网格

第三步：单击"画直线"按钮，将异形截面的各个端点进行连接，最后封闭成一个异形的截面。单击"确定"按钮，如图 7.45 所示，建立异形梁。

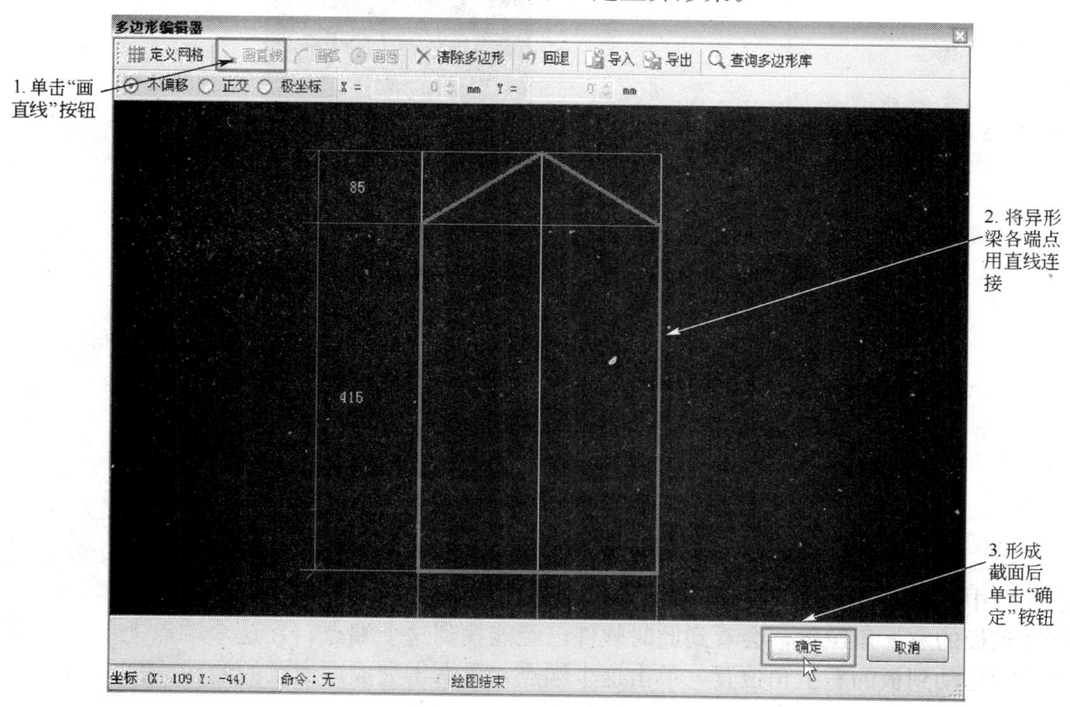

图 7.45　异形梁的建立

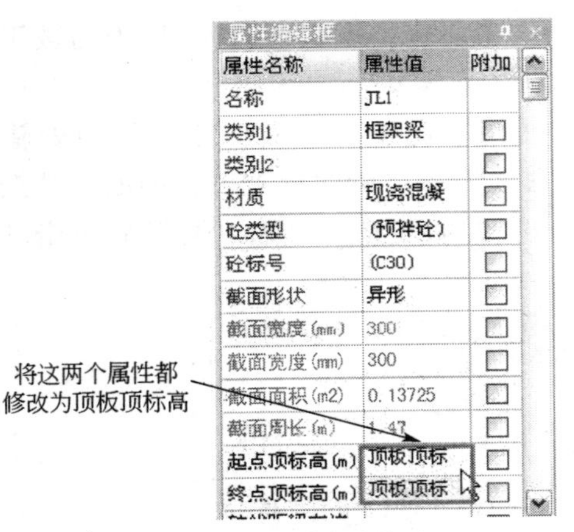

图 7.46　梁属性的修改

第四步：按照图纸来修改名称、材质等属性，由于脊线梁的顶标高会随着板的坡度发生变化，所以将起点顶标高和终点顶标高两个属性都改为顶板顶标高(图 7.46)，单击“定义”按钮，查看量表，根据工程实际情况套取相关定额子目。对于斜板的定义，处理思路是先将板定义为平板，画到图上后利用软件定义斜板的功能来将平板修改为斜板。

3. 坡屋面梁的打断和板的分割

第一步：将定义好的屋面框架梁利用在梁单元讲到的画法直接画到图纸上的位置。然后在模块导航栏中切换到板，在构件列表中单击“B150”选项，利用画点方法将板布置上，接下来要利用偏移功能来将板边外扩，单击“选择”按钮，单击“选中板”按钮，在左侧的通用功能区中单击“偏移”按钮(图 7.47)，此时软件会弹出“请选择偏移方式”的窗口，单击“整体偏移”选项，单击“确定”按钮，将光标向板的外侧移动，可以看到跟随光标有一个长度数据，这个数据指的就是想要让板的外边外扩多少，按 Tab 键，切换到数据框，输入外扩尺寸，按 Enter 键(图 7.48)，平板绘制完毕。

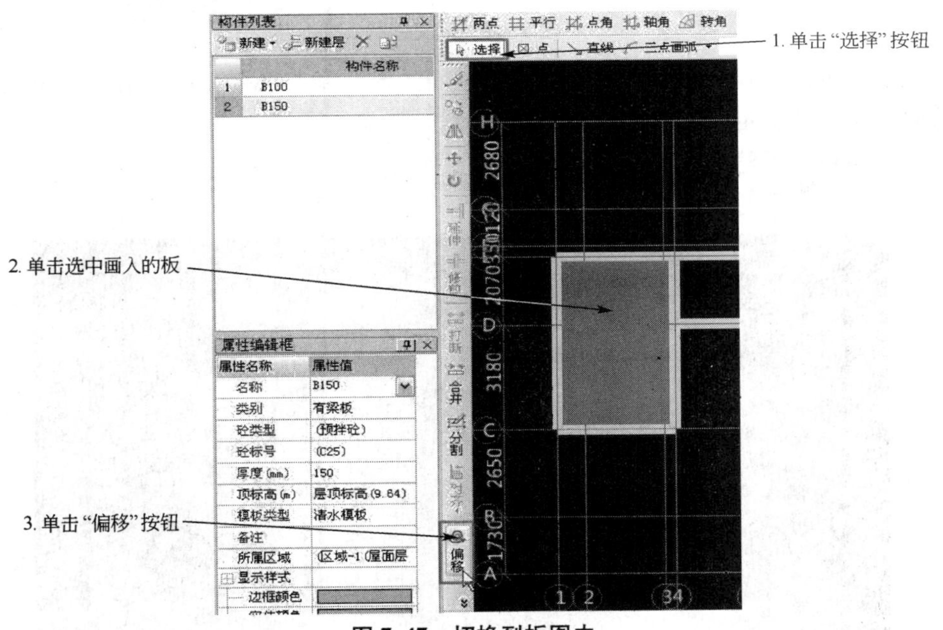

图 7.47　切换到板图中

第二步：在模块导航栏中切换到梁，在构件列表中单击 JL1 选项，按 B 键让板显示在绘图区中，单击“直线”按钮，在绘图区下方的捕捉工具条上单击“顶点”按钮，将光标移动到板的左下角位置，会看到此时软件已经能找到这个端点，在这个端点上单击，然后将光标移动到板的右上角位置，单击这个端点，再右击完成这道梁的绘制(图 7.49)。利用这种方法可以将另一道脊线梁也画入软件中。

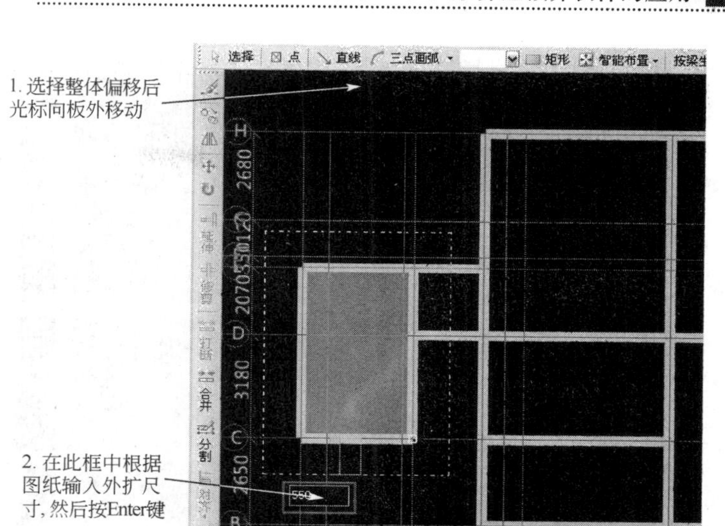

图 7.48　切换数据库

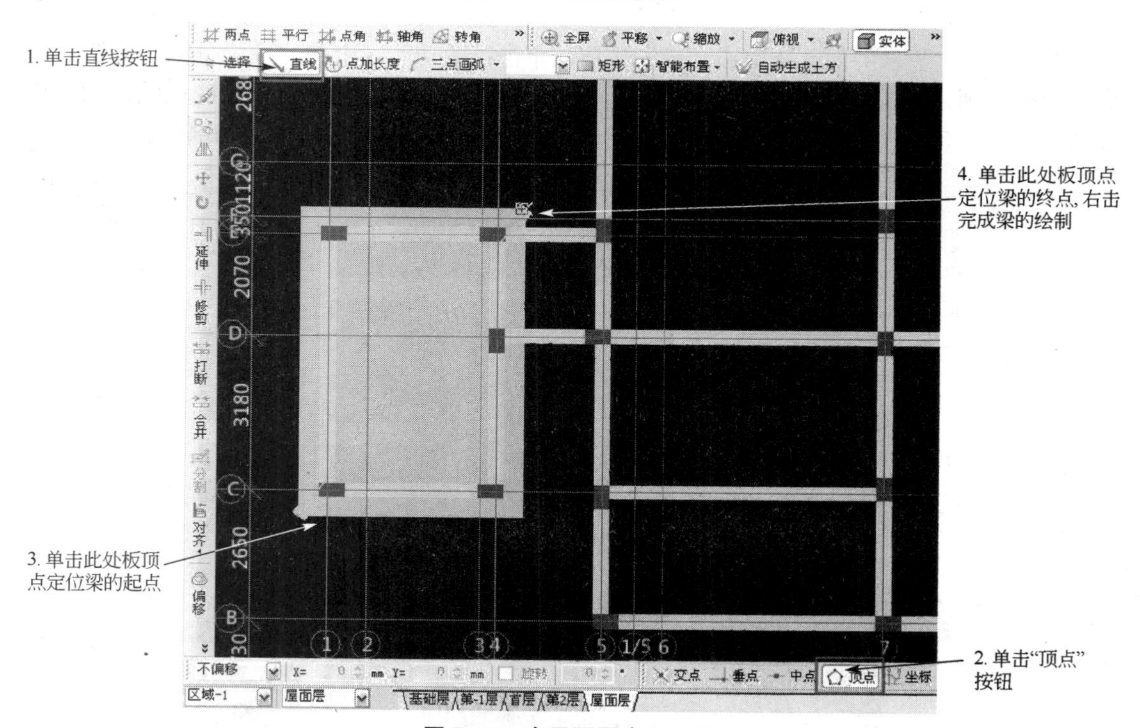

图 7.49　在平面图中汇入梁

第三步：单击通用功能区中的"打断"选项，单击"一道 JL1"选项，单击"确定"按钮，然后需要告诉软件打断点在哪里，单击捕捉工具条上的"交点"按钮，分别单击两道 JL1 的中心线，软件就能自动找到它们的交点，并提示是否在指定位置打断，单击"是"按钮，如图 7.50 所示，此时这道 JL1 已经被打断为两部分。利用这种方法可以将另一道 JL1 也进行打断。

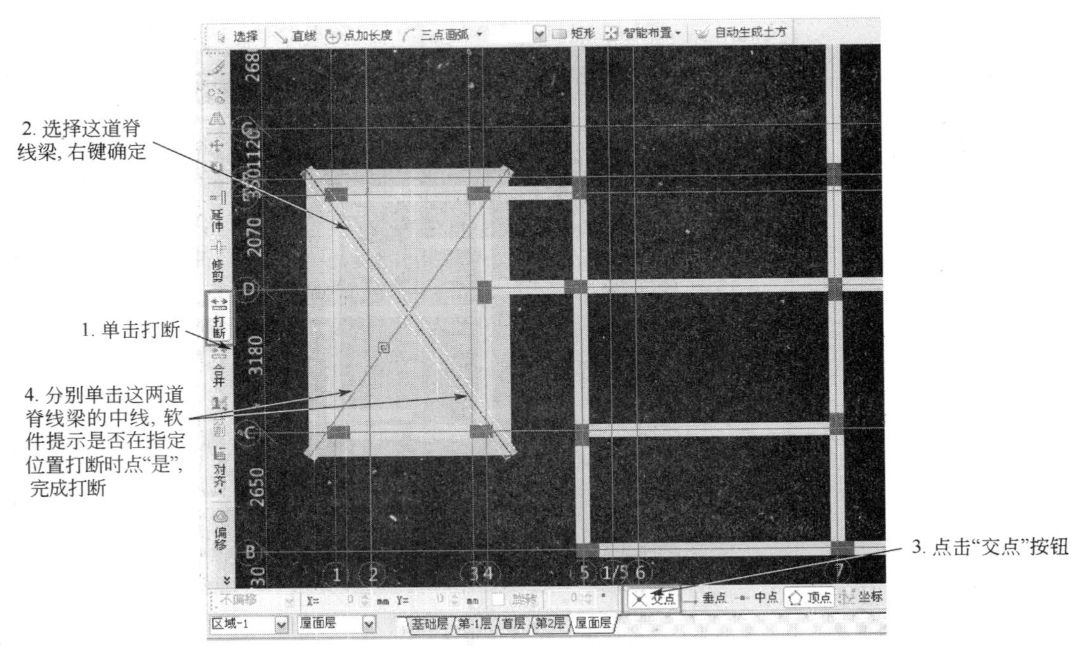

图 7.50 梁的打断

第四步：在模块导航栏中单击“板”按钮，单击绘图功能区中的“按梁分割”按钮，首先选中已经画入的这块平板，单击“确定”按钮，然后选中图上的四道 JL1，单击“确定”按钮，如图 7.51 所示，软件会提示分割成功，此时平板已经被成功分割为四部分。

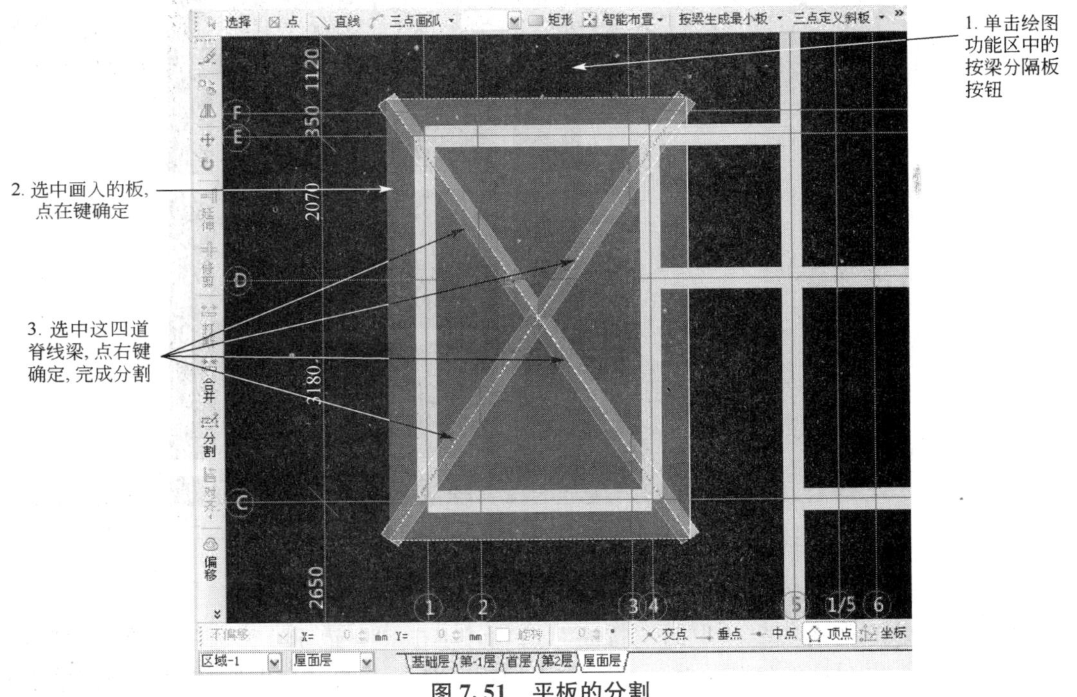

图 7.51 平板的分割

4. 坡屋面斜板定义

第一步：单击绘图功能区中的定义斜板右侧的下拉箭头，单击“三点定义斜板”按钮，单击分割好的一块板，此时图上会显示这块板每个端点现在的标高数值，单击其中的一个标高数值，填入实际的标高，按 Enter 键，再填入另一个端点的标高，再按 Enter 键，填完第三个点的标高并按 Enter 键后，软件就会将平板改为斜板，如图 7.52 所示，并在板上显示坡度方向。利用这种方法，将其余的 3 块板也定义成斜板。

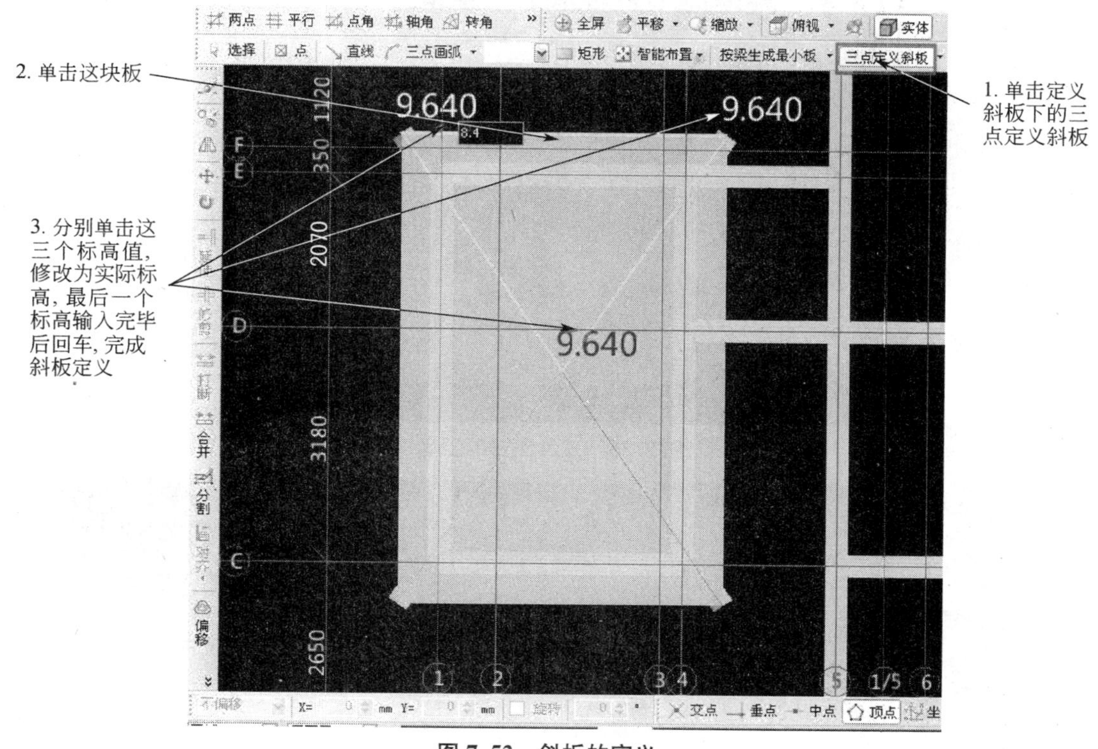

图 7.52　斜板的定义

第二步：单击工具栏上的"动态观察器"按钮，将光标移动到绘图区中，按住鼠标左键不放并向上移动鼠标指针，此时就能看到这个坡屋顶的三维图形。看完三维图形后，单击工具栏上的"俯视"按钮就可以恢复成平面显示的状态(图 7.53)。

5. 楼梯定义与绘制

楼梯也是实际工程中很常见的构件，在很多情况下，现浇混凝土楼梯是按照投影面积去算量的，这时可以不用细分踏步段和休息平台，只需利用楼梯构件将楼梯所占范围画入软件中即可。

第一步：切换到模块导航栏的楼梯，在构件列表中新建楼梯，然后用画线或画矩形的功能将楼梯所占范围画入即可，画的过程和前面讲到的面状构件——板是一样的。需要注意的是，在清单规则中规定，楼梯井宽度大于一定宽度（500mm）时，是需要在楼梯的投影面积中扣掉的，所以还需要根据图纸的实际情况，当楼梯井需要扣除时，再定义一个楼梯井的构件，画到图 7.54 中相应位置。

第二步：单击工程设置下的"计算规则"选项，查看楼梯的计算规则，可以看到其中有一项是楼梯水平投影面积和楼梯井水平投影面积扣减，后面显示了软件中设置的扣减关系，也就是说，如果遇到楼梯井需要扣除的情况，只需要把楼梯和楼梯井都画入软件，软件会自动考虑它们的扣减关系。

3. 单击“俯视”按钮，切换回平面状态

2. 按住鼠标左键向上推动鼠标指标，就可看到三维图形

1. 单击此处动态观察器按钮

图 7.53 三维图形的显示

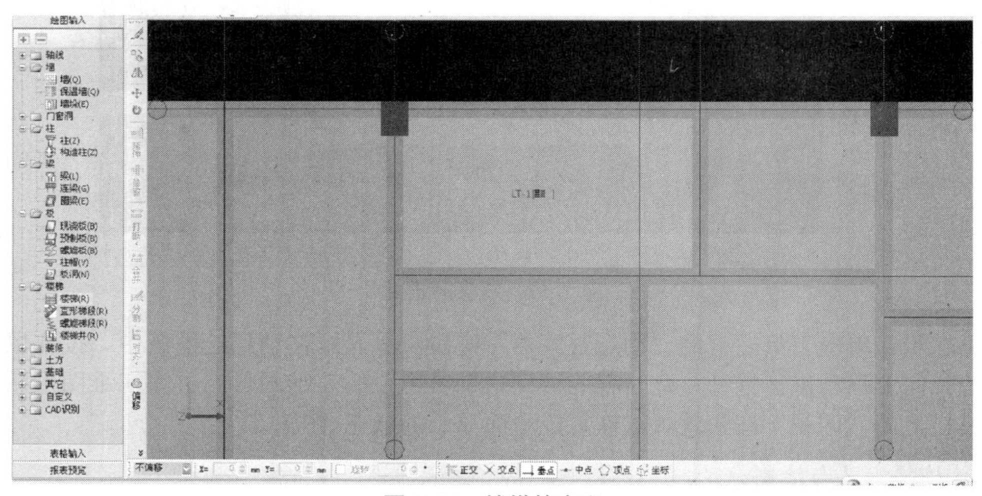

图 7.54 楼梯的定义

知识链接

有些情况下，需要详细计算楼梯各组成构件的工程量，此时就需要将直形楼梯、休息平台(用板代替)等构件都画入软件。如果一个工程中相同的楼梯很多的话，可以利用组合构件功能将直形楼梯、休息平台等组合为一个楼梯，一次性的将所有相关构件都画到其他的地方，这样就可以很大程度上节省时间，提高工作效率。

7.2.8 基础构件定义和绘制

1. 独立基础构件定义和绘制

第一步：在模块导航栏中单击“独立基础”按钮，在构件列表处单击“新建”列表框，单击“新建独立基础”选项，独立基础是分单元的，所以要建立独立基础单元，单击

“新建JC2”文本，单击“新建矩形独基单元”选项，如图7.55所示。输入2300、2300、350，再新建矩形独基单元，在属性文本框中输入1200、1200、350。这样就由两个单元组合成一个独立基础，如图7.56所示，在构件列表中单击“独立基础”选项，完成其他独立基础的定义。

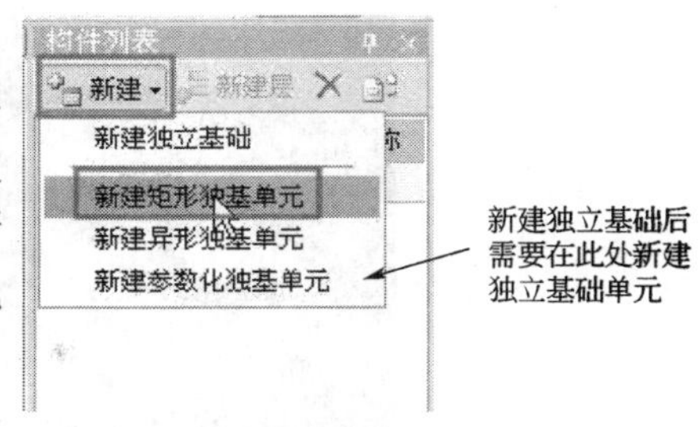

图7.55 独立基础单元的选择

第二步：单击“绘图”按钮，独立基础和柱一样，属于点式构件，可以直接用画点的方法绘制在轴线的交点处，完成独立基础的绘制，如图7.57所示。

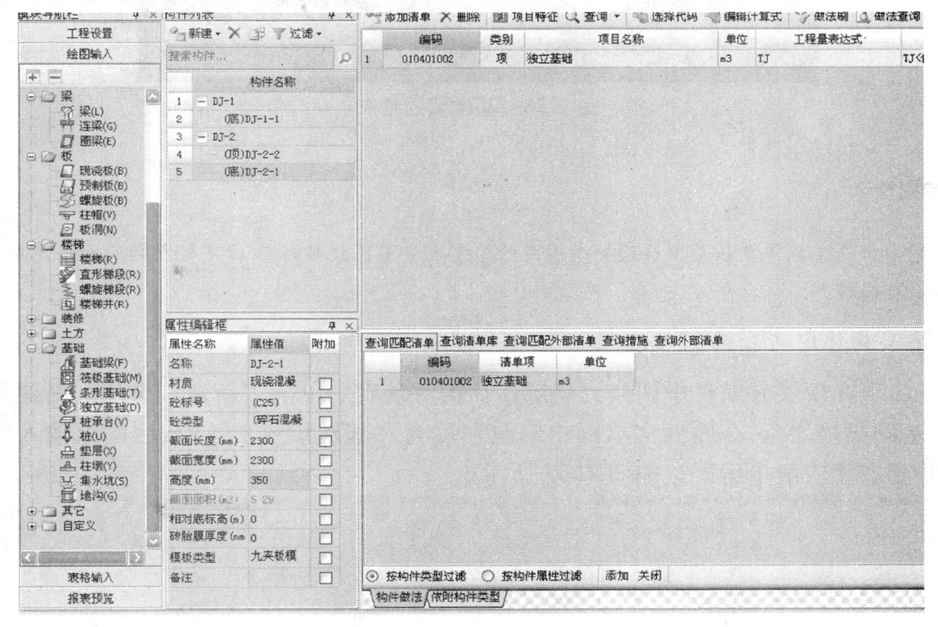

图7.56 独立基础的定义

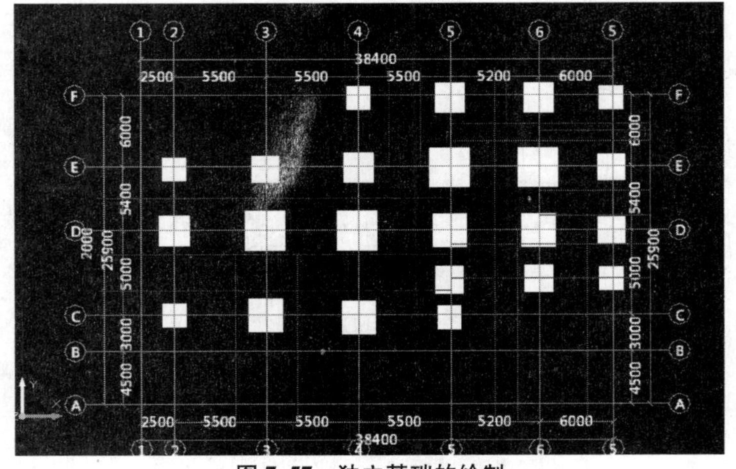

图7.57 独立基础的绘制

2. 基础梁构件定义和绘制

基础梁构件定义和绘制方法同梁的定义和绘制(图7.58)。

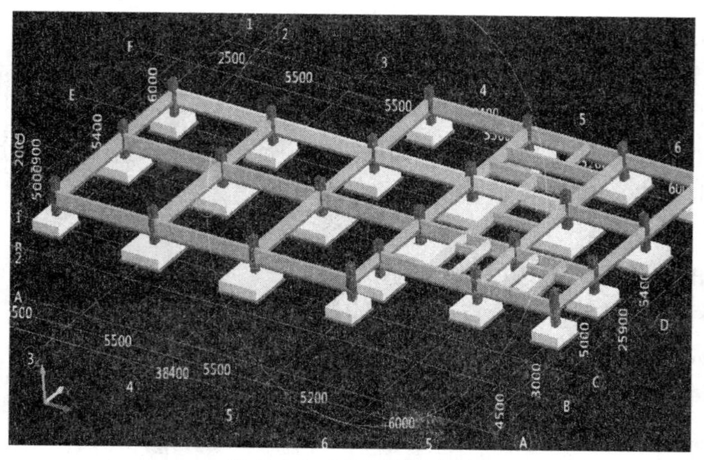

图 7.58　基础梁的绘制

特别提示

基础梁的标高值软件默认是按层顶标高确定的，需要查看图纸输入基础梁起点标高和终点标高的实际基础梁底标高值。

3. 垫层构件定义和绘制

第一步：在模块导航栏中切换到垫层，在构件列表中单击“新建”选项，新建面式垫层(确定基础梁垫层)，在属性文本框中修改名称为“基础梁垫层”，按照图纸输入厚度等属性，并套取相应清单编码，如图 7.59 所示。

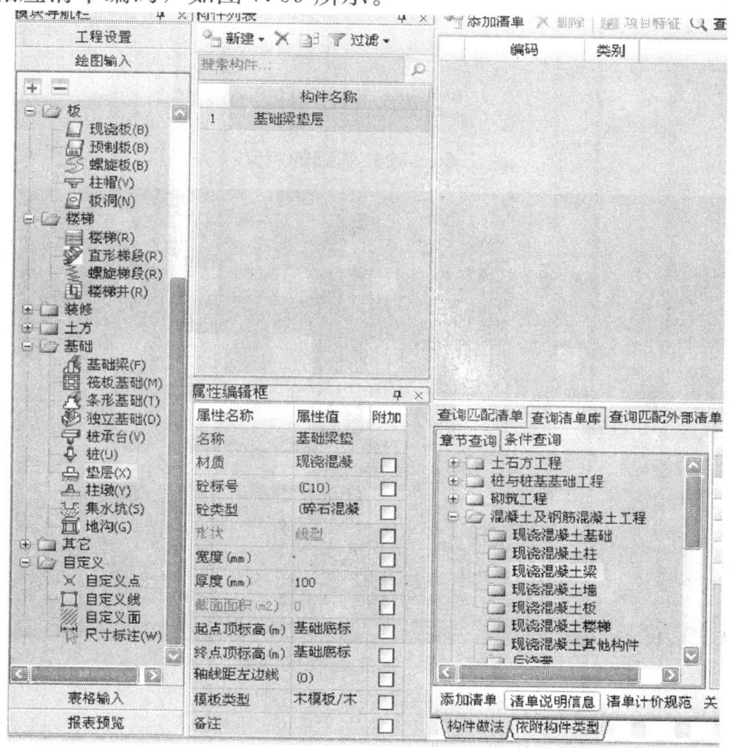

图 7.59　垫层的定义

第二步：单击“绘图”按钮，在构件列表中选择“垫层”选择，选择智能布置的方法，按梁中心线智能布置，如图 7.60 所示，用同样的方法将独立基础垫层按照独立基础进行智能布置，如图 7.61 所示。

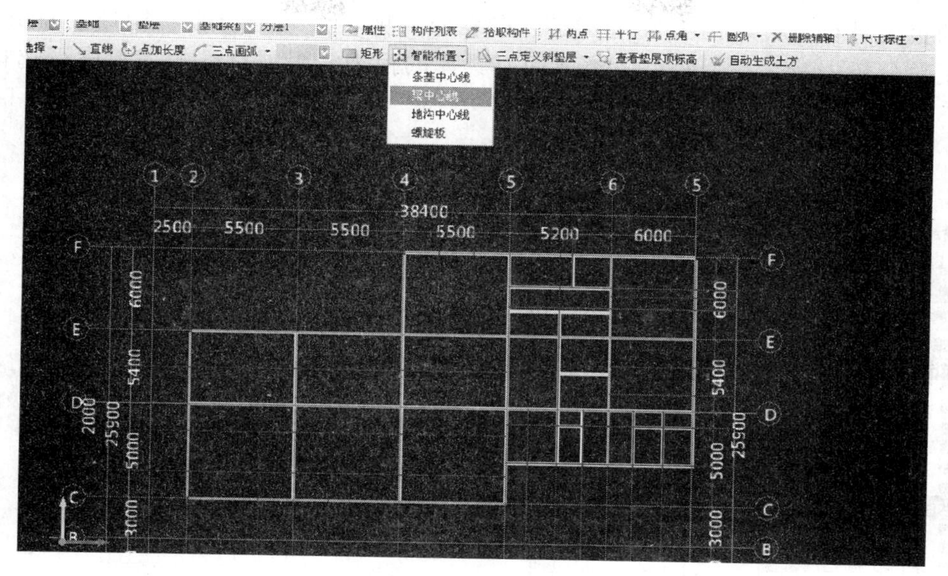

图 7.60 按梁中心线智能布置

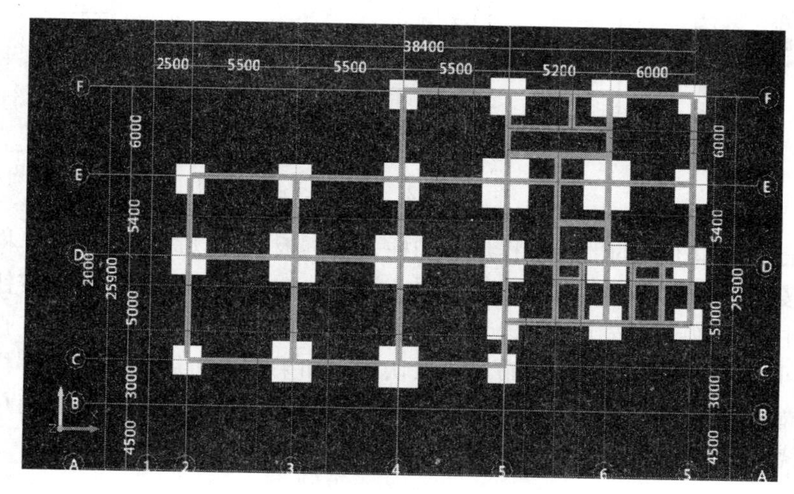

图 7.61 按独立基础智能布置

特别提示

GCL2008 基础层高中不包含基础垫层厚度，因为软件中的垫层默认是顶标高，自动会找基础的底。

7.3 报表预览

单击常用工具栏中的“汇总计算”按钮，在弹出的提示框中单击“确定”按钮，汇

总完毕，单击“确定”按钮。选择模块导航栏中的报表预览切换到报表界面，查看整个工程的工程量。在弹出的设置报表范围窗口中选中全部楼层、全部构件，单击“确定”按钮，再单击弹出的提示框中的“确定”按钮。可以看到，模块导航栏中软件将常用的报表进行分类，便于快速查找。报表分为做法汇总分析表、构件汇总分析表、指标汇总分析表三大类，每一大类下面有具体的报表，根据自己的需求进行选择查看即可，如图 7.62 所示。

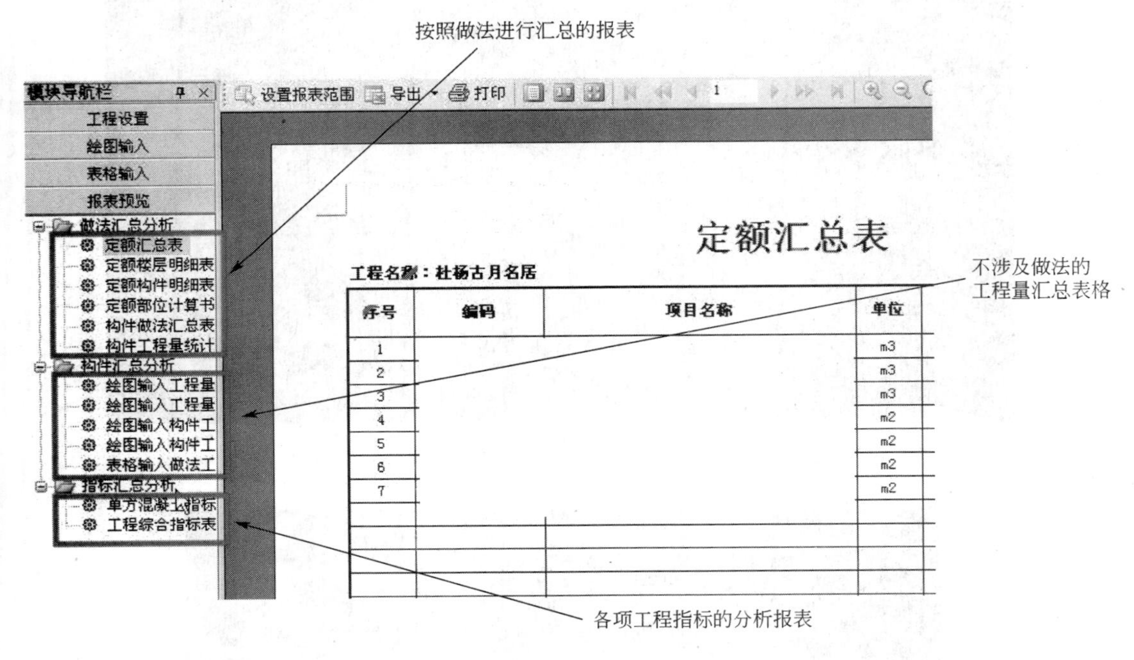

图 7.62　汇总表

如果只需要打印工程的部分工程量，如柱、梁、板，可以选择常用工具栏上的“设置报表范围”按钮，在弹出的窗口中选中楼层、构件，选完后单击“确定”按钮，再单击弹出的提示框中的“确定”按钮。可以看到报表中只有柱、梁、板的工程量，直接单击“打印”按钮即可。软件中的报表界面布局是默认的，如果界面布局和要求不一样，可以使用软件的“列宽适应到”功能按照要求调整界面布局。这样就完成了报表的简单设计。教工食堂工程现浇混凝土清单工程量如图 7.63 所示。

清单汇总表

工程名称：教工食堂1　　　　编制日期:2005-07-14

序号	编码	项目名称	单位	工程量	工程量明细	
					绘图输入	表格输入
1	010402001001	矩形柱	m3	47.8781	47.8781	0
2	010403001001	基础梁	m3	6.5163	6.5163	0
3	010405001001	有梁板	m3	239.624	239.624	0
4	010406001001	直形楼梯	m2	10.8	10.8	0
5	010401006001	垫层	m3	29.3636	29.3636	0

图 7.63　清单汇总表

在GCL2008中模板工程量可以通过报表设置自由切换实体和措施的工程量如图7.64所示，通过工程量汇总表中进行查看各构件的工程量。

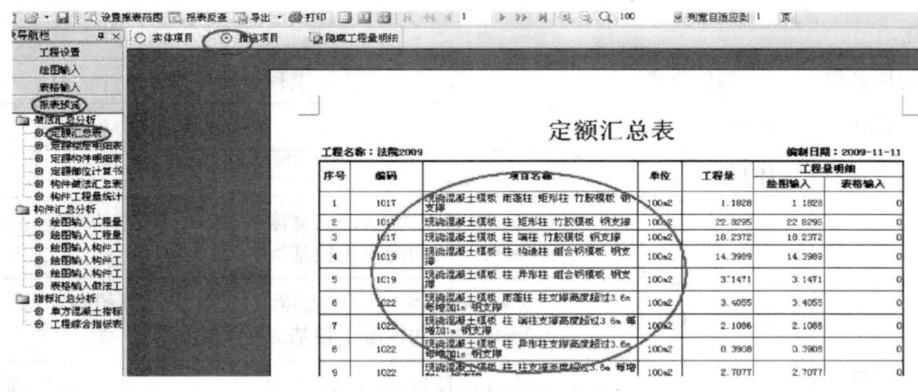

图7.64 模板工程量汇总表

7.4 软件编制训练

训练目标：

通过真实的施工图纸运用广联达预算软件的知识独立完成实际项目的清单编制，以进一步强化软件编制清单的能力。

训练要求：

知识要点	能力要求	相关知识	所占分值（100分）	自评分数
混凝土清单编制方法	运用预算软件能独立编制真实项目的混凝土清单	项目7混凝土及模板工程图形算量预算软件的应用	70	
模板工程清单编制方法	运用预算软件能独立编制真实项目的模板工程清单	项目7混凝土及模板工程图形算量预算软件的应用	30	

训练导读：

随着时代的发展，编制工程量清单已经不仅仅局限于手工计算，更多地会通过预算软件来协助完成。因此，在本训练中，要求学生依据真实的施工图纸运用软件独立完成混凝土及模板工程的清单编制，这不仅强化对项目7理论知识的学习，还提高软件动手能力，并体会一名真正职业人员软件计算的工作要点。

（1）依据项目4中的4.4中的某学院餐饮中心建施图01－03、结施图01－09，通过广联达预算软件编制混凝土清单。

特别提示

在项目4中的4.4中，由手工计算了混凝土清单工程量，并编写了分部分项工程量清单与计价表，完成软件编制训练的计算过程完全是由广联达预算软件进行计算，同学们可以将两种算法进行对比、分析，掌握手算与电算的编制过程，并能正确运用于实际工程项目中。

（2）完成软件编制训练运用软件编制清单工程量见表7－1。

表 7－1　软件图形输入混凝土工程量

基础层

一、柱

序号	构件名称	构件位置	工程量计算式
1	KZ1	体积＝0.748m^3	
2	KZ2	体积＝1.75m^3	
		＜2＋74，C＋125＞	(0.4＜长度＞＊0.5＜宽度＞)＊2.37＜原始高度＞－(0.4＊0.5＊0.5)＜扣混凝土独基＞＝0.374m^3
		＜5－75，C＋125＞	0.4＜长度＞＊0.5＜宽度＞)＊2.37＜原始高度＞－(0.4＊0.5＊0.5)＜扣混凝土独基＞＝0.374m^3
		＜5－75，C＋3000＞	(0.4＜长度＞＊0.5＜宽度＞)＊2.37＜原始高度＞－((0.4＊0.5＊0.35)＊2)＜扣混凝土独基＞＝0.334m^3
		＜6，C＋3125＞	(0.4＜长度＞＊0.5＜宽度＞)＊2.37＜原始高度＞－((0.4＊0.5＊0.35)＊2)＜扣混凝土独基＞＝0.334m^3
		＜7－74，D＋125＞	(0.4＜长度＞＊0.5＜宽度＞)＊2.37＜原始高度＞－((0.4＊0.5＊0.35)＊2)＜扣混凝土独基＞＝0.334m^3
3	KZ3	体积＝3.036m^3	
		＜3，C＋125＞	(0.4＜长度＞＊0.5＜宽度＞)＊2.37＜原始高度＞－(0.4＊0.5＊(0.35＋0.4))＜扣混凝土独基＞＝0.324m^3
		＜2＋74，D＋125＞	(0.4＜长度＞＊0.5＜宽度＞)＊2.37＜原始高度＞－(0.4＊0.5＊(0.4＋0.35))＜扣混凝土独基＞＝0.324m^3
		＜4＋74，F－124＞	(0.4＜长度＞＊0.5＜宽度＞)＊2.37＜原始高度＞－(0.4＊0.5＊0.5)＜扣混凝土独基＞＝0.374m^3
		＜5，F－124＞	(0.4＜长度＞＊0.5＜宽度＞)＊2.37＜原始高度＞－(0.4＊0.5＊(0.4＋0.35))＜扣混凝土独基＞＝0.324m^3
		＜6，F－124＞	(0.4＜长度＞＊0.5＜宽度＞)＊2.37＜原始高度＞－(0.4＊0.5＊(0.35＋0.4))＜扣混凝土独基＞＝0.324m^3
		＜7－74，F－124＞	(0.4＜长度＞＊0.5＜宽度＞)＊2.37＜原始高度＞－(0.4＊0.5＊0.5)＜扣混凝土独基＞＝0.374m^3
		＜3，E－124＞	(0.4＜长度＞＊0.5＜宽度＞)＊2.37＜原始高度＞－((0.4＊0.5＊0.35)＊2)＜扣混凝土独基＞＝ 0.334m^3
		＜4＋74，E＞	(0.4＜长度＞＊0.5＜宽度＞)＊2.37＜原始高度＞－(0.4＊0.5＊(0.4＋0.35))＜扣混凝土独基＞ ＝ 0.324m^3
		＜7－74，E＞	(0.4＜长度＞＊0.5＜宽度＞)＊2.37＜原始高度＞－((0.4＊0.5＊0.35)＊2)＜扣混凝土独基＞ ＝ 0.334m^3
4	KZ4	体积＝0.324m^3	
5	KZ5	体积＝2.03m^3	

（续）

序号	构件名称	构件位置	工程量计算式
二、基础梁			
1	JL－1 [250*700]	体积＝20.3887m^3	
		＜2＋75，E＞ ＜6，E＞	29.7*0.25*0.7＜原始体积＞－(0.275＋0.5＋0.4＋0.5＋0.25)*0.25*0.7)＜扣基础梁＞＝4.86m^3
		＜4，F＞＜6，F＞	14.7*0.25*0.7＜原始体积＞－(0.275＋0.5＋0.25)*0.25*0.7)＜扣基础梁＞＝2.3931m^3
		＜2，D＞＜6，D＞	29.7*0.25*0.7＜原始体积＞－(0.275＋0.5＋0.5＋0.5＋0.25)*0.25*0.7)＜扣基础梁＞＝4.8431m^3
		＜5，C＋3000＞ ＜6，C＋3000＞	7.2*0.25*0.7＜原始体积＞－(0.125＋0.2)*0.25*0.7)＜扣基础梁＞＝1.2m^3
		＜2，C＞＜5，C＞	22.5*0.25*0.7＜原始体积＞－(0.275＋0.5＋0.4＋0.275)*0.25*0.7)＜扣基础梁＞＝3.68m^3
		＜2，C＞＜2，D＞	7.0*0.25*0.7＜原始体积＞－(0.375＋0.125)*0.25*0.7)＜扣基础梁＞＝1.1375m^3
		＜3，D＞ ＜3，C＋125＞	7.0*0.25*0.7＜原始体积＞－(0.375＋0.125)*0.25*0.7)＜扣基础梁＞＝1.1375m^3
		＜4，D＞ ＜4，C＋125＞	7.0*0.25*0.7＜原始体积＞－(0.375＋0.125)*0.25*0.7)＜扣基础梁＞＝1.1375m^3
2	JL－2 [250*500]	体积＝4.5502m^3	
3	（省略）		（计算方法同上）
三、独立基础			
1	DJ－1－1 [DJ－1]	体积＝12m^3	
			体积＝(2＜长度＞*2＜宽度＞*0.5＜高度＞)*6＝2*6＝12m^3
2	DJ－2－1 [DJ－2]	体积＝9.2575m^3	
			体积＝(2.3＜长度＞*2.3＜宽度＞*0.35＜高度＞)*5＝1.8515*5＝9.2575m^3
	DJ－2－2 [DJ－2]	体积＝2.52m^3	
			体积＝(1.2＜长度＞*1.2＜宽度＞*0.35＜高度＞)*5＝0.504*5＝2.52m^3
3	（省略）		
四、垫层			
1	基础梁垫层	体积＝10.9293m^3	
		＜6，F＞＜7，F＞	6.0*(0.25＋0.1*2)*0.1＜原始体积＞－(0.25＋0.275)*(0.25＋0.1*2)*0.1＜扣基础梁＞＝0.2464m^3
		（省略）	（计算方法同上）

（续）

序号	构件名称	构件位置	工程量计算式
2	独立基础垫层	体积＝17.4417m^3	
		＜6，F－124＞	体积＝(2.7＜长度＞＊2.7＜宽度＞＊0.1＜厚度＞)＝0.729m^3
		＜5，E＞	体积＝(3.5＜长度＞＊3.5＜宽度＞＊0.1＜厚度＞)＝1.225m^3
		＜5，D＋125＞	体积＝(3＜长度＞＊3＜宽度＞＊0.1＜厚度＞)＝0.9m^3
		＜3，E－124＞	体积＝(2.5＜长度＞＊2.5＜宽度＞＊0.1＜厚度＞)＝0.625m^3
		（省略）	（计算方法同上）
首层			
一、梁			
1	L13 [250＊600]	体积＝1.8m^3	
		＜6，D＋1200＞ ＜7，D＋1200＞	(0.25＜宽度＞＊0.6＜高度＞＊6.125＜中心线长度＞)－(0.125＊0.25＊0.6)＜扣梁＞＝0.9m^3
		＜6，E－2099＞ ＜7，E－2099＞	(0.25＜宽度＞＊0.6＜高度＞＊6.125＜中心线长度＞)－(0.125＊0.25＊0.6)＜扣梁＞＝0.9m^3
		梁净长＝12m	
		＜6，D＋1200＞ ＜7，D＋1200＞	梁净长＝6.125＜梁长＞－0.125＜扣梁＞＝6m
		＜6，E－2099＞ ＜7，E－2099＞	梁净长＝6.125＜梁长＞－0.125＜扣梁＞＝6m
2	L5 [250＊600]	体积＝1.365m^3	
		＜5，E＋2100＞ ＜5＋3600，E＋2100＞	(0.25＜宽度＞＊0.6＜高度＞＊3.6＜中心线长度＞)－((0.125＊0.25＊0.6)＊2)＜扣梁＞＝0.5025m^3
		＜5－2500，E＞ ＜5－2500，F＞	(0.25＜宽度＞＊0.6＜高度＞＊6＜中心线长度＞)－((0.125＊0.25＊0.6)＊2)＜扣梁＞＝0.8625m^3
		梁净长＝9.1m	
		＜5，E＋2100＞ ＜5＋3600，E＋2100＞	梁净长＝3.6＜梁长＞－0.25＜扣梁＞＝3.35m
		＜5－2500，E＞ ＜5－2500，F＞	梁净长＝6＜梁长＞－0.25＜扣梁＞＝5.75m
3	L4 [250＊600]	体积＝6.6375m^3	
		＜2，E－2699＞ ＜5，E－2699＞	(0.25＜宽度＞＊0.6＜高度＞＊22.5＜中心线长度＞)－((0.125＊0.25＊0.6)＊2)＜扣梁＞＝3.3375m^3
		＜5，D－1999＞ ＜2，D－1999＞	(0.25＜宽度＞＊0.6＜高度＞＊22.5＜中心线长度＞)－((0.125＊0.25＊0.6)＊2＋0.25＊0.25＊0.6)＜扣梁＞＝3.3m^3
		梁净长＝44.25m	
		＜2，E－2699＞ ＜5，E－2699＞	梁净长＝22.5＜梁长＞－0.25＜扣梁＞＝22.25m
		＜5，D－1999＞ ＜2，D－1999＞	梁净长＝22.5＜梁长＞－0.5＜扣梁＞＝22m

（续）

序号	构件名称	构件位置	工程量计算式
4	L2 [250＊600]	体积＝2.385m^3	
		＜4，C＋125＞ ＜4，F－124＞	体积＝(0.25＜宽度＞＊0.6＜高度＞＊18.15＜中心线长度＞)－((0.25＊0.25＊0.6)＊2＋(0.5＊0.25＊0.6)＊2)＜扣柱＞－((0.25＊0.25＊0.6)＊3)＜扣梁＞＝2.385m^3
		梁净长＝15.9m	
		＜4，C＋125＞ ＜4，F－124＞	梁净长＝18.15＜梁长＞－1.5＜扣柱＞－0.75＜扣梁＞＝15.9m
5	KL11 [250＊700]	体积＝2.17m^3	
		＜5－75，C＋3000＞ ＜7－74，C＋3000＞	体积＝(0.25＜宽度＞＊0.7＜高度＞＊13.275＜中心线长度＞)－(0.0688＊0.7＋0.4＊0.25＊0.7＋0.2＊0.25＊0.7)＜扣柱＞＝2.17m^3
		梁净长＝12.4m	
		＜5－75，C＋3000＞ ＜7－74，C＋3000＞	梁净长＝13.275＜梁长＞－0.875＜扣柱＞＝12.4m
6	L9 [250＊600]	体积＝0.9m^3	
		＜6，F－2999＞ ＜7，F－2999＞	体积＝(0.25＜宽度＞＊0.6＜高度＞＊6.125＜中心线长度＞)－(0.125＊0.25＊0.6)＜扣梁＞＝0.9m^3
		梁净长＝6m	
		＜6，F－2999＞ ＜7，F－2999＞	梁净长＝6.125＜梁长＞－0.125＜扣梁＞＝6m
7	KL7 [250＊700]	体积＝3.3863m^3	
		＜4＋74，F＞ ＜7－74，F＞	体积＝(0.25＜宽度＞＊0.7＜高度＞＊20.825＜中心线长度＞)－((0.4＊0.25＊0.7)＊3＋0.0688＊0.7)＜扣柱＞＝3.3863m^3
		梁净长＝19.35m	
		＜4＋74，F＞ ＜7－74，F＞	梁净长＝20.825＜梁长＞－1.475＜扣柱＞＝19.35m
8	L12 [250＊400]	体积＝0.125m^3	
		＜5，D－1199＞ ＜5＋1375，D－1199＞	体积＝(0.25＜宽度＞＊0.4＜高度＞＊1.375＜中心线长度＞)－(0.125＊0.25＊0.4)＜扣梁＞＝0.125m^3
		梁净长＝1.25m	
		＜5，D－1199＞ ＜5＋1375，D－1199＞	梁净长＝1.375＜梁长＞－0.125＜扣梁＞＝1.25m
9	L13－1 [250＊400]	体积＝0.155m^3	
		＜5＋3600，D－1199＞ ＜6－1925，D－1199＞	体积＝(0.25＜宽度＞＊0.4＜高度＞＊1.675＜中心线长度＞)－(0.125＊0.25＊0.4)＜扣梁＞＝0.155m^3
		梁净长＝1.55m	
		＜5＋3600，D－1199＞ ＜6－1925，D－1199＞	梁净长＝1.675＜梁长＞－0.125＜扣梁＞＝1.55m

（续）

序号	构件名称	构件位置	工程量计算式
10	L14 [250 * 400]	体积=0.37m^3	
		<6+1800，D-1199><7，D-1199>	体积=(0.25<宽度> * 0.4<高度> * 4.2<中心线长度>)-((0.125 * 0.25 * 0.4) * 2+0.25 * 0.25 * 0.4)<扣梁>=0.37m^3
		梁净长=3.7m	
		<6+1800，D-1199><7，D-1199>	梁净长=4.2<梁长>-0.5<扣梁>=3.7m
11	KL8 [250 * 700]	体积=3.7056m^3	
		<2+75，E><5，E>	体积=(0.25<宽度> * 0.7<高度> * 22.5<中心线长度>)-((0.4 * 0.25 * 0.7) * 2+0.0688 * 0.7+0.25 * 0.25 * 0.7)<扣柱>=3.7056m^3
		净长=21.175m	
		<2+75，E><5，E>	梁净长=22.5<梁长>-1.325<扣柱>=21.175m
12	KL5 [250 * 700]	体积=2.1306m^3	
		<5，E><7，E>	体积=(0.25<宽度> * 0.7<高度> * 13.2<中心线长度>)-(0.25 * 0.25 * 0.7+0.275 * 0.25 * 0.7+0.5 * 0.25 * 0.7)<扣柱>=2.1306m^3
		梁净长=12.175m	
		<5，E><7，E>	梁净长=13.2<梁长>-1.025<扣柱>=12.175m
13	KL9 [250 * 700]	体积=3.6706m^3	
		<2，D><5，D>	体积=(0.25<宽度> * 0.7<高度> * 22.5<中心线长度>)-((0.5 * 0.25 * 0.7) * 2+0.275 * 0.25 * 0.7+0.25 * 0.25 * 0.7)<扣柱>=3.6706m^3
		梁净长=20.975m	
		<2，D><5，D>	梁净长=22.5<梁长>-1.525<扣柱>=20.975m
14	L10 [250 * 600]	体积=1.8263m^3	
		<5，D><7，D>	体积=(0.25<宽度> * 0.6<高度> * 13.2<中心线长度>)-(0.25 * 0.25 * 0.6+0.5 * 0.25 * 0.6+0.275 * 0.25 * 0.6)<扣柱>=1.8263m^3
		梁净长=12.175m	
		<5，D><7，D>	梁净长=13.2<梁长>-1.025<扣柱>=12.175m
15	L11 [250 * 500]	体积=1.4407m^3	
		<6，C+3000><6，E>	体积=(0.25<宽度> * 0.5<高度> * 9.4<中心线长度>)-(0.375 * 0.25 * 0.5+0.5 * 0.25 * 0.5+0.25 * 0.25 * 0.5)<扣柱>-(0.0312+0.25 * 0.25 * 0.5)<扣梁>=0.9719m^3
		<6+1800，C+3000><6+1800，D>	体积=(0.25<宽度> * 0.5<高度> * 4<中心线长度>)-((0.125 * 0.25 * 0.5) * 2)<扣梁>=0.4688m^3
		梁净长=11.525m	
		<6，C+3000><6，E>	梁净长=9.4<梁长>-1.125<扣柱>-0.5<扣梁>=7.775m
		<6+1800，C+3000><6+1800，D>	梁净长=4<梁长>-0.25<扣梁>=3.75m

（续）

序号	构件名称	构件位置	工程量计算式
16	L8 [250＊400]	体积＝0.4875m^{3}	
		＜6，E＞＜6，F＞	体积＝(0.25＜宽度＞＊0.4＜高度＞＊6＜中心线长度＞)－(0.25＊0.25＊0.4＋0.375＊0.25＊0.4)＜扣柱＞－((0.25＊0.25＊0.4)＊2)＜扣梁＞＝0.4875m^{3}
		梁净长＝4.875m	
		＜6，E＞＜6，F＞	梁净长＝6＜梁长＞－0.625＜扣柱＞－0.5＜扣梁＞＝4.875m
17	KL6 [250＊700]	体积＝2.3888m^{3}	
		＜7，C＋3125＞ ＜7，F－124＞	体积＝(0.25＜宽度＞＊0.7＜高度＞＊15.4＜中心线长度＞)－((0.0938＊0.7)＊2＋(0.5＊0.25＊0.7)＊2)＜扣柱＞＝2.3888m^{3}
		梁净长＝13.65m	
		＜7，C＋3125＞ ＜7，F－124＞	梁净长＝15.4＜梁长＞－1.75＜扣柱＞＝13.65m
18	L11－1 [250＊600]	体积＝1.6875m^{3}	
		＜7－2099，C＋3000＞ ＜7－2099，D＞	体积＝(0.25＜宽度＞＊0.6＜高度＞＊4＜中心线长度＞)－((0.125＊0.25＊0.6)＊2)＜扣梁＞＝0.5625m^{3}
		＜5＋1500，D＞ ＜5＋1500，C＋3000＞	体积＝(0.25＜宽度＞＊0.6＜高度＞＊4＜中心线长度＞)－((0.125＊0.25＊0.6)＊2)＜扣梁＞＝0.5625m^{3}
		＜6－1800，D＞ ＜6－1800，C＋3000＞	体积＝(0.25＜宽度＞＊0.6＜高度＞＊4＜中心线长度＞)－((0.125＊0.25＊0.6)＊2)＜扣梁＞＝0.5625m^{3}
		梁净长＝11.25m	
		＜7－2099，C＋3000＞ ＜7－2099，D＞	梁净长＝4＜梁长＞－0.25＜扣梁＞＝3.75m
		＜5＋1500，D＞ ＜5＋1500，C＋3000＞	梁净长＝4＜梁长＞－0.25＜扣梁＞＝3.75m
		＜6－1800，D＞ ＜6－1800，C＋3000＞	梁净长＝4＜梁长＞－0.25＜扣梁＞＝3.75m
19	（省略）		（计算方法同上）
二、现浇板			
1	XB－1	体积＝44.171m^{3}	
		＜3，E－1349＞	体积＝((15＜长度＞＊2.7＜宽度＞)＊0.1＜厚度＞)－((0.2＊0.375＊0.1)＊2＋0.275＊0.375＊0.1＋0.125＊0.25＊0.1)＜扣柱＞－((3.625＊0.125＊0.1)＊3＋(3.75＊0.125＊0.1)＊2＋(3.55＊0.125＊0.1)＊2＋2.325＊0.125＊0.1＋2.45＊0.125＊0.1＋3.475＊0.125＊0.1)＜扣梁＞＝3.6m^{3}
		＜3，D＋1350＞	((15＜长度＞＊2.7＜宽度＞)＊0.1＜厚度＞)－((0.375＊0.25＊0.1)＊3＋0.275＊0.375＊0.1)＜扣柱＞－((2.325＊0.125＊0.1)＊2＋(3.625＊0.125＊0.1)＊2＋(3.75＊0.125＊0.1)＊2＋(3.5＊0.125＊0.1)＊3＋3.475＊0.125＊0.1)＜扣梁＞＝3.5944m^{3}

（续）

序号	构件名称	构件位置	工程量计算式
1	XB−1	＜3，D−999＞	体积＝((15＜长度＞*2＜宽度＞)*0.1＜厚度＞)−((0.125*0.25*0.1)*3＋0.275*0.125*0.1)＜扣柱＞−((1.875*0.125*0.1)*2＋(3.5*0.125*0.1)*3＋(3.625*0.125*0.1)*2＋0.125*0.25*0.1＋3.475*0.125*0.1＋3.75*0.125*0.1＋2.375*0.125*0.1＋1.125*0.125*0.1)＜扣梁＞＝2.5813m^3
		＜2＋2500，D−3499＞	体积＝((5＜长度＞*3＜宽度＞)*0.1＜厚度＞)−((3*0.125*0.1)*2＋(4.75*0.125*0.1)*2)＜扣梁＞＝1.3063m^3
		＜3，D−3499＞	体积＝((5＜长度＞*3＜宽度＞)*0.1＜厚度＞)−((3*0.125*0.1)*2＋(4.75*0.125*0.1)*2)＜扣梁＞＝1.3063m^3
		＜2＋2500，C＋1000＞	体积＝((5＜长度＞*2＜宽度＞)*0.1＜厚度＞)−(0.275*0.375*0.1)＜扣柱＞−(4.725*0.125*0.1＋1.875*0.125*0.1＋1.625*0.125*0.1＋4.75*0.125*0.1)＜扣梁＞＝0.8275m^3
		＜3，C＋1000＞	体积＝((5＜长度＞*2＜宽度＞)*0.1＜厚度＞)−(0.4*0.375*0.1)＜扣柱＞−((2.3*0.125*0.1)*2＋(1.875*0.125*0.1)*2＋4.75*0.125*0.1)＜扣梁＞＝0.8213m^3
		＜4−2500，D−3499＞	体积＝((5＜长度＞*3＜宽度＞)*0.1＜厚度＞)−((3*0.125*0.1)*2＋(4.75*0.125*0.1)*2)＜扣梁＞＝1.3063m^3
		＜4−2500，C＋1000＞	体积＝((5＜长度＞*2＜宽度＞)*0.1＜厚度＞)−(0.125*0.375*0.1)＜扣柱＞−(4.875*0.125*0.1＋1.625*0.125*0.1＋1.875*0.125*0.1＋4.75*0.125*0.1)＜扣梁＞＝0.8313m^3
		＜4＋3750，D−3499＞	体积＝((7.5＜长度＞*3＜宽度＞)*0.1＜厚度＞)−(0.275*0.5*0.1)＜扣柱＞−((7.25*0.125*0.1)*2＋0.0312＋3*0.125*0.1)＜扣梁＞＝1.9863m^3
		＜4＋3750，C＋1000＞	体积＝((7.5＜长度＞*2＜宽度＞)*0.1＜厚度＞)−((0.275*0.375*0.1)*2)＜扣柱＞−((1.625*0.125*0.1)*2＋6.95*0.125*0.1＋7.25*0.125*0.1)＜扣梁＞＝1.2613m^3
		＜4＋3750，D−999＞	体积＝((7.5＜长度＞*2＜宽度＞)*0.1＜厚度＞)−((0.125*0.25*0.1)*2)＜扣柱＞−((1.875*0.125*0.1)*2＋7*0.125*0.1＋7.25*0.125*0.1)＜扣梁＞＝1.2688m^3
		＜4＋3750，D＋1350＞	体积＝((7.5＜长度＞*2.7＜宽度＞)*0.1＜厚度＞)−((0.375*0.25*0.1)*2)＜扣柱＞−((2.325*0.125*0.1)*2＋7.25*0.125*0.1＋7*0.125*0.1)＜扣梁＞＝1.77m^3

（续）

序号	构件名称	构件位置	工程量计算式
1	XB-1	＜4+3750，E-1349＞	体积=((7.5＜长度＞*2.7＜宽度＞)*0.1＜厚度＞)-(0.275*0.25*0.1+0.25*0.25*0.1)＜扣柱＞-((2.45*0.125*0.1)*2+7.25*0.125*0.1+6.975*0.125*0.1)＜扣梁＞=1.7728m^3
		＜4+1250，F-2999＞	体积=((6＜长度＞*2.5＜宽度＞)*0.1＜厚度＞)-(0.275*0.375*0.1+0.275*0.25*0.1)＜扣柱＞-((2.1*0.125*0.1)*2+5.375*0.125*0.1+6*0.125*0.1)＜扣梁＞=1.2881m^3
		＜4+3750，F-2999＞	体积=((6＜长度＞*2.5＜宽度＞)*0.1＜厚度＞)-((6*0.125*0.1)*2+(2.25*0.125*0.1)*2)＜扣梁＞=1.2938m^3
		＜5-1250，F-2999＞	体积=((6＜长度＞*2.5＜宽度＞)*0.1＜厚度＞)-(0.25*0.25*0.1+0.2*0.375*0.1)＜扣柱＞-(5.375*0.125*0.1+6*0.125*0.1+2.175*0.125*0.1+2.125*0.125*0.1)＜扣梁＞=1.2903m^3
		＜5+1800，E+2850＞	体积=((3.6＜长度＞*1.5＜宽度＞)*0.1＜厚度＞)-((1.5*0.125*0.1)*2+(3.35*0.125*0.1)*2)＜扣梁＞=0.4188m^3
		＜5+1800，E+1050＞	体积=((3.6＜长度＞*2.1＜宽度＞)*0.1＜厚度＞)-(0.25*0.25*0.1)＜扣柱＞-(2.1*0.125*0.1+1.85*0.125*0.1+3.225*0.125*0.1+3.35*0.125*0.1)＜扣梁＞=0.6182m^3
		＜5+1800，E-2699＞	体积=((5.4＜长度＞*3.6＜宽度＞)*0.1＜厚度＞)-(0.375*0.25*0.1+0.25*0.25*0.1)＜扣柱＞-((3.225*0.125*0.1)*2+5.4*0.125*0.1+4.775*0.125*0.1)＜扣梁＞=1.7206m^3
		＜6-1800，E+1800＞	体积=((3.6＜长度＞*3.6＜宽度＞)*0.1＜厚度＞)-(0.25*0.25*0.1)＜扣柱＞-((3.35*0.125*0.1)*2+3.6*0.125*0.1+3.225*0.125*0.1)＜扣梁＞=1.1207m^3
		＜6-1800，E-2699＞	体积=((5.4＜长度＞*3.6＜宽度＞)*0.1＜厚度＞)-(0.375*0.25*0.1+0.25*0.25*0.1)＜扣柱＞-((3.225*0.125*0.1)*2+5.4*0.125*0.1+4.775*0.125*0.1)＜扣梁＞=1.7206m^3
		＜6-2700，D-599＞	体积=((1.8＜长度＞*1.2＜宽度＞)*0.1＜厚度＞)-((1.2*0.125*0.1)*2+(1.55*0.125*0.1)*2)＜扣梁＞=0.1473m^3
		＜5+2550，D-1999＞	体积=((4＜长度＞*2.1＜宽度＞)*0.1＜厚度＞)-((3.875*0.125*0.1)*2+2.1*0.125*0.1+1.85*0.125*0.1)＜扣梁＞=0.6938m^3
		＜5+750，D-599＞	体积=((1.5＜长度＞*1.2＜宽度＞)*0.1＜厚度＞)-(0.125*0.25*0.1)＜扣柱＞-(1.2*0.125*0.1+1.075*0.125*0.1+1.125*0.125*0.1+1.25*0.125*0.1)＜扣梁＞=0.1187m^3

（续）

序号	构件名称	构件位置	工程量计算式
1	XB－1	＜5＋750，D－2599＞	体积＝((2.8＜长度＞＊1.5＜宽度＞)＊0.1＜厚度＞)－(0.125＊0.25＊0.1)＜扣柱＞－(1.375＊0.125＊0.1＋2.675＊0.125＊0.1＋2.55＊0.125＊0.1＋1.25＊0.125＊0.1)＜扣梁＞＝0.3188m^3
		＜6－2700，D－2599＞	体积＝((2.8＜长度＞＊1.8＜宽度＞)＊0.1＜厚度＞)－((2.675＊0.125＊0.1)＊2＋1.8＊0.125＊0.1＋1.55＊0.125＊0.1)＜扣梁＞＝0.3953m^3
		＜6－900，D－1999＞	体积＝((4＜长度＞＊1.8＜宽度＞)＊0.1＜厚度＞)－(0.2＊0.375＊0.1＋0.125＊0.25＊0.1)＜扣柱＞－(1.6＊0.125＊0.1＋3.5＊0.125＊0.1＋3.875＊0.125＊0.1＋1.425＊0.125＊0.1)＜扣梁＞＝0.5794m^3
		＜6＋900，D－1999＞	体积＝((4＜长度＞＊1.8＜宽度＞)＊0.1＜厚度＞)－(0.2＊0.375＊0.1＋0.125＊0.25＊0.1)＜扣柱＞－(1.6＊0.125＊0.1＋3.5＊0.125＊0.1＋3.875＊0.125＊0.1＋1.425＊0.125＊0.1)＜扣梁＞＝0.5794m^3
		＜6＋2850，D－599＞	体积＝((2.1＜长度＞＊1.2＜宽度＞)＊0.1＜厚度＞)－((1.2＊0.125＊0.1)＊2＋(1.85＊0.125＊0.1)＊2)＜扣梁＞＝0.1758m^3
		＜6－1350，F－1199＞	体积＝((2.7＜长度＞＊2.4＜宽度＞)＊0.1＜厚度＞)－(0.2＊0.375＊0.1)＜扣柱＞－(0.0312＋2.025＊0.125＊0.1＋2.575＊0.125＊0.1＋2.15＊0.125＊0.1)＜扣梁＞＝0.5249m^3
		（省略）	（计算方法同上）
三、柱			
1	KZ2	体积＝4.2m^3	
			体积＝(0.4＜长度＞＊0.5＜宽度＞)＊4.2＜原始高度＞＊5＝0.84＊5＝4.2m^3
2	KZ3	体积＝7.56m^3	
			体积＝(0.4＜长度＞＊0.5＜宽度＞)＊4.2＜原始高度＞＊9＝0.84＊9＝7.56m^3
3	KZ4	体积＝0.84m^3	
		＜4＋74，C＋125＞	体积＝(0.4＜长度＞＊0.5＜宽度＞)＊4.2＜原始高度＞＝0.84m^3
4	KZ5	体积＝6.3m^3	
			体积＝(0.5＜长度＞＊0.5＜宽度＞)＊4.2＜原始高度＞＊6＝1.05＊6＝6.3m^3
5	KZ1	体积＝1.68m^3	
			体积＝(0.4＜长度＞＊0.5＜宽度＞)＊4.2＜原始高度＞＊2＝0.84＊2＝1.68m^3

（续）

序号	构件名称	构件位置	工程量计算式
四、楼梯			
1	LT－1	水平投影面积＝10.8m^2	
		＜5＋2250，F－1199＞	水平投影面积＝10.8＜原始水平投影面积＞＝10.8m^2
第2层			
一、梁			
1	WKL6 [250＊700]	体积＝1.7763m^3	
		＜7，D＋125＞ ＜7，F－124＞	体积＝(0.25＜宽度＞＊0.7＜高度＞＊11.525＜中心线长度＞)－((0.5＊0.25＊0.7)＊2＋0.0938＊0.7)＜扣柱＞＝1.7763m^3
		梁净长＝10.15m	
		＜7，D＋125＞ ＜7，F－124＞	梁净长＝11.525＜梁长＞－1.375＜扣柱＞＝10.15m
2	L3 [250＊600]	体积＝2.1975m^3	
		＜5＋3600，C＋2999＞ ＜5＋3600，F＞	体积＝(0.25＜宽度＞＊0.6＜高度＞＊15.4＜中心线长度＞)－((0.125＊0.25＊0.6)＊2＋(0.25＊0.25＊0.6)＊2)＜扣梁＞＝2.1975m^3
		梁净长＝14.65m	
		＜5＋3600，C＋2999＞ ＜5＋3600，F＞	梁净长＝15.4＜梁长＞－0.75＜扣梁＞＝14.65m
3	WKL5 [250＊700]	体积＝2.3888m^3	
		＜6，D＞＜6，F＞	体积＝(0.25＜宽度＞＊0.7＜高度＞＊11.4＜中心线长度＞)－((0.375＊0.25＊0.7)＊2＋0.5＊0.25＊0.7)＜扣柱＞＝1.7763m^3
		＜6，C＋2999＞ ＜6，D＞	体积＝(0.25＜宽度＞＊0.7＜高度＞＊4＜中心线长度＞)－(0.375＊0.25＊0.7＋0.125＊0.25＊0.7)＜扣柱＞＝0.6125m^3
		梁净长＝13.65m	
		＜6，D＞＜6，F＞	梁净长＝11.4＜梁长＞－1.25＜扣柱＞＝10.15m
		＜6，C＋2999＞ ＜6，D＞	梁净长＝4＜梁长＞－0.5＜扣柱＞＝3.5m
4	WKL9 [250＊700]	体积＝5.8406m^3	
		＜2＋74，D＞＜5，D＞	体积＝(0.25＜宽度＞＊0.7＜高度＞＊22.625＜中心线长度＞)－((0.5＊0.25＊0.7)＊2＋0.0688＊0.7＋0.375＊0.25＊0.7)＜扣柱＞＝3.6706m^3
		＜5－75，C＋2999＞ ＜7－74，C＋2999＞	体积＝(0.25＜宽度＞＊0.7＜高度＞＊13.45＜中心线长度＞)－((0.4＊0.25＊0.7)＊2＋0.25＊0.25＊0.7)＜扣柱＞＝2.17m^3
		梁净长＝33.375m	
		＜2＋74，D＞＜5，D＞	梁净长＝22.625＜梁长＞－1.65＜扣柱＞＝20.975m
		＜5－75，C＋2999＞ ＜7－74，C＋2999＞	梁净长＝13.45＜梁长＞－1.05＜扣柱＞＝12.4m
5	（省略）		（计算方法同上）

（续）

序号	构件名称	构件位置	工程量计算式
二、现浇板			
1	XB－1	体积＝46.1235m³	
		＜2＋3750，E－1349＞	体积＝((7.5＜长度＞＊2.7＜宽度＞)＊0.1＜厚度＞)－(0.275＊0.375＊0.1＋0.2＊0.375＊0.1)＜扣柱＞－((2.325＊0.125＊0.1)＊2＋7.025＊0.125＊0.1＋7.25＊0.125＊0.1)＜扣梁＞＝1.7706m³
		＜3＋3750，E－1349＞	体积＝((7.5＜长度＞＊2.7＜宽度＞)＊0.1＜厚度＞)－(0.2＊0.375＊0.1＋0.125＊0.25＊0.1)＜扣柱＞－(7.175＊0.125＊0.1＋2.325＊0.125＊0.1＋2.45＊0.125＊0.1＋7.25＊0.125＊0.1)＜扣梁＞＝1.7744m³
		＜2＋3750，D＋1350＞	体积＝((7.5＜长度＞＊2.7＜宽度＞)＊0.1＜厚度＞)－(0.275＊0.375＊0.1＋0.375＊0.25＊0.1)＜扣柱＞－((2.325＊0.125＊0.1)＊2＋7.25＊0.125＊0.1＋6.975＊0.125＊0.1)＜扣梁＞＝1.7694m³
		（省略）	（计算方法同上）
三、柱			
1	KZ2	体积＝3.9m³	
			体积＝(0.4＜长度＞＊0.5＜宽度＞)＊3.9＜原始高度＞×5＝0.78×5＝3.9m³
2	KZ3	体积＝7.02m³	
			体积＝(0.4＜长度＞＊0.5＜宽度＞)＊3.9＜原始高度＞×9＝0.78×9＝7.02m³
3	KZ4	体积＝0.78m³	
		＜4＋74，C＋125＞	体积＝(0.4＜长度＞＊0.5＜宽度＞)＊3.9＜原始高度＞＝0.78m³
4	KZ5	体积＝5.85m³	
			体积＝(0.5＜长度＞＊0.5＜宽度＞)＊3.9＜原始高度＞×6＝0.975×6＝5.85m³
5	KZ1	体积＝1.56m³	
			体积＝(0.4＜长度＞＊0.5＜宽度＞)＊3.9＜原始高度＞×2＝0.78×2＝1.56m³

小　　结

1. 名词解释

构件：在绘图过程中建立的墙、梁、板、柱等。

构件图元：绘制在绘图区域的图形。

附属构件：当一个构件必须借助其他构件才能存在，那么该构件被称为附属构件，比如门窗洞。

组合构件：先绘制各类构件图元，然后再进行组合成一整体构件，例如：阳台(阳台是由墙、栏板、板等组成)。

依附构件：在定义构件时，将与其关联的构件一同绘制上去；如绘制墙时，可以将圈梁、保温层一同绘制上去。圈梁、保温层、压顶可以依附墙而绘制，那么墙构件称为主构件，圈梁、保温层、压顶构件称为依附构件。

复杂构件：定义构件时，需要分子单元进行建立，如条基、独基、桩承台、地沟。

普通构件：如墙、现浇板构件。

块：用鼠标拉框选择范围内所有构件图元的集合称块。

2. 快捷键

F1：文字帮助或是视频帮助；F3：按名称选择构件图元；F4：改变柱子插入点位置；

F5：合法性检查；F8：检查做法；F9：汇总计算；F10：查看构件图元工程量；F11：查看构件图元工程量计算式；F12：构件图元显示设置；显示或隐藏构件图元：构件热键；

显示构件图元名称："shift"＋构件热键；插入偏心柱："ctrl"＋左键；偏移："shift"＋左键；

暗柱左右切换：F3；暗柱上下切换：shift＋F3。

复习思考题

1. GCL2008建立地下室有几种方法?
2. GCL2008导航栏和构件列表都隐藏后如何调出来?
3. 弧形轴网如何定义和绘制?
4. GCL2008新建工程选的是清单模式，工程做完后想改成定额模式，该如何操作?
5. GCL2008里边怎样将本层所有构件复制到其他很多楼层里边?
6. 如何在GCL2008中快速绘制斜板呢?
7. 在GCL2008中如何建立标准层?
8. GCL2008中，板一边的部分需要偏移，如何操作?
9. 工程中基础为独立基础，独立种类很多，这时候垫层大小各不一致，在GCL2008中软件给了很多种垫层类型，这种情况应该建立哪种垫层更好一些?
10. 楼梯是按照投影面积计算的，在GCL2008中如何操作?
11. 在GCL2008中，基础层高是否包含垫层在内?

参 考 文 献

[1] 盛平，王延该. 建筑识图与构造 [M]. 武汉：华中科技大学出版社，2007.

[2] 孙玉红. 建筑构造 [M]. 上海：同济大学出版社，2009.

[3] 杨太生. 建筑结构基础与识图 [M]. 北京：中国建筑工业出版社，2008.

[4] 闫培明. 房屋建筑构造 [M]. 北京：机械工业出版社，2008.

[5] 华均. 建筑工程计价与投资控制 [M]. 北京：中国建筑工业出版社，2006.

[6] 危道军. 建筑施工技术 [M]. 北京：人民交通出版社，2007.

[7] 全国一级建造师职业资格考试用书编写委员会. 建筑工程管理与实务 [M]. 北京：中国建筑工业出版社，2007.

[8] 陈卓. 建筑工程工程量清单与计价 [M]. 武汉：武汉理工大学，2009.

[9] 袁建新. 工程量清单计价 [M]. 4 版. 北京：中国建筑工业出版社，2009.

[10] 中华人民共和国建设部. 建设工程工程量清单计价规范(GB 50500—2008) [S]. 北京：中国计划出版社，2008.

[11]《建设工程工程量清单计价规范》编制组. 建设工程工程量清单计价规范(GB 50500—2008)宣贯辅导教材 [M]. 北京：中国计划出版社，2008.

[12] 姚谨英. 建筑施工技术 [M]. 3 版. 北京：中国建筑工业出版社，2007.

[13] 祖青山. 建筑施工技术(修订版) [M]. 北京：中国环境科学出版社，2002.

[14] 贾莲英. 建筑工程计量与计价 [M]. 北京：化学工业出版社，2010.

[15] 中华人民共和国建设部.（GB 50204—2002)《混凝土结构工程施工质量验收规范》[S]. 北京：中国建筑工业出版社，2002.

北京大学出版社高职高专土建系列规划教材

序号	书名	书号	编著者	定价	出版时间	印次	配套情况	
		基础课程						
1	工程建设法律与制度	978-7-301-14158-8	唐茂华	26.00	2011.7	5	ppt/pdf	
2	建设工程法规	978-7-301-16731-1	高玉兰	30.00	2012.4	9	ppt/pdf/答案	★
3	建筑工程法规实务	978-7-301-19321-1	杨陈慧等	43.00	2012.1	2	ppt/pdf	★
4	建筑法规	978-7-301-19371-6	董伟等	39.00	2012.4	2	ppt/pdf	★
5	AutoCAD 建筑制图教程	978-7-301-14468-8	郭　慧	32.00	2012.4	12	ppt/pdf/素材	★
6	AutoCAD 建筑绘图教程	978-7-301-19234-4	唐英敏等	41.00	2011.7	2	ppt/pdf	★
7	建筑工程专业英语	978-7-301-15376-5	吴承霞	20.00	2012.4	6	ppt/pdf	★
8	建筑工程制图与识图	978-7-301-15443-4	白丽红	25.00	2012.4	7	ppt/pdf/答案	★
9	建筑制图习题集	978-7-301-15404-5	白丽红	25.00	2012.4	6	pdf	
10	建筑制图	978-7-301-15405-2	高丽荣	21.00	2012.4	6	ppt/pdf	★
11	建筑制图习题集	978-7-301-15586-8	高丽荣	21.00	2012.4	5	pdf	
12	建筑工程制图	978-7-301-12337-9	肖明和	36.00	2011.7	3	ppt/pdf/答案	
13	建筑制图与识图	978-7-301-18806-4	曹雪梅等	24.00	2012.2	3	ppt/pdf	★
14	建筑制图与识图习题册	978-7-301-18652-7	曹雪梅等	30.00	2012.4	3	pdf	★
15	建筑构造与识图	978-7-301-14465-7	郑贵超等	45.00	2012.4	10	ppt/pdf	★
16	建筑制图与识图	978-7-301-20070-4	李元玲	28.00	2012.2	1	ppt/pdf	★
17	建筑工程应用文写作	978-7-301-18962-7	赵立等	40.00	2011.6	1	ppt/pdf	★
18	建筑工程专业英语	978-7-301-20003-2	韩薇等	24.00	2012.1	1	ppt/ pdf	★
		施工类						
19	建筑工程测量	978-7-301-16727-4	赵景利	30.00	2012.4	6	ppt/pdf /答案	★
20	建筑工程测量	978-7-301-15542-4	张敬伟	30.00	2012.4	8	ppt/pdf /答案	★
21	建筑工程测量	978-7-301-19992-3	潘益民	38.00	2012.2	1	ppt/ pdf	★
22	建筑工程测量实验与实习指导	978-7-301-15548-6	张敬伟	20.00	2012.4	7	pdf/答案	
23	建筑工程测量	978-7-301-13578-5	王金玲等	26.00	2011.8	3	pdf	
24	建筑工程测量实训	978-7-301-19329-7	杨凤华	27.00	2012.4	2	pdf	★
25	建筑工程测量（含实验指导手册）	978-7-301-19364-8	石　东等	43.00	2011.10	1	ppt/pdf	★
26	建筑施工技术	978-7-301-12336-2	朱永祥等	38.00	2012.4	7	ppt/pdf	
27	建筑施工技术	978-7-301-16726-7	叶　雯等	44.00	2011.7	3	ppt/pdf /素材	★
28	建筑施工技术	978-7-301-19499-7	董伟等	42.00	2011.9	1	ppt/pdf	★
29	建筑施工技术	978-7-301-19997-8	苏小梅	38.00	2012.1	1	ppt/pdf	★
30	建筑工程施工技术	978-7-301-14464-0	钟汉华等	35.00	2012.1	6	ppt/pdf	★
31	建筑施工技术实训	978-7-301-14477-0	周晓龙	21.00	2012.4	5	pdf	★
32	房屋建筑构造	978-7-301-19883-4	李少红	26.00	2012.1	1	ppt/pdf	★
33	建筑力学	978-7-301-13584-6	石立安	35.00	2012.2	6	ppt/pdf	★
34	土木工程实用力学	978-7-301-15598-1	马景善	30.00	2012.1	3	pdf/ppt	★
35	土木工程力学	978-7-301-16864-6	吴明军	38.00	2011.11	2	ppt/pdf	★
36	PKPM 软件的应用	978-7-301-15215-7	王　娜	27.00	2012.4	4	pdf	★
37	建筑结构	978-7-301-17086-1	徐锡权	62.00	2011.8	2	ppt/pdf /答案	★
38	建筑结构	978-7-301-19171-2	唐春平等	41.00	2011.7	1	ppt/pdf	
39	建筑力学与结构	978-7-301-15658-2	吴承霞	40.00	2012.4	9	ppt/pdf	★
40	建筑材料	978-7-301-13576-1	林祖宏	35.00	2011.11	8	ppt/pdf	★
41	建筑材料与检测	978-7-301-16728-1	梅　杨等	26.00	2012.4	7	ppt/pdf	★
42	建筑材料检测试验指导	978-7-301-16729-8	王美芬等	18.00	2012.4	4	pdf	
43	建筑材料与检测	978-7-301-19261-0	王　辉	35.00	2011.8	1	ppt/pdf	★
44	建筑材料与检测试验指导	978-7-301-20045-8	王　辉	20.00	2012.1	1	ppt/pdf	★
45	建设工程监理概论	978-7-301-14283-7	徐锡权等	32.00	2012.2	6	ppt/pdf /答案	★
46	建设工程监理	978-7-301-15017-7	斯　庆	26.00	2012.1	4	ppt/pdf /答案	★
47	建设工程监理概论	978-7-301-15518-9	曾庆军等	24.00	2012.1	4	ppt/pdf	
48	工程建设监理案例分析教程	978-7-301-18984-9	刘志麟等	38.00	2011.7	1	ppt/pdf	★
49	地基与基础	978-7-301-14471-8	肖明和	39.00	2012.4	7	ppt/pdf	★
50	地基与基础	978-7-301-16130-2	孙平平等	26.00	2012.1	2	ppt/pdf	
51	建筑工程质量事故分析	978-7-301-16905-6	郑文新	25.00	2012.1	3	ppt/pdf	★
52	建筑工程施工组织设计	978-7-301-18512-4	李源清	26.00	2012.4	3	ppt/pdf	★
53	建筑工程施工组织实训	978-7-301-18961-0	李源清	40.00	2012.1	2	pdf	★
54	建筑施工组织项目式教程	978-7-301-19901-5	杨红玉	44.00	2012.1	1	ppt/pdf	
55	生态建筑材料	978-7-301-19588-2	陈剑峰等	38.00	2011.10	1	ppt/pdf	

序号	书名	书号	编著者	定价	出版时间	印次	配套情况	
	工 程 管 理 类							
56	建筑工程经济	978-7-301-15449-6	杨庆丰等	24.00	2012.4	9	ppt/pdf	★
57	施工企业会计	978-7-301-15614-8	辛艳红等	26.00	2012.2	4	ppt/pdf	★
58	建筑工程项目管理	978-7-301-12335-5	范红岩等	30.00	2012. 4	9	ppt/pdf	★
59	建设工程项目管理	978-7-301-16730-4	王　辉	32.00	2012.4	3	ppt/pdf	★
60	建设工程项目管理	978-7-301-19335-8	冯松山等	38.00	2011.8	1	pdf	
61	建设工程招投标与合同管理	978-7-301-13581-5	宋春岩等	30.00	2012.4	11	ppt/pdf/答案/试题/教案	★
62	工程项目招投标与合同管理	978-7-301-15549-3	李洪军等	30.00	2012.2	5	ppt	★
63	工程项目招投标与合同管理	978-7-301-16732-8	杨庆丰	28.00	2012.4	5	ppt	★
64	工程招投标与合同管理实务	978-7-301-19035-7	杨甲奇等	48.00	2011.8	1	pdf	★
65	工程招投标与合同管理实务	978-7-301-19290-0	郑文新等	43.00	2012.4	2	pdf	★
66	建设工程招投标与合同管理实务	978-7-301-20404-7	杨云会等	42.00	2012.4	1	ppt/pdf	
67	建筑施工组织与管理	978-7-301-15359-8	翟丽旻等	32.00	2012.2	7	ppt/pdf	★
68	建筑工程安全管理	978-7-301-19455-3	宋　健等	36.00	2011.9	1	ppt/pdf	
69	建筑工程质量与安全管理	978-7-301-16070-1	周连起	35.00	2012.1	3	pdf	
70	工程造价控制	978-7-301-14466-4	斯　庆	26.00	2012.4	7	ppt/pdf	★
71	工程造价控制与管理	978-7-301-19366-2	胡新萍等	30.00	2012.1	1	ppt/pdf	★
72	建筑工程造价管理	978-7-301-20360-6	柴　琦等	27.00	2012.3	1	ppt/pdf	
73	建筑工程造价管理	978-7-301-15517-2	李茂英等	24.00	2012.1	4	pdf	
74	建筑工程计量与计价	978-7-301-15406-9	肖明和等	39.00	2012.4	9	ppt/pdf	★
75	建筑工程计量与计价实训	978-7-301-15516-5	肖明和等	20.00	2012.2	5	pdf	
76	建筑工程计量与计价——透过案例学造价	978-7-301-16071-8	张　强	50.00	2012.1	3	ppt/pdf	★
77	安装工程计量与计价	978-7-301-15652-0	冯　钢等	38.00	2012.2	6	ppt/pdf	★
78	安装工程计量与计价实训	978-7-301-19336-5	景巧玲等	36.00	2011.9	1	pdf/素材	★
79	建筑与装饰装修工程工程量清单	978-7-301-17331-2	翟丽旻等	25.00	2011.5	2	pdf	
80	建筑工程清单编制	978-7-301-19387-7	叶晓容	24.00	2011.8	1	ppt/pdf	★
81	建设项目评估	978-7-301-20068-1	高志云等	32.00	2012.1	1	ppt/pdf	★
82	钢筋工程清单编制	978-7-301-20114-5	贾莲英	36.00	2012.2	1	ppt / pdf	
83	混凝土工程清单编制	978-7-301-20384-2	顾　娟	28.00	2012.5	1	ppt / pdf	
84	建筑装饰工程预算	978-7-301-20567-9	范菊雨	38.00	2012.5	1	pdf/ppt	★
	建 筑 装 饰 类							
85	中外建筑史	978-7-301-15606-3	袁新华	30.00	2012.2	6	ppt/pdf	★
86	建筑室内空间历程	978-7-301-19338-9	张伟孝	53.00	2011.8	1	pdf	★
87	室内设计基础	978-7-301-15613-1	李书青	32.00	2011.1	2	pdf	
88	建筑装饰构造	978-7-301-15687-2	赵志文等	27.00	2012.4	4	ppt/pdf	★
89	建筑装饰材料	978-7-301-15136-5	高军林	25.00	2012.4	3	ppt/pdf	
90	建筑装饰施工技术	978-7-301-15439-7	王　军等	30.00	2012.1	4	ppt/pdf	★
91	装饰材料与施工	978-7-301-15677-3	宋志春等	30.00	2010.8	2	ppt/pdf	★
92	设计构成	978-7-301-15504-2	戴碧锋	30.00	2009.7	1	pdf	
93	基础色彩	978-7-301-16072-5	张　军	42.00	2011.9	2	pdf	★
94	建筑素描表现与创意	978-7-301-15541-7	于修国	25.00	2011.1	2	pdf	★
95	3ds Max 室内设计表现方法	978-7-301-17762-4	徐海军	32.00	2010.9	1	pdf	
96	3ds Max2011 室内设计案例教程(第2版)	978-7-301-15693-3	伍福军等	39.00	2011.9	1	ppt/pdf	
97	Photoshop 效果图后期制作	978-7-301-16073-2	脱忠伟等	52.00	2011.1	1	素材/pdf	★
98	建筑表现技法	978-7-301-19216-0	张　峰	32.00	2011.7	1	ppt/pdf	
99	建筑装饰设计	978-7-301-20022-3	杨丽君	36.00	2012.2	1	ppt	
100	装饰施工读图与识图	978-7-301-19991-6	杨丽君	33.00	2012.5	1	ppt	
	房 地 产 与 物 业 类							
101	房地产开发与经营	978-7-301-14467-1	张建中等	30.00	2011.11	4	ppt/pdf	★
102	房地产估价	978-7-301-15817-3	黄　晔等	30.00	2011.8	3	ppt/pdf	★
103	房地产估价理论与实务	978-7-301-19327-3	褚菁晶	35.00	2011.8	1	ppt/pdf	★
104	物业管理理论与实务	978-7-301-19354-9	裴艳慧	52.00	2011.9	1	pdf	★
	市 政 路 桥 类							
105	市政工程计量与计价	978-7-301-14915-7	王云江	38.00	2012.1	3	pdf	
106	市政桥梁工程	978-7-301-16688-8	刘　江等	42.00	2010.7	1	ppt/pdf	
107	路基路面工程	978-7-301-19299-3	偶昌宝等	34.00	2011.8	1	ppt/pdf/素材	

序号	书名	书号	编著者	定价	出版时间	印次	配套情况	
108	道路工程技术	978-7-301-19363-1	刘　雨等	33.00	2011.12	1	ppt/pdf	
109	建筑给水排水工程	978-7-301-20047-6	叶巧云	38.00	2012.2	1	ppt/pdf	
110	市政工程测量	978-7-301-20474-0	刘宗波等	41.00	2012.5	1	ppt/pdf	
建筑设备类								
111	建筑设备基础知识与识图	978-7-301-16716-8	靳慧征	34.00	2012.4	7	ppt/pdf	★
112	建筑设备识图与施工工艺	978-7-301-19377-8	周业梅	38.00	2011.8	1	ppt/pdf	★
113	建筑施工机械	978-7-301-19365-5	吴志强	30.00	2011.10	1	pdf/ppt	★

请登录 www.pup6.cn 免费下载本系列教材的电子书(PDF 版)、电子课件和相关教学资源。
欢迎免费索取样书，并欢迎到北京大学出版社来出版您的大作，可在 www.pup6.cn 在线申请样书和进行选题登记，也可下载相关表格填写后发到我们的邮箱，我们将及时与您取得联系并做好全方位的服务。
联系方式：010-62750667，yangxinglu@126.com，linzhangbo@126.com，欢迎来电来信咨询。